AVIONES BIZARROS

José Manuel Gil García y Alejandro Polanco Masa

AVIONES BIZARROS

glyphos
Publicaciones

Aviones bizarros

GLYPHOS PUBLICACIONES
Arbotante Patrimonio e Innovación S.L.
Parque Científico de la Universidad de Valladolid
C.T.T.A. Módulo 3. 47011 Valladolid
info@glyphos.net
www.glyphos.net

Imagen de portada:
HL-10 / B-52, 15 sept. 1966. NASA Photo. P.D.
Imagen de contraportada:
El Comodoro J.C. Gillmore a bordo de un aeroplano Curtiss. 1912.
Harris & Ewing Collection (Library of Congress). P.D.

Segunda edición: mayo 2017

ISBN-13: 978-84-946124-2-8
Depósito legal: VA 241-2017

Impreso en Espana / Printed in Spain

Impreso en papel reciclado.

Queremos expresar nuestro agradecimiento a todas las personas que han colaborado para que este libro se convierta en realidad y, en particular, a Lydia Cabezudo, Eduardo Alonso, Cástor Fantoba y María J. López.

Índice

Kevin L. Bishop / Defense Visual Information Center (DVIC).

Maniobra de intercepción contra dos aviones Mig-29 soviéticos por parte de una patrulla de cuatro cazas F-15 de los Estados Unidos sobre cielo norteamericano. Sucedió el 1 de agosto de 1989. Lo que puede verse en la imagen es la estela lejana de los dos cazas Mig-29 soviéticos. Abajo, con una maniobra típica de despliegue de combate, dos F-15 aparecen en el extremo de sus correspondientes estelas. Otros dos F-15 no aparecen en la imagen, siendo uno de ellos el que tomó la fotografía. Aunque esta espectacular imagen bien pudo haber sido tomada a lo largo de un combate real, no se llegó tan lejos. Los dos Mig-29 se dirigían hacia Canadá, para participar en el festival aéreo de Abbotsford. Mientras los aviones soviéticos sobrevolaron territorio de los Estados Unidos, con repostaje incluido en la base de Elmendorf AFB, en Alaska, fueron escoltados por los F-15. La fotografía corresponde a la toma de contacto entre las dos patrullas, sobre aguas de las Aleutianas.

Prólogo

Cuando uno empieza a investigar sobre aviación, comienza a pensar que, como en la moda, hay tendencias que siempre vuelven. Coanda instaló un motor a reacción en su avión antes de la Primera Guerra Mundial, volvieron en los años treinta, de nuevo en los cuarenta, y a partir de los cincuenta se quedaron con nosotros. Los *drones* o UAV aparecieron también con la Primera Guerra Mundial, como torpedos aéreos, evolucionaron en los años treinta y en la Segunda Guerra Mundial incluso hubo algún *drone* de combate como el TDR-1. Década tras década han estado ahí, hasta ahora, cuando no se ven como el futuro sino como el presente.

No es que los ingenieros, como también lo soy, además de piloto, tengamos poca imaginación y siempre intentemos lo mismo. En ocasiones sucede que la misma idea aparece en más de un lugar a la vez. En otras es porque la técnica y la tecnología no son suficientemente avanzadas y, hasta que no lo desarrollamos, no se puede construir con éxito la aeronave de turno.

Aunque los autores han titulado el libro *Aviones bizarros*, creo que no sólo ha sido por el anglicismo *bizarro igual a extraño*, sino también por el significado literal de *bizarro* en español, esto es *bizarro igual a valiente*, porque consideran que lo aquí mostrado son diseños arriesgados y audaces. Y, sí, los ingenieros eran valientes, pero los pilotos no se quedaban atrás, no señor.

Así que aún no sé si este libro es un compendio de engendros y errores que no deberían volver a intentarse jamás para no volver a asustar a ningún piloto de pruebas más, si es un compendio del ingenio humano con errores y aciertos, e intentos que todavía no han llegado a buen término pero lo harán en un futuro o, simplemente, es un álbum de cromos de bichos raros creado por dos *aerotrastornados*.

Cástor Fantoba

Ingeniero Técnico Aeronáutico, Comandante de Boeing 737, 757 y 767, piloto agroforestal, con experiencia en extinción de incendios. Campéon de Europa 2014-2015 de vuelo acrobático y seis veces Campeón de España de vuelo acrobático.

Viñeta de Lydia Cabezudo Carrascal (Ingeniero Aeronáutico), reproducida con permiso de la autora. Publicado originalmente en: http://juandelacuerva.blogspot.com.es

Introducción

Tomemos un diccionario o, para el caso que nos ocupa, mejor utilizaremos dos. En primer lugar, veremos qué nos dice el *Diccionario de la Real Academia Española* sobre cierta palabra que muchas veces se utiliza de manera no muy correcta:

bizarro, rra
Del it. *bizzarro* 'iracundo'.
1. adj. valiente (arriesgado).
2. adj. Generoso, lucido, espléndido.

Vale, eso en castellano, pero como puede verse por lo que el propio diccionario nos cuenta, el origen parece ser italiano, es más, en francés y, sobre todo por lo usual, en inglés, se utiliza un término similar pero, sorpresa, su significado no tiene mucho que ver con lo que nos dice la *RAE*. Tomamos el diccionario Oxford de inglés y, he aquí el giro que toma la situación:

bizarre
Very strange or unusual:
"a bizarre situation".

Por supuesto, este libro no trata de diccionarios, ni de idiomas, pero la dichosa palabra dice mucho acerca de lo que vamos a tratar. Son aviones bizarros, porque no se nos ocurrió otro término más adecuado, y creemos que es el más propio porque, entre "bichos" volantes sin posible clasificación y arriesgadas propuestas que ni un loco se atrevería a pilotar, ¿qué mejor que llamarlos de esa forma? Son aviones bizarros porque son extraños y, a la vez, arriesgados y sin complejos. No espere el lector encontrar aquí una crónica clásica de la aviación, para eso ya se han escrito cientos de buenos libros. El contenido que en las próximas páginas aparece es, simplemente, un compendio de máquinas voladoras raras y extrañas. Locuras que, en su tiempo, llamaron la atención y que, hoy día, no dejan de levantar admiración por lo audaces, radicales y, muchas veces, peligrosos planteamientos sobre los que fueron diseñadas y construidas. Cabe plantearse si en el diccionario existe una palabra para definir a quienes emociona tener conocimiento de este tipo de cuestiones, como le sucede a los autores. No está admitida todavía oficialmente, pero sin duda somos unos *aerotrastornados*, aquellos que irremediablemente sufrimos de *aerotrastorno*, algo que cabría definir como:

> *Pasión irremediable hacia cualquier aspecto relacionado con la aviación y el mundo del vuelo en general.*

Esta imaginaria definición engloba todo el material que hemos recopilado a lo largo de los últimos años y que, por fin, ha tomado la forma de libro. El universo de los *aviones bizarros* es tan amplio que muchas locuras volantes han quedado fuera de este volumen. Sin embargo, lo que aquí aparece pensamos que es lo más representativo de esta parcela de la tecnología aeronáutica. Antes de pasar al contenido propiamente dicho, cabe hacerse una pregunta: ¿qué criterio se ha elegido para incluir tal o cual máquina sobre otras que pudieran ser similares? La norma de clasificación, si tal cosa puede aplicarse aquí, ha sido más temática que cronológica, aunque algún aspecto temporal sí se ha aplicado en algunos de los capítulos. Ahora bien, el principal elemento de selección ha sido diferenciar lo real de lo imaginario. Todos los aviones que aparecen a lo largo del libro fueron reales, entendiendo como tal cosa el haber sido fruto de un diseño encaminado a volar de verdad. Muchos volaron, otros lo intentaron y algunos no pasaron de sesudos cálculos o de la mesa de dibujo, pero siempre hubo intención de que fueran una realidad. Eso hace que no hayan tenido espacio aquí tantos "diseñadores imaginativos" que merecerían un libro de otro tipo. Nos referimos a personajes del estilo de Karl Hans Janke, que puede considerarse como el prototipo del loco que sueña con aviones imaginarios con poco sustento real.

Janke, joven soldado en la Alemania de la Segunda Guerra Mundial, tras haber iniciado estudios de odontología, fue apartado del servicio a las armas debido a su excéntrico comportamiento. Finalizado el conflicto no mejoró, sino que su extraña forma de actuar hizo que terminara encarcelado y, posteriormente, fuera ingresado en un psiquiátrico de Wermsdorf, Sajonia, donde permaneció el resto de sus días. Desde 1950 y durante más de dos décadas, Karl se mantuvo fiel a su propio mundo interior, fruto de la enfermedad que lo consumía. Fue diagnosticado de esquizofrenia paranoide crónica pero, al contrario que el resto de compañeros de la institución mental, toda su locura se encaminó hacia algo sorprendente. Más de veinte años dedicó este personaje singular a crear bocetos, dibujos, esquemas téc nicos detalladísimos y maquetas de una tecnología imaginaria muy compleja. Cuando falleció, su obra, realizada con obsesivo detalle día a día, permaneció olvidada en un almacén del psiquiátrico, durmiendo en el interior de cajas de cartón hasta que alguien se fijó en ella hacia el año 2000. Desde entonces, la obra de Karl Hans Janke ha sido motivo de diversas exposiciones y de varios estudios médicos.

Deutsche Fotothek.

Uno de los diseños de Karl Hans Janke.

Ha habido a lo largo del último siglo muchos personajes como Janke, a quien algunos llamaron 'el Leonardo de Wermsdorf', pero al estar su obra fundamentada en la imaginación, poco espacio podían tener en un libro como este. Merecen otro tipo de homenaje en forma de obra monográfica, pero esa es otra historia.

Otro tipo de soñador, también muy prolífico y abundante desde el siglo XIX, ha sido el del técnico o ingeniero que, alimentado por los sueños más audaces de la ciencia ficción, dedica ingentes esfuerzos a crear diseños de máquinas que, con cierto fundamento científico, bien pudieran ser posibles, pero que nunca pasaron del reino de lo imaginario. De este segundo tipo de aerotrastornados cabe destacar un ejemplo singular que podría englobarlos a todos ellos. Se trata de Norman Bel Geddes. Desde 1918 Norman trabajó como arquitecto, diseñador industrial y escenógrafo, siendo influenciado por genios contemporáneos como Frank Lloyd Wright. Pero sólo influenciado, nada más, porque su estilo es de los "raros", su imaginación iba más allá de lo convencional, siempre tendía a construir formas basadas en el futuro o, más bien, en lo que soñaba que fuera un brillante porvenir, como pudo demostrar en 1939 con el diseño del pabellón *Futurama* para la General Motors en la Feria de Nueva York. Como polifacético y brillante representante de lo que se conoció como estilo aerodinámico, o streamline, los proyectos de Norman no dejan indiferente a nadie: autobuses futuristas, gigantescos cruceros aéreos, aeropuertos flotantes...

Horizons, 1932.

Hidroavión intercontinental de Bel Geddes.

Los casos de Janke y Geddes constituyen los polos opuestos de una genial clase de soñadores que tienen en común el no poder borrar de su cabeza el ansia de volar con aparatos futuristas. Pero, por sorprendentes que sean todos esos "locos", de lo que se trata aquí es de mostrar casos en los que esa supuesta locura dio paso a algo más real. En muchas ocasiones la aventura tuvo sus frutos positivos, en muchas otras, más les hubiera valido quedarse en las nubes como Janke, pero sus protagonistas tuvieron la audacia de enfrentarse al mundo real. A veces volaron, en otras acabaron por estamparse contra el suelo, pero todos ellos fueron *aviones bizarros.*

Esperamos que los lectores disfruten de las próximas páginas con la misma pasión con la que nosotros hemos armado el *puzzle* de estos bichos raros que, con mayor o menor fortuna, marcaron páginas singulares en la historia de la aeronáutica.

José Manuel Gil García | **Alejandro Polanco Masa**
www.gilgarcia.net | *www.alpoma.net*

PIONEROS

Tortazo en el Sena

La Historia, con mayúsculas, esa que se enseña en colegios e institutos, en las universidades y a través de libros para los aficionados a recuperar hechos del pasado, suele tirar de convenciones de muy diverso tipo. El tiempo ha dado tal cantidad de hechos de interés que, para el común de los mortales, es muy complicado crear una imagen mental sólida acerca de los siglos que se han sucedido antes de nuestra contemporaneidad. Para no complicarlo, que de eso se trata: se suele simplificar, guardando en la memoria una serie de piedras angulares, a modo de cultura general y poco más. Un ejemplo clásico sería la pregunta: ¿quién inventó la radio? Es cómodo responder Marconi, al igual que al preguntar acerca de la invención de la bombilla eléctrica aparecerá sin duda Edison. Pero ni Marconi ni Edison "inventaron" esos ingenios tan portentosos, más bien fueron la cabeza visible, o los que más partido lograron sacar, de una larga cadena de inventores, ingenieros y sabios de todo tipo.

Lo mismo sucede con los aviones y el primer vuelo. Como convención se suele afirmar, y también es un hito de la cultura popular, que la era de la aviación moderna nació con el vuelo de los hermanos Wright el 17 de diciembre de 1903, en Kitty

Hawk, con el *Flyer I*. Aunque la cosa no está del todo clara, tampoco importa mucho en la gran puesta en escena de la historia humana, alguien debía aparecer como "el primero", y ellos fueron los Edison de la aviación. Aquel primer vuelo a motor, por muy precario que nos parezca hoy día, fue toda una hazaña, el problema es que muchos otros lo habían intentado antes y, al parecer, varios levantaron el vuelo, pero no son recordados. En cuestión de Historia, de nuevo con mayúsculas, vale tanto la osadía y la aventura como el marketing y el saber darse a conocer. Que se lo digan a Nikola Tesla, el genial padre de la tecnología de corriente alterna que da vida a nuestro mundo tecnológico, quien por su impericia a la hora de saber venderse, quedó olvidado por el gran público, si acaso recordado como inventor extraño, pero que merece colocarse al lado de Edison y Marconi. A fin de cuentas, en su caso concreto, sí merecería ser considerado como "inventor de la radio", junto a otros pioneros. Tesla, que en sus últimas patentes se atrevió a imaginar un avión de despegue vertical, constituye el ejemplo más sobresaliente de olvido por parte de la Historia.

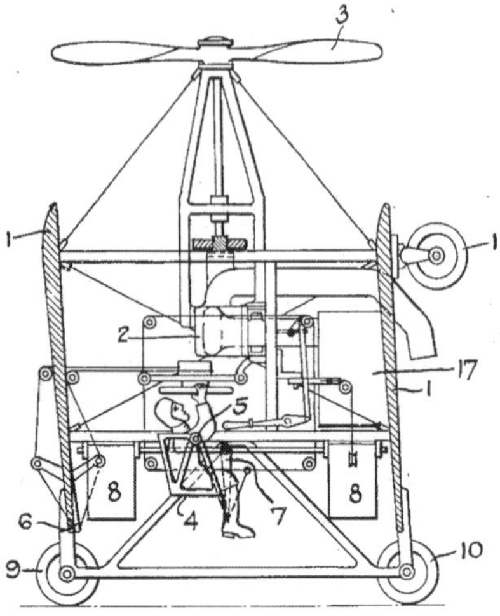

Gráfico de la patente estadounidense de Nikola Tesla 1.655.114, de 1928.

Los intentos de vuelo anteriores al de los hermanos Wright en Kitty Hawk han sido un campo tan dado a la especulación como los de aquellos supuestos navegantes hacia América anteriores al viaje de Colón. Sin embargo, si se despeja un poco la nube de la fantasía, cabe preguntarse si alguna de esas viejas historias, en las que aparecen de vez en cuanto auténticos aviones bizarros, pudiera tener algo de cierto. Eso es lo que parece, y de esa forma ha sido reivindicado por varios historiadores de los que son conocidos como los "prevuelos", esto es, los intentos de volar anteriores al histórico evento de 1903.

La aventura del *Flyer I* siempre será el referente, a fin de cuentas no parece haber ningún vuelo con tanto éxito antes de aquél, en lo que a vuelo con motor se refiere. Ahora bien, vuelos con planeadores y similares, así como sorprendentes intentos de volar con aparatos a motor, hubo muchos otros antes de 1903. Naturalmente, los vuelos de aerostatos, dirigibles y demás fauna aérea similar, van más allá de lo que se quiere abordar en este libro y, por tanto, no serán mencionados.

Para cerrar esta primera mención a los pioneros olvidados, nada mejor que rendir homenaje a cierto personaje cuyo deseo de alzar el vuelo sirvió de ejemplo para muchos otros.

Clive Hart, en su libro *The Prehistory of Flight* (University of California Press, 1985), tuvo la paciencia de reunir decenas de casos de personas que habían intentado volar con aparatos más pesados que el aire antes del siglo XIX. Como puede suponerse, en su mayoría esas aventuras terminaron bastante mal para sus protagonistas. Entre ellos cabe recordar al magnífico Jean-François Boyvin de Bonnetot, más recordado como Marqués de Bacqueville. Nacido en 1688, puede decirse que no se mantuvo quieto ni un momento, hasta que siendo ya anciano pereció en un incendio que destruyó su residencia. Tan raro era el bueno del Marqués, al menos según la opinión de sus contemporáneos, que se cuenta que su mujer le abandonó porque no aguantaba sus extravagancias de entre las que, sin duda, la mayor fue la de inventar una especie de avión. Claro, podía inventar lo que quisiera, porque no es raro ver en la historia gentes que han pensado en artilugios para volar como las aves, pero de ahí a saltar desde una azotea medía un abismo. No dudo que le faltara un tornillo, pero su osadía no terminó tan mal como en otras ocasiones, cuando los protagonistas de aventuras similares acabaron sin remedio en el cementerio.

El 19 de marzo de 1742 fue un gran día en París. La multitud reunida a orillas del Sena esperaba el gran tortazo, porque al Marqués no se le había ocurrido otra cosa que anunciar a lo grande que, aquella misma mañana, volaría desde lo alto de un edificio de lo que hoy es la Quai Voltaire y, tras recorrer unos doscientos metros por los aires, se posaría tranquilamente en los jardines del Palacio de las Tullerías. Las apuestas no podían estar más en su contra, prácticamente todo el mundo estaba seguro de que el loco vestido con un extraño artilugio a modo de arnés y rodeado de correas pensadas para animar grandes alas planas iba a caer a plomo desde las alturas y moriría al instante. Pero no, nada de eso sucedió, porque ante el asombro de los presentes, el Marqués planeó un largo trecho hasta que perdió el control y fue a estamparse contra una barcaza amarrada en el Sena. Mucha suerte tuvo, porque de no encontrar aquel barco, a buen seguro que hubiera perecido ahogado, arrastrado hasta el fondo del río por su extraño traje de vuelo. Total, algún hueso roto y poco más. Entre los espectadores de tan singular vuelo se encontraba Jean-Jacques Rousseau, que se inspiró en lo visto allí para escribir aquel mismo año su obra *El nuevo Dédalo*.

El vuelo de Abbas Ibn Firnas

Si se mira mucho más atrás en el tiempo, parece que alguien ya había intentado algo similar. Nos trasladamos a Córdoba, concretamente en el siglo IX. Philip Khuri Hitti, historiador del Islam, afirmaba que Ibn Firnas fue el primer ser humano conocido en desarrollar un intento científico de vuelo. ¿Qué se sabe de este curioso personaje?

Hoy, en el mundo islámico, Ibn Firnas es considerado un héroe. En algunos países, como Libia, se han emitido sellos de correo recordando su gesta, incluso un cráter lunar lleva su nombre. Uno de los aeropuertos de Bagdad, muy conocido en años recientes como zona de combate, lleva su nombre.

Abbas Ibn Firnas, nacido en algún lugar cercano a Ronda, en Al-Andalus en una fecha desconocida, falleció, y esto sí se conoce, en el año 887. En su época era muy famoso, en tierras musulmanas, por sus experimentos químicos y sus audaces ideas técnicas aplicadas a grandes obras de ingeniería. También fue un famoso poeta, experto en el uso de cristales para fabricar lentes, astrónomo, físico y mecánico de primera. Diseñó y construyó un reloj de agua muy original, llamado Al-Maqata. Tras muchos años de pruebas y cálculos, observando el vuelo de las aves y pensando en profundidad en cómo llevar a cabo su ilusión de volar, llegado el año 875, termina de construir un "avión". No era una simple capa, ni un paracaídas, nada de eso, su máquina era una especie de planeador con alguna capacidad de control, algo así como un ala delta primitiva revestida de plumas y seda. Ibn Firnas, saltó de la mezquita de Córdoba y... ¡planeó! No hay datos de la distancia que pudo recorrer, pero sí se sabe que, durante el aterrizaje, se dañó la espalda, lesión que arrastró el resto de su vida.

UBALDO PASARÓN, EL TIPO QUE "INVENTÓ" LA NAVEGACIÓN AÉREA

Julio Verne publicó *La vuelta al mundo en ochenta días* en el año 1872. Henri Giffard voló, con el que es considerado el primer dirigible de la historia, allá por el año 1852, aunque no fue hasta finales del siglo XIX cuando los dirigibles se convirtieron en algo relativamente común. Entre esos años citados situamos al español Ubaldo Pasarón y sus sueños aéreos. Ubaldo era un militar con formación en ingeniería que, además, era poeta y periodista. Siendo destinado como capitán en Cuba, desató repentinamente una actividad imaginativa asombrosa. Diseñó y solicitó patente para una máquina aérea gobernable, a modo de gran dirigible, capaz de dar la vuelta al mundo en poco más de diez días. Lo que no fueron más que unas letras publicadas en 1862 en *La Gaceta de La Habana* terminaron convertidas en una entrañable y un tanto caótica recopilación de textos en forma de librillo a los pocos meses. En España se lo tomaron con guasa y durante bastante tiempo la prensa estuvo recordando a Pasarón, con burlas y dislates. El libro de Ubaldo Pasarón supuso un ejercicio de imaginación creativa realmente singular en el que se habla de navegación aérea y mil historias aparentemente inconexas, desde el transporte de pasajeros y de correo aéreo mundial, hasta la propulsión eléctrica, incluyendo cálculos de diverso tipo, cuando nada de eso existía todavía.

El hombre-pájaro de Burgos y los hijos de Ícaro

Siguiendo el camino de Abbas Ibn Firnas, un ignoto burgalés se empeñó en imitar a los pájaros en pleno siglo XVIII. Tal gesta sucedió, al parecer, el 15 de Mayo de 1793, cuando Don Diego Marín Aguilera, vecino de Coruña del Conde, un pueblo cercano a la burgalesa localidad de Aranda de Duero, en España, voló con un aparato de su invención. No es ningún chiste, aunque la Historia haya olvidado por completo aquel día, todavía queda algún recuerdo de este pionero de la aviación.

Don Diego tuvo el sueño de volar, pero no se resignó a mirar con envidia a los pájaros, pues decidió desafiar a la gravedad y volar de verdad, más allá de lo que da Vinci había simplemente imaginado mucho antes. ¿Era un loco o un inconsciente? Nada de eso, preparó su aventura con mucho cuidado y con gran entusiasmo, pero sin dejar nada al azar. Diego Marín nació en Coruña del Conde en el lejano año de 1757, siendo el mayor de siete hermanos. Hijo de Narciso y Catalina, se convirtió en todo un experto en el vuelo de las aves, tras pasar gran parte de su juventud observando planear a los pájaros sobre las tierras de Burgos, pues mantuvo a la familia con su trabajo como pastor.

Cuando contaba solamente con once años ideó un mecanismo capaz de mejorar el rendimiento del molino instalado en el río Arandilla. Viendo que eso de las máquinas se le daba muy bien, se esforzó en inventar algunos mecanismos novedosos, como una máquina capaz de fabricar paños de tela o una sierra mecánica para seccionar mármol, que se aplicó en la cantera del Espejón.

Pero eso eran asuntos menores, pues su obsesión era el vuelo. Investigó metódicamente las técnicas de vuelo de las aves, así como su anatomía. Tras haber pasado años recopilando todo tipo de datos, creyó llegado el momento de construir su "pájaro" artificial, en secreto, ayudado en solitario por el herrero del pueblo.

El plan de vuelo era sencillo pero increíble. Deseaba lograr una máquina con la que poder volar desde Coruña del Conde hasta el Burgo de Osma y luego hasta Soria, para visitar a sus parientes. Una bobada con decenas de kilómetros de viaje. En 1793 el pájaro de madera y metal ya estaba terminado, era un planeador con envergadura de unos ocho metros y fuselaje de más de cuatro metros. Su superficie estaba recubierta de plumas y sus alas contaban con una especie de alerones controlados por medio de manivelas. La cola podía orientarse por medio de dos estribos. Un "avión" tan grande no puede ser manejado por una sola persona, así que Diego pidió ayuda a algunos amigos, como Juan Barbero y su hermana.

Finalmente llegó el 15 de mayo de aquel año. Laboriosamente, el grupo de amigos elevó el "pájaro" hasta lo alto de la cresta caliza sobre la que se asienta el castillo de Coruña del Conde. Desde allí, pilotado por el entusiasmado Diego, se deslizó al vacío. Al contrario de lo que pueda parecer, no se estrelló, planeó llegando a recorrer más de trescientos metros de distancia, hasta que tocó suelo a causa de una rotura en un perno. ¡Diego seguía vivo!

Tras este primer intento, los amigos decidieron perfeccionar el mecanismo, que funcionaba a la perfección, reforzando algunos puntos del "avión". Todo fue en vano, pues los vecinos del pueblo se enteraron de tan osada y "brujeril" aventura y decidieron quemar la demoníaca invención. Diego sufrió una gran depresión por aquello, un abatimiento que le llevó a la tumba prematuramente pocos años más tarde.

Más de dos siglos después, su gesta no se ha olvidado del todo y, en su honor, hoy hay centros de enseñanza en Burgos que llevan su nombre y el Ejército del Aire español dedicó un monumento (retirado en 2013) a este pionero de la aviación frente al castillo de Coruña del Conde, lugar desde donde realizó su sueño de volar como un pájaro.

Esta historia puede parecer simple fantasía, pero sucede que ha llegado a nosotros documentación de la época que despeja cualquier duda. Por otro lado, no vaya a pensarse que algo así era cosa de un solo hombre, ¡muchos otros lo intentaron! Algunos no pasaron del tablero de dibujo, pero multitud probaron suerte.

Al igual que Ícaro, el mítico hijo de Dédalo, que se acercó demasiado al Sol, derritiéndose la cera que unía las plumas de sus alas, estos osados pioneros tampoco lo hubieran tenido muy fácil para surcar los cielos. El mítico piloto alado feneció en el mar, triste final que también hubieran compartido los siguientes protagonistas si no fuera porque, aunque lo intenteron, sus máquinas voladoras no fueron capaces elevarse.

Estos "hijos de Ícaro" probaron suerte con máquinas poco prácticas pero fascinantes. Ahí está, por ejemplo, un individuo del que se conocen pocos datos, pero que mostró gran imaginación a través de las patentes que nos ha legado. Se trata de Reuben Jasper Spalding, un soñador que vivió en Rosita, en el estado de Colorado, tal y como aparece en la patente estadounidense número 398.984 que data de 1889. El título del documento es explicativo: *Máquina Voladora*. En efecto, se describe ahí con detalle un invento destinado al vuelo. El intrépido piloto se dota de un traje completo articulado que haría las delicias de los fanáticos del *steampunk*.

Placas de metal, tirantes, sistemas de control, todo ello unido a los brazos del aventurero para que pudiera mover unas alas equipadas con multitud de pequeñas plumas, ingeniosamente unidas al esqueleto que da unidad al conjunto y que, cómo no, ya que se encuentra inspirado en las aves, cuenta también con una cola emplumada orientada por las piernas del piloto. Ah, la novedad con respecto a muchos otros modelos similares, está en que Spalding era consciente de que eso de "nadar" en el aire no ofrecía mucha confianza, así que para asegurarse un vuelo tranquilo añadió substentación adicional con un globo unido al arnés articulado.

Ideas similares no son raras en las patentes de la época. Por ejemplo, sin recurrir a globos adicionales, un tal Watson F. Quinby, logró en 1872 una patente para cierta *Máquina Volante Mejorada*. El artilugio consistía en un sistema de alas articuladas, inspirado en los murciélagos, que eran batidas por el piloto. Puede imaginarse que, de haber volado, el cansancio producido por el continuo movimiento de los brazos no hubiera hecho del modelo algo popular.

Ahora, si lo que de verdad se desea es ver una máquina voladora, con patente propia, imaginativa y fantástica, rozando el delirio, nada mejor que enfrentarnos con el artilugio patentado

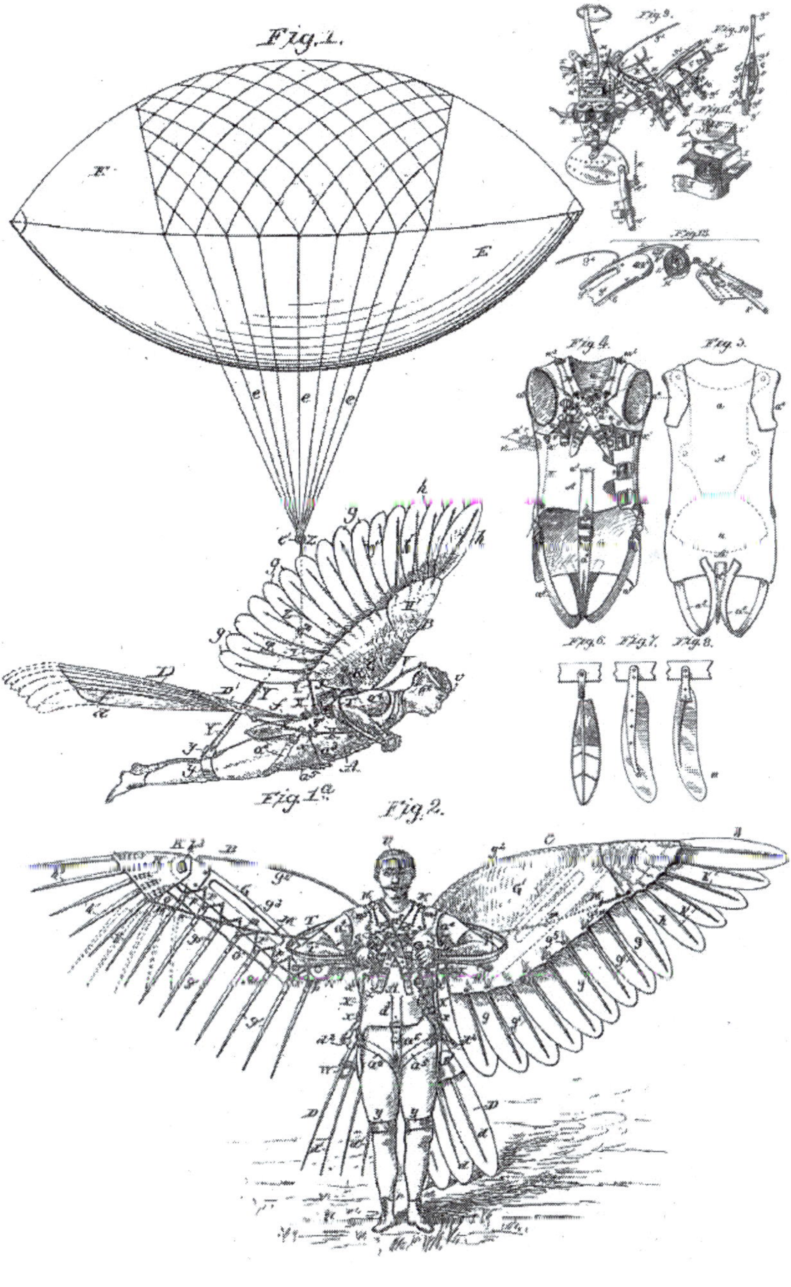

USPTO

Gráficos de una de las patentes de Reuben Jasper Spalding.

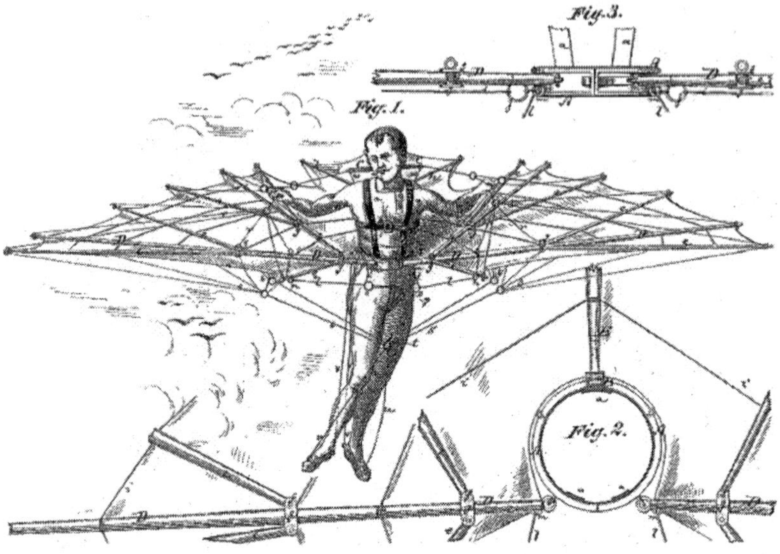

USPTO

Gráfico de una de las patentes de Watson F. Quinby.

por el francés Charles Richard Edouard Wulff en 1887, bajo el título de *Aparato para propulsión y guiado de globos*. Aparentemente, la cosa no es más que un excéntrico globo con cofia y multitud de sistemas articulados pero, aquí está lo sorprendente, para impulsar dicho globo se recurre al poder de los pájaros. Veamos, la idea es muy lógica, si se piensa como el inventor, claro está. En la porción superior del globo se ata a un montón de águilas, u otras aves poderosas, en arneses individuales que pueden controlarse desde la cofia. Cuando hace falta elevar o propulsar el globo, el piloto maneja una serie de palancas que estimulan a las aves, esto es, se pinchan levemente, como si se tratara de caballos alados espoleados por un jinete imaginario. Las aves, obedientes, comienzan a batir sus alas y, así, careciendo de motor de cualquier tipo, se inicia el plácido viaje de este globo movido por aves. La verdad, hay que reconocer que, al menos, se trata de algo original. Este dibujo de la patente muestra los mecanismos de control de las aves.

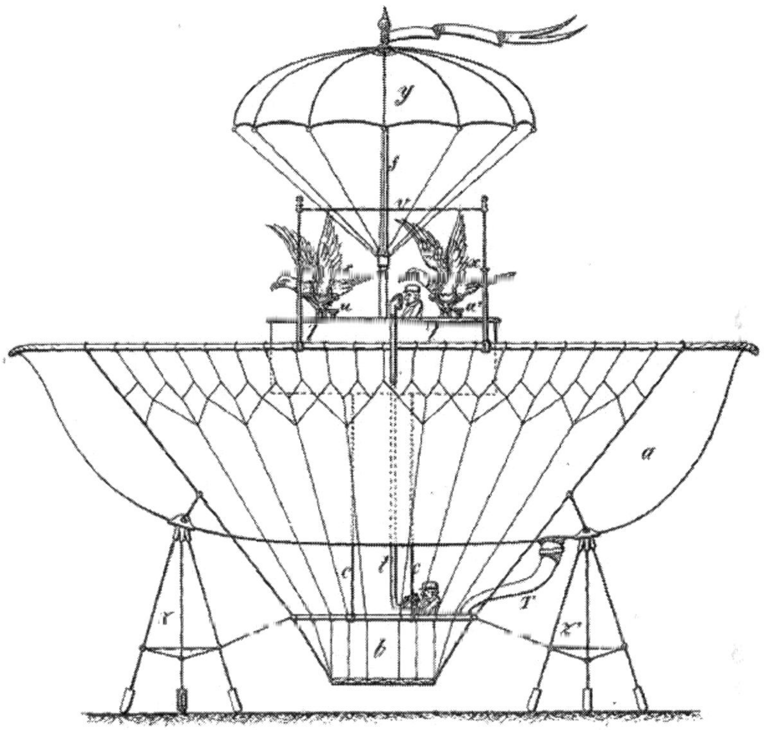

USPTO

Ingenio aéreo de Charles Richard Edouard Wulff.

Volar con calma, tranquilamente impulsado por águilas no era precisamente lo que imaginó Sumter J. Battey. En su patente de 1893 puede verse algo que podría considerarse, con extrema indulgencia, como el antecesor del *Proyecto Orión*. Para quien no lo conozca, este proyecto planteó la posibilidad de impulsar una nave espacial gracias a las ondas expansivas generadas por explosiones nucleares sobre placas inerciales. Bien, cerca de un siglo antes el tal Battey ideó una especie de misil tripulado, en realidad un ligero globo con piel de aluminio, con un método propulsor de lo más peligroso. Como si de un *Orión* de la era victoriana se tratara, la nave decimonónica contaba en su popa con un largo apéndice, destinado a alejar las explosiones impulsoras del habitáculo. ¿Y de dónde procedían las explosiones? A falta de cabezas nucleares, el ingenio contaba con un almacén de pequeñas esferas de nitroglicerina, que eran conducidas una a una a través de un conducto al extremo de la nave, donde explotaban al entrar en contacto con un circuito eléctrico gobernado por el piloto. Las sucesivas explosiones de cargas con nitroglicerina, impulsaban por reacción y a velocidad de espanto, al plateado navío aéreo.

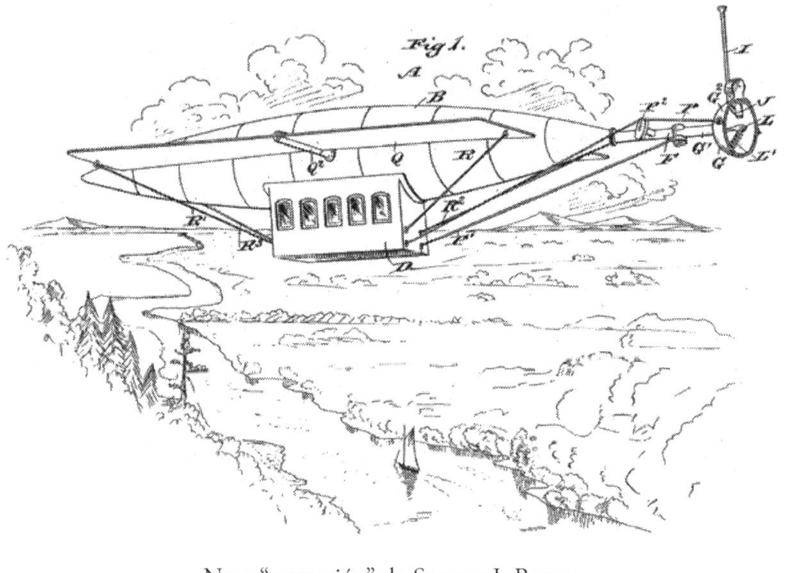

USPTO

Nave "a reacción" de Sumter J. Battey.

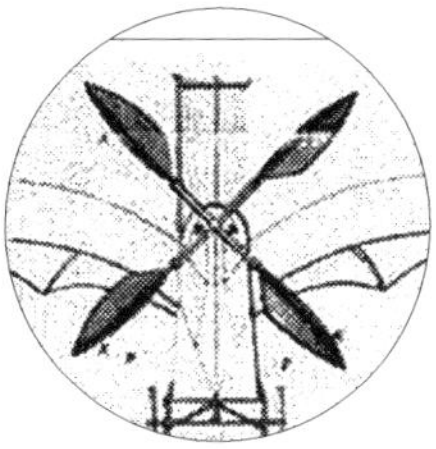

Los "prevuelos"

Por lo comentado hasta ahora, queda claro que hubo bastantes intentos de "prevuelo", esto es, vuelos con máquinas semejantes a aviones anteriores a la célebre aventura de los hermanos Wright.

Además de los ya comentados, cabe recordar a Eilmer de Malmesbury, monje benedictino inglés del siglo XI, conocido como el "monje volador". Al tal Eilmer le fascinaban los números y las máquinas, así que, como además le encantaban los pájaros, el siguiente paso fue de lo más lógico para su pensamiento: construyó una máquina para volar como las aves. Según cuentan las crónicas, la antigua leyenda sobre Dédalo e Ícaro era su favorita, así que, a modo de imitación, construyó unas alas montadas sobre una estructura de madera, de manera similar a un primitivo "ala delta" o una "cometa". El planeador era tosco y poco manejable pero el monje volador logró su objetivo, se mantuvo en el aire durante varios segundos, consiguiendo recorrer varias decenas de metros con su invento. El aterrizaje fue brusco pero, al contrario que en el caso de Firnas, el monje no se lesionó, o al menos eso cuentan las crónicas de la época.

Mucho más tarde, en 1638, el turco Hezarfen Ahmet Celebi, inspirado por las ideas de Leonardo da Vinci, realizó sus propios cálculos acerca del vuelo de las aves, sobre todo de las águilas. Realizó nueve intentos de vuelo hasta lograr, saltando de la Torre

Gálata en Estambul, planear hasta el suelo, aparentemente sin problemas pero, como siempre en casos tan antiguos, no hay certeza absoluta acerca de este tipo de aventuras.

Desde el siglo XVIII el deseo de volar se hizo imparable, muchos otros diseñaron naves más pesadas que el aire y las probaron, unos con mejor suerte que otros. La navegación aerostática restó importancia, al principio, a estos intentos, pero los aviones triunfaron finalmente. Muchos pioneros, casi olvidados hoy, aportaron sus ideas para llegar al lugar donde nos encontramos, como Alphonse Pénaud, que a finales del XIX construyó ornitópteros (aparatos con alas batientes) y otros vehículos voladores. Sir Hiram Maxim, prolífico inventor que, además de armas y máquinas para atrapar ratones, desarrolló un avión motopropulsado que, lamentablemente, no voló, o también Octave Chanute, el ingeniero ferroviario que ayudó a los hermanos Wright.

Mención aparte merecen otros aventureros anteriores. Sir George Cayley (uno de los padres de la aerodinámica moderna), fue un polifacético ingeniero que desarrolló motores, helicópteros y aviones, barcos y tractores. Todo ello sobre el papel, aunque pronto pasó a la acción. Demostró que las maquetas podían volar, que pequeños animales no perecían en las pruebas y que, por pura lógica, un humano podría elevarse por los cielos. Fue el primero en comprender que el aire que fluye sobre un ala fija y curvada crea una fuerza de sustentación. Finalmente, se decidió a probar sus modelos con pilotos humanos, logrando que muchos de ellos planearan a principios del siglo XIX.

Henson diseñó una máquina voladora a vapor. Seguía más o menos las lineas generales de Cayley. Utilizaba una máquina de vapor de diseño propio para mover las hélices, y despegaba desde una especie de viaducto seccionado a la mitad. Se publicó mucha propaganda de su *carro a vapor aéreo* (fue el primer "publicista" que anunció vuelos en líneas aéreas), incluso con postales con el aparato sobrevolando playas, Londres o las Pirámides de Egipto.

James W. Butler y Edmund Edwards patentaron allá por 1867 un primitivo avión a reacción, aunque lo llamaron *dardo de vapor*. El cacharro contemplaba el uso de una máquina de vapor interna que generaría el chorro de gases que impulsaría el avión, así como el uso alternativo de hélices.

Otto Lilienthal es seguramente de las primeras personas que voló en algo así como los actuales ala delta. Realizó numerosos diseños, probó distintas configuraciones y, en todas ellas, se conseguía el control del aparato mediante el balanceo del cuerpo, es decir, cambiando la posición del centro de gravedad de la aeronave.

Tampoco hay que olvidar a Clément Ader quien, además de ser pionero del vuelo con motor, llamó "aviones" a sus aparatos, por primera vez en la historia. Este ingeniero francés, genial e intrépido, perfeccionó muchos aparatos eléctricos, como el teléfono o el micrófono. Ader sentía fascinación por los murciélagos, en los que se inspiró. Su primer aparato, de 1873, era una especie de planeador controlado por el desplazamiento del centro de gravedad, recubierta con plumas de oca. Más adelante, construyó aviones propulsados por pequeñas máquinas de vapor. Logró volar durante unos segundos con un aparato de unos 300 kilogramos de peso y 14 metros de envergadura en 1873. Lamentablemente, aquel monstruo era incontrolable, por lo que algunos años más tarde, a bordo del *Avion III*, voló durante más tiempo (Ader era un genio, para evitar los problemas asociados al par de las hélices, el *Avion III* contaba con dos hélices contrarrotarias y movidas por cadenas de bicicleta. Ambas soluciones fueron adoptadas por los Wright). Sin embargo, nunca logró controlar sus aparatos y sus aventuras fueron pronto olvidadas.

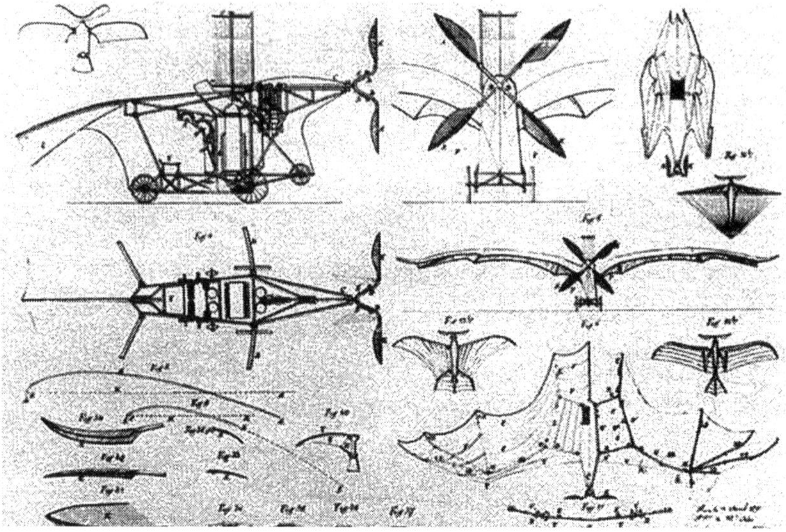

WMC. PD.

Bocetos de Clément Ader.

Realmente, la historia de los “prevuelos” es apasionante y mucho más extensa de lo que pueda parecer. Son cientos los casos de intento de vuelo con algo parecido a aviones antes de los hermanos Wright. No hay espacio en estas páginas para detallar todos ellos, pero antes de completar este capítulo queremos ahondar un poco más en la figura de uno de aquellos pioneros, ya mencionado brevemente.

Sir Hiram Stevens Maxim, nacido en los Estados Unidos en 1840, era un inquieto inventor e ingeniero que hizo fortuna con una de sus numerosas patentes. Se trataba de una ametralladora que alcanzó gran difusión en el campo de batalla. Con mucho dinero en el bolsillo, Maxim volcó todos sus esfuerzos hacia su gran sueño, poder volar con una máquina propulsada más pesada que el aire. Desarrolló gran parte de su actividad en Gran Bretaña, donde la Reina Victoria lo nombró Caballero por sus invenciones. Este ejemplo prototípico de genio victoriano fue el padre de importantes industrias y muchos de sus diseños militares, además de su clásica ametralladora, fueron utilizados durante décadas.

Nave aérea de Hiram Maxim.

El apasionado Hiram realizó varias experiencias con máquinas voladoras desde mediados de la década de 1880. Construyó diversos aviones, montados sobre railes y propulsados por ingeniosas máquinas de vapor que, a decir de sus contemporáneos, lograron realizar breves vuelos, con lo que puede considerarse a este pionero como uno de los verdaderos padres de la aviación, aunque el puesto principal ya no hay quien se lo quite a los Wright.

En sus patentes puede verse que sus diseños son muy atractivos y la tecnología empleada era bastante compleja. No es lo mismo colocar un pequeño motor de combustión interna en un planeador, que cargar con toda una máquina de vapor en miniatura, con su caldera y sus condensadores incorporados, por supuesto. El segundo de sus prototipos contaba con un potente motor y estaba dotado de varias superficies de sustentación y curiosos mecanismos de control.

Los aviones propulsados por motor tardaron en llegar porque faltaba uno que ofreciera mucha potencia con poco peso. Todos los intentos del siglo XIX fueron con máquinas a vapor, de ahí que fuera casi imposible que funcionaran. El verdadero logro de los Wright, el hecho diferencial, fue seguramente el empleo de un motor de combustión interna de su invención.

APRENDIENDO A VOLAR EN UN SIMULADOR

Aunque pueda parecer algo fuera de lugar, no debe resultar extraño hablar de "simuladores de vuelo" de principios del siglo XX. Nuestros novísimos simuladores por ordenador son sofisticados y asombrosos, pero ya desde los primeros tiempos de la aviación se recurrió a simulaciones para aprender a volar.

Es más, incluso mucho antes ya se había pensado en la posibilidad de simular la experiencia de vuelo. He aquí, por ejemplo, todo un simulador de vuelo ideado en 1893 por John F. Byrne. La idea se propuso para hacer que la gente que visitara exposiciones o parques de atracciones pudiera sentirse como volando a bordo de un dirigible. Si a la máquina se le unían paneles móviles en el exterior, o proyecciones de imágenes, como si de un paisaje artificial se tratara, la experiencia seguro que hubiera sido asombrosa para la época.

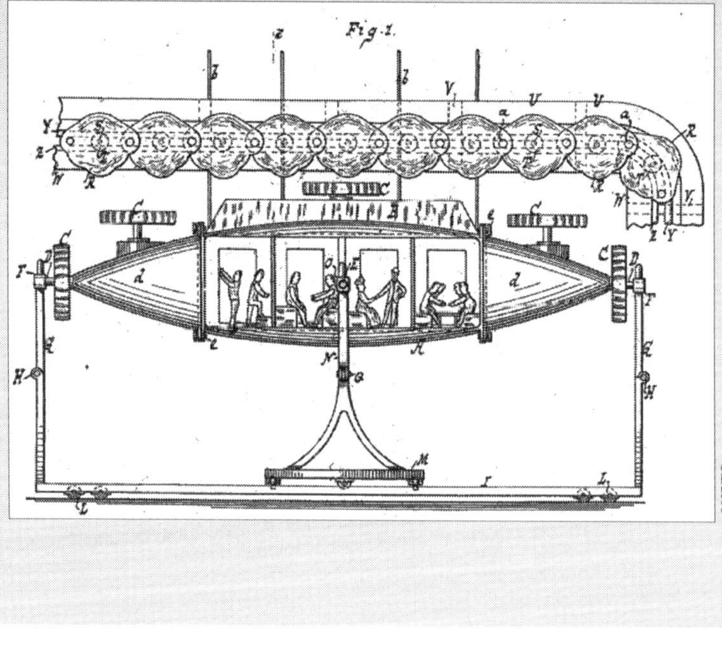

USPTO

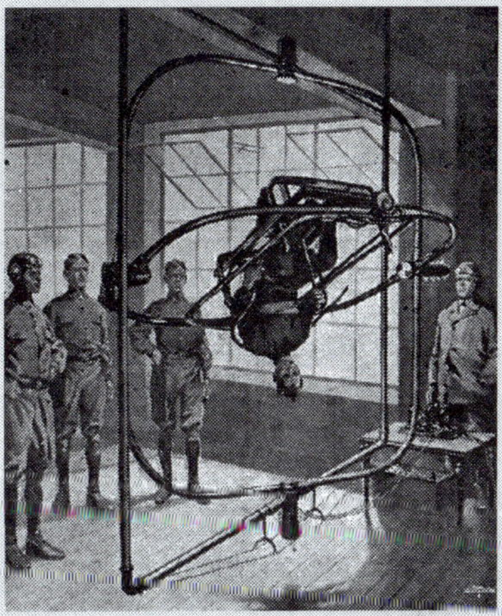

Vida Marítima, 1919.

En la Primera Guerra Mundial, para acostumbrar a los nuevos pilotos a las condiciones de vuelo, se empleaban aparatos como este "orientador" estadounidense para aprendizaje del vuelo en aeroplanos que aparece a la derecha (Imagen de 1919).

Muchas máquinas similares, como el Atoinotte Barrel, fueron empleadas durante décadas para mejorar los reflejos y la capacidad de orientación de los futuros pilotos. Claro que, quien quisiera recibir lecciones de vuelo desde casa, sin acercarse a un avión, también podía hacerlo, cual simulador de vuelo casero. Sería interesante saber cuántas personas compraron el *kit* para aprender a volar en casa. Una silla, los mandos, una radio... y, cada viernes, de 8 a 8:15 horas, sentados en la silla, o el butacón, con algo parecido a un *joystick* entre las piernas, sintonizaban Broadcasting Station KOA, de Denver, para escuchar a *Chief Pilot* Cloyd P. Clevenger de la Alexandor Aircraft Company.

El programa se emitió en 1928 y pretendía algo así como enseñar a volar en casa, por capítulos, siendo los accesorios algo pensado más para crear una atmósfera de inmersión que para otra cosa. Para hacer el programa entretenido, Cloyd no daba clases directamente a los oyentes, sino que "enseñaba" a otro piloto, en el estudio, un tal Genne Lindberg (sin H al final, al contrario que Charles Lindbergh), un conocido y popular humorista que hacía el cuarto de hora más divertido. Además, durante la emisión, se hacían todo tipo de sonidos con ventiladores y motores, para crear una atmósfera de inmersión y simular los distintos sonidos de las aeronaves.

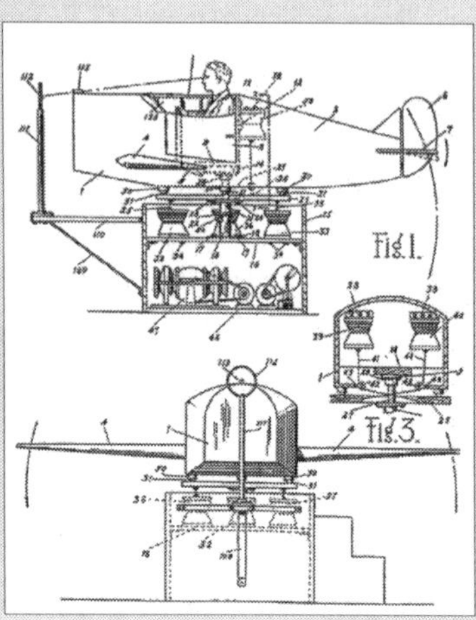

USPTO

Ahora bien, el primer simulador de vuelo digno de tal nombre llegó un poco más tarde. Edwin Albert Link, estadounidense nacido en 1904 y fallecido en 1981, fue un personaje singular con multitud de intereses. Sin ánimo de entrar en profundidades, resulta que Link fue piloto, pionero de la aviación con fines publicitarios, empresario de éxito también en el sector de la aviación y en el de submarinos, creador de nuevas tecnologías para la investigación en arqueología submarina y productor de documentales. Este ingeniero mecánico consiguió cerca de una treintena de patentes, entre ellas las referidas a su más famoso invento, el Link Trainer o lo que es igual: el primer simulador de vuelo comercializado de la historia, que le abrió el camino para dar forma a una impresionante industria (su primera patente del Link Trainer aparece en la imagen superior).

El *Link Flight Trainer* supuso toda una revolución en la formación de pilotos de aviación. La máquina era capaz de simular diversas condiciones de vuelo real gracias a una plataforma móvil diseñada para realizar complejos movimientos. La primera patente de Link sobre esta invención data de 1931, cuando decidió dar el salto desde sus primeros modelos de prueba que llevó a buen término en la fábrica en que su padre mantenía un negocio de pianos y órganos. Fueron, precisamente, piezas de tecnología neumática utilizadas en órganos eléctricos, las que empleó para construir la plataforma inicial. El éxito de la idea llegó pronto, el interés del ejército de los Estados Unidos ante la necesidad de formar a gran cantidad de pilotos en la Segunda Guerra Mundial hizo que a Link le llegara un pedido de hasta 10.000 unidades. Fue el comienzo de una aventura que dura hasta la actualidad.

Del modelo primitivo, armado con piezas de instrumentos musicales neumáticos de 1929, o del modelo que en los años treinta ya utilizaban varias escuelas de vuelo para mejorar la seguridad y reducir costes, la empresa de Link pasó después a diseñar novísimos sistemas de instrumentación electrónica y plataformas móviles que, con el paso de los años dieron forma, por ejemplo, a los simuladores de las naves Apolo. Una de las más singulares patentes de Ed Link fue la que, en 1942, logró por su *Celestial Navigation Trainer*, un avanzado sistema que permitía aprender navegación astronómica simulando el cielo nocturno de diversas localizaciones geográficas (imagen inferior).

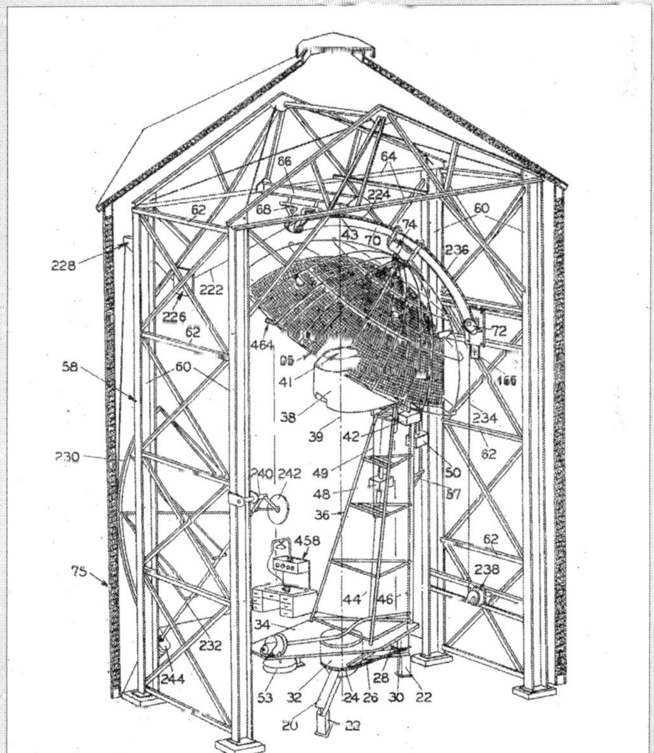

USPTO

La fiebre de los aviones

Desde que a finales de 1903 los hermanos Wright saltaran a la fama con su célebre vuelo en Kitty Hawk, la fiebre por la aviación no dejó de aumentar. En todas partes aparecían osados aviadores que se decían capaces de ir más allá.

Algunos eran verdaderos aventureros con buenas ideas que fueron dando vida a memorables páginas de la historia del vuelo humano. Otros, simplemente, veían dinero en todo lo que sonara a aviación. Fue el caso de John F. Cooley, un comerciante de Rochester, Nueva York, que hacia 1910 anunció la construcción del más moderno avión de pasajeros que pudiera imaginarse. La nave, de unos 25 metros de longitud, era muy futurista.

A las gentes que se acercaban a su taller para ver los progresos en la construcción de la máquina les encantaba el diseño del aparato. Muchos decidieron invertir en algo tan bello porque, sin duda, podría volar. El avión nunca se completó y, claro está, lo más seguro es que ni hubiera podido levantar un palmo del suelo. En abril de 1911 el pillo de Cooley se largó a la Gran Manzana a probar suerte con otros negocios, dejando detrás un impresionante rastro de deudas y un supuesto avión que terminó destruido por una tormenta después de ser embargado.

El "avión" de John F. Cooley.

Pero el caso de Cooley fue puntual, lo normal era encontrarse con entusiastas empeñados en construir nuevos aviones a su manera, muchas veces sin tener ni idea de cómo hacer volar algo.

Cuando la historia de la aviación daba sus primeros pasos, decenas de excéntricas ideas sobre cómo construir aviones vieron la luz. Entre tanta invención extraña destacan los multiplanos de Horatio Phillips que, no hay más que contemplarlos, no tuvieron éxito. Observar uno de estos aparatos despierta una mezcla de sorpresa y mofa, hay que tener imaginación y agallas para diseñar, construir y pilotar algo así en un tiempo en el que no se tenía muy claro cómo armar un avión realmente funcional. Nacido en las cercanías de Londres allá por 1845, demostró desde muy pequeño un deseo por volar que no podía ser frenado. Pudo haber elegido surcar los cielos en globo, o en los primeros dirigibles que nacían por entonces, pero no, su obsesión se centró en ser el primer ser humano en volar a bordo de una

Aeronautical Journal, 1908.

Modelo de multiplano Phillips de 1904.

máquina más pesada que el aire. No lo consiguió, pero no por ello deja de tener mérito su larga carrera de intentos e inventos, patentes y procedimientos que dejó a su paso. Desarrolló algunos de los primeros estudios serios sobre perfiles de las alas y túneles de viento, inspirando a futuros ingenieros a la hora de labrar el camino de los aviones actuales. Durante años, dedicó mucho tiempo a probar varias teorías sobre el vuelo en sus modelos de túnel de viento, observando cómo se comportaba el vapor al pasar entre diversos tipos de ala. Finalmente, llegados ya a la última década del siglo XIX y primeros años de la nueva centuria, diseñó y construyó varios modelos de avión propulsados por máquinas de vapor. Se trataba de los multiplanos, extraños aparatos dotados de planos supernumerarios. Lo intentó, persistió, pero sólo pudo elevarse unos palmos del suelo, nada más. A pesar

Engineering, 1908.

Otra de las propuestas de Phillips, del año 1907.

de ello, no se recuerda su figura como la de un fracasado, sino que es tratado como un precursor, uno de los padres de la aerodinámica y del estudio científico del vuelo, gracias a sus minuciosos análisis sobre alas curvadas. Muchos siguieron la estela de Horatio Phillips a la hora de crear multiplanos. Ahora empleamos monoplanos mayoritariamente, pero estructuralmente un monoplano en aquella época era muy frágil. Los multiplanos permitían envergaduras muy cortas para dar sustentación y, a su vez, permitían desarrollar estructuras rígidas con facilidad. Ninguno voló, o al menos no lo hizo más allá de unos escasos metros y sin abandonar el suelo pocos centímetros. La mayoría ni siquiera podían sostenerse a sí mismos y terminaban

Paul Dunlop. 1911 PD.

Aunque pasaran los años, Phillips lo seguía intentando.
Aquí aparece su modelo de 1911.

autodestruidos de formas que hoy nos parecen cómicas pero que en su día llevaron a la frustración a más de un osado constructor de aviones.

Para completar este capítulo de engendros con alas múltiples, nada mejor que asomarse brevemente a varios de aquellos chismes imposibles. Se trata de una pequeña selección entre las decenas de intentos similares que se llevaron a cabo desde finales del siglo XIX hasta incluso la década de los treinta del siglo pasado.

Hacia 1908, y durante casi tres años, un tal Jerome 'James' Slough Zerbe, de los Estados Unidos, se empeñó en dar vida a un sextuplano de formas extrañas que, al parecer, no logró ni saltar un poco. También probó con cinco planos, con el mismo resultado.

LOC

El sextuplano de Zerbe.

La cosa no salió bien, naturalmente, pero eso no desanimó a Zerbe. En 1918 volvió a probar suerte, en esta ocasión con un modelo de cuatro planos bastante sofisticado dotado de un motor muy potente conseguido como excedente de la Gran Guerra. Voló por primera vez en 1919, o más bien habría que decir que lo intentó, porque aunque sí logró levantar del suelo, tuvo un accidente al intentar tomar tierra que terminó con el aparato destruido. Fue un salto de casi trescientos metros a una altura máxima de treinta, lo que no es ninguna tontería si se tiene en cuenta el tipo de máquina del que se trataba. En realidad, así es como se prueba un avion que no conoces. Primero se corre con él por pista. Después das pequeños saltitos y, al final, se vuela. El avión terminó como solían acabar los primeros prototipos de los aviones en esta epoca.

Ozark Military Museum.

El asombroso *Zerbe Air Sedan* de 1918.

Años antes, en 1910, el también estadounidense Henry William Jacobs se atrevió a lanzar su multiplano ladera abajo con la esperanza de verlo volar. Los periódicos de Kansas, que era donde vivía, estaban encantados con su héroe del cielo. Por desgracia, la exhibición no llegó muy lejos. Para la historia quedó esta imagen que aparece a la derecha con su extraño avión, tomada durante una exhibición en Nueva York.

Aerodrome.

Multiplano de Jacobs.

Otro ejemplo de persistencia fue el del francés Marquis d'Ecquevilly. No sería por intentos, pero tampoco cumplió su sueño de volar como un pájaro. Sus máquinas son fascinantes. Se cuenta que este personaje quiso emular a los Wright desde el mismo momento en que llegó a su conocimiento el vuelo de los norteamericanos. Imaginación no le faltaba, hay que reconocerlo.

Por cierto, el físico estadounidentes Samuel P. Langley, no sólo quiso imitar a los Wright, sino que estuvo en pleitos contra ellos porque afirmaba haber volado primero. Diseñó un avion con alas en tandem, lo lanzó desde una barcaza... y se estrelló. Para probar que había sido el primero en volar, repitió el lanzamiento años despues. Esta vez funcionó, pero el avion habia sido muy modificado

Avión de Marquis d'Ecquevilly, 1908.

WCM PD.

Modelo de Samuel P Langley.

WCM PD.

Otro de los modelos de Marquis d'Ecquevilly.

Aeronautical Annual, 1897.

Experiencia de Chanute en 1896.

Mirando un poco más atrás en el tiempo, cabe mencionar al padre de todos estos multiplanos. Se trata de Octave Chanute, ya mencionado brevemente en el capítulo anterior, un ingeniero francés nacionalizado estadounidense que a finales del siglo XIX llevó a cabo diversas experiencias con planeadores de ala múltiple. Lo más llamativo de Chanute fue que, a raíz de sus experiencias con los planeadores, se comunicó por carta con los hermanos Wright, a quienes aconsejó certeramente.

Chanute iba por buen camino, sin embargo otros se encontraban bastante perdidos. He ahí el caso de multiplano más raro que pueda haber existido hasta la fecha. Su diseñador fue el padre del teléfono, o más bien quien se llevó el mérito en su tiempo, porque al igual que sucede con la radio, el teléfono tiene también varios padres. Alexander Graham Bell se empeñó en hacer volar un ingenio construido con 3.393 celdillas tetraédricas. Parece que cuanta más superficie alar se expusiera al aire, le parecía que debía volar mejor y, para ello, nada mejor que infinidad de celdas a modo de pequeñas alas en forma de estructura continua. Graham bell se inspiró en las cometas de tetraedros, algo habitual en la época, pues algunos de los primeros aviones se basaban en las conocidas como "Box Kite". Se construyeron varios modelos basados en su idea, que fueron probados en Canadá. Ninguno tuvo éxito y la cuestión fue abandonada en 1912 tras varios años de ensayos.

Carnet de Vol.

Avión *Cygnet II* en 1909, diseñado por Alexander Graham Bell.

Rivalizando con el anterior, he aquí un aparato igualmente extraño que, por supuesto, no llegó muy lejos. Se trata del multiplano del estadounidense Howard Huntington.

Aerodrome.

Multiplano de Huntington, construido hacia 1912-1914.

En la Gran Guerra se mantuvo el interés en los multiplanos. Uno de los culpables de la proliferación de los triplanos y cuatriplanos en ese tiempo fue el Sopwith Triplane, un caza del RNAS. Trepaba como un demonio, algo muy útil teniendo en cuenta que, debido a la corta autonomía de los aviones de entonces, muchas veces se despegaba cuando se veían pasar los aviones enemigos por encima de tu cabeza. Vendrían a ser los primeros "interceptores puntuales" que se desarrollaron luego en los 40 y los 50 (como el Natter o el English Electric). El éxito del Sopwith Triplane llevó al DR1. ¿Qué envergadura hubiera sido necesaria para que el DR1 o el Sopwith Triplane fueran biplanos? La idea era muchas alas igual a mucha sustentación, pero con poca envergadura y con una estructura robusta. Su estructura era tan robusta que el DR1 fue concebido con alas en voladizo y sin riostras. De hecho, al final se le añadieron los puntales sólo por problemas de vibración.

W.M.C. PD.

Armstrong Whitworth F.K.10.

De 1917 data otra propuesta por el estilo, pero que sólo dio a luz un aparato de pruebas. Se trataba del Supermarine Nighthawk, un cazador de dirigibles diseñado por el inventor británico Noel Pemberton Billing. Aunque se mostró como un aparato que podía desempeñar operaciones aéreas, se demostró que no tenía capacidad para combatir contra los dirigibles alemanes.

Australian War Memorial.

Supermarine P.B.31E Nighthawk , de 1917.

Los cielos europeos vieron volar hacia el final de la Gran Guerra otros modelos de multiplano, como el alemán Naglo D.II, del que sólo se construyó el prototipo, o el Fokker V.8 de 1917, que tampoco tuvo continuidad.

Acabada la guerra, en 1919, se experimentó con cierto avión de siete planos. El estadounidense Johns Multiplane era un pequeño monstruo que daba saltos por la pista de despegue intentando tomar vuelo, pero su potencia limitada y elevado peso hacía que intentar volar con aquello fuera una verdadera temeridad. Sólo se llegó a construir el modelo de pruebas, terminando sus días como chatarra hacia 1920. Aquello debió servir como aviso final, pero los multiplanos todavía iban a dar la lata.

WMC. PD.

El curioso Johns Multiplane, de 1919.

Francia tuvo un último sueño con multiplanos en fecha tan avanzada como 1922, con un único prototipo del Besson H-5, o Besson MB-11, como es mencionado en otras ocasiones. Cuatro planos, hidroavión, extraño y peligroso, fue abandonado en fase de desarrollo al sufrir un accidente tras varios vuelos de prueba iniciales.

WMC. PD.

Pese a lo que pueda parecer, el Besson H-5 de 1922 voló en varias ocasiones.

¡Ah! pero todavía quedan algunos ejemplos grandiosos para el final de la aventura de los multiplanos. En 1923 voló por primera vez uno de los aparatos más extraños jamás vistos. Se trataba del Gerhardt Cycleplane, un multiplano movido por la fuerza del propio piloto. Vamos, que la cosa iba a pedales. Sólo se construyó un aparato, que se convirtió en el primer avión práctico con "propulsión humana". Diseñado por el ingeniero W. Frederick Gerhardt, de la Universidad de Michigan, más como un divertimento que como algo práctico, llamó mucho la atención de la prensa. Voló por primera vez en julio de 1923, remolcado por un automóvil. Sí, voló, y era una maravilla del ingenio, pero por desgracia sólo es recordado porque en una grabación de la época se ve cómo colapsó en su parte central en tierra, cayendo las alas hacia el fuselaje. Por eso, cuando a lo largo del tiempo se hacen recopilaciones de "viejos cacharros volantes", siempre se suele incluir como chiste, cuando en realidad logró su objetivo.

W.MC. PD.

Gerhardt Cycleplane de 1923.

Los hermanos Armand y Henri Dufaux, tras experimentar con helicópteros sin mucho éxito, decidieron crear en 1909 un multi-triplano. Si

Pionnair GE.

El avión de Armand y Henri Dufaux.

lo traemos aquí, al final del capítulo antes del cierre apoteósico es porque rivaliza en extrañeza con todos los demás ejemplos vistos. Construido en Suiza, este "bicho" con alas dispuestas en ángulos imposibles no llegó muy lejos, pero puede que sirviera de inspiración a nuestro multiplano final.

En efecto, he aquí la "cosa", el multiplano más grandioso, con más delirios de grandeza y más sorprendente que haya sido construido. El italiano Caproni Ca.60 Transaereo, llamado también *Noviplano* o *Capronissimo.*

El aparato, destinado a transportar hasta un centenar de pasajeros a través del Atlántico, con escalas, contaba con ocho motores y tres juegos de alas heredados de bombarderos Caproni triplano. Fue probado en el lago Maggiore en 1921. En su segunda prueba se estrelló y acabó hundiéndose. Aunque se recuperó parcialmente, nunca se volvió a intentar volar con algo semejante.

The journal of the early aeroplane.

¿Alguien se anima a volar a través del océano con el *Capronissimo*?
Se puede ver en vuelo en *El viento se levanta*, del genial Miyazaki.

COLGANDO DE LAS ALTURAS

Durante la Gran Guerra, invadiendo territorio aliado, los dirigibles alemanes tipo *Zeppelin* o los *Schütte-Lanz*, entre otros modelos de nave aérea, necesitaban volar a gran altitud para evitar el fuego antiaéreo. Además, volando entre brumas y muchas veces por encima de las nubes o de noche, cabe preguntarse de qué manera eran capaces de localizar en tierra los blancos a bombardear.

No disponían de radar ni de cámaras de infrarrojos así que de algún modo habría que guiar la nave durante el bombardeo. Podía realizarse a ciegas, o bien descender a una altitud que permitiera captar los detalles necesarios en el terreno como para soltar bombas con más o menos precisión sobre el objetivo deseado. La primera solución era segura, pero el resultado del bombardeo sin duda acabaría en todo un fiasco. Por otra parte, la siguiente opción garantizaba una mayor precisión, pero la nave se exponía al fuego enemigo. La solución ideada por los alemanes fue, en un primer momento, el hacer descender unos cientos de metros bajo la nave una cesta blindada tripulada por uno o varios observadores que, armados con catalejos y mapas, orientarían la nave dando instrucciones por medio de un aparato de comunicación interior a modo de teléfono.

La Esfera, 10 de octubre de 1914.

Observadores de un dirigible alemán en la Primera Guerra Mundial.

Como el resultado parecía ser bueno, pero los riesgos demasiado elevados, al ir avanzando el conflicto las cestas blindadas fueron dando paso a un artilugio fascinante. Se trataba de las góndolas aerodinámicas cautivas. La función era la misma que en el caso anterior, pero ahora un único observador podía descender incluso más de mil metros protegido por un habitáculo blindado, aerodinámico, dotado de una burbuja de cristal para facilitar las tareas de espionaje y, cómo no, con su línea telefónica interior.

The Great War (1915).

Cabina de observación de un dirigible alemán recuperada al este de Inglaterra.

Al parecer, estas cabinas de observación podían desprenderse en caso de emergencia. Algunas viejas historias, casi leyendas, de la Gran Guerra, narradas en Inglaterra o Francia, hacían mención a tripulantes de dirigibles alemanes que descendían a tierra gracias a cables metálicos de gran longitud.

Esta aparentemente insensata idea fue exportada más tarde al mundo de los aviones. El poder rescatar personas derribadas tras las líneas ha sido una de las grandes preocupaciones de los distintos ejércitos desde que existen naves volantes.

Esto se ha intentado de muchas maneras, algunas más improvisadas que otras, como volar dos pilotos en un solo caza monoplaza, e incluso se han planteado aviones inflables o microhelicópteros. También ha sido de vital importancia el poder transportar espías e introducirlos de noche en un lugar desconocido y, por tanto, peligroso para realizar el salto nocturno, ¡o incluso sin tener conocimientos de paracaidismo! En otras ocasiones simplemente es necesario el poder disponer de un vuelo estafeta, un taxi para ir de una base aérea a otra, y no es posible (por economía, por logística...) disponer de un avión de combate y además otro de enlace. Por todos estos motivos y muchos otros similares, se ha intentado transportar personas ¡colgando bajo el ala, o sobre ella!

La idea es muy sencilla y, en principio, brillante. Los aviones de combate pueden llevar en sus alas grandes cargas, básicamente bombas, misiles o depósitos de combustible. Así pues, ¿por qué no intentar diseñar un depósito de combustible un poco más grande, en el que puedan acomodarse personas (no claustrofóbicas) en su interior? El avión ya está diseñado para llevar el peso de un *pod* con personas, que de hecho son menos pesados que algunas armas. Por otro lado, si el contenedor es suficientemente aerodinámico, las prestaciones del avión de combate no tienen por qué ser menores que las que tiene cargado de depósitos extra de combustible, como los que llevaba el 109 o el Zero cargando bajo su vientre, o el Mustang y el Harrier bajo sus alas. De hecho, hacer algo más antiaerodinámico que los depósitos que llevaban los 110 es imposible.

Los rusos lo intentaron en los años 30 con un Polikarpov R-5, conocido en España durante la Guerra Civil Española como *Rasante*. La idea era colgar bajo el ala inferior del biplano compartimentos para paracaidistas, dos por cada espacio. Como el ala quedaba así inutilizada y se perdía sustentación, se añadió otra ala bajo él. Cuatro compartimentos bajo cada semi-ala, 16 paracaidistas en total. Con el aumento de resistencia aerodinámica su velocidad bajaba de los 200 km/h a unos 130. No pasó de fase experimental, aunque parece ser que un R-5 con una modificación similar participó en el rescate de los tripulantes del *Cheliuskin*.

Le monde en guerre.

Un diseño algo más aerodinámico y cómodo para la persona transportada fue empleado con los Polikarpov Po-2/U-2, el biplano que igual servía para entrenar pilotos que para bombardear a los alemanes por la noche o en misiones médicas de evacuación (conocidas hoy como MEDEVAC). Son los contenedores Bakchayev o KSB (imagen superior). La Marina británica lo intentó con unos contenedores bastante antiestéticos en el Barracuda. Aunque el del Barracuda no fue utilizado operacionalmente, sí lo fue la "bolsa para hombres" del Spitfire. En este caso se trataba de una especie de saco de dormir transportado a la altura de los cañones *Hispano* de 20 mm. Aparentemente no era muy cómoda, pero en el año 1940, era mejor volar ahí que permanecer en la Francia ocupada.

Los británicos transportaron personas de una manera un poco más cómoda en la bahía de bombas del De Havilland Mosquito. Eran vuelos operados por la BOAC. El más famoso cliente de este tipo de vuelos fue el físico nuclear Niels Bohr.

Le monde en guerre.

En el Pacífico los estadounidenses tuvieron su propìo modelo, un depósito de P-38 modificado para transportar personas (imagen inferior). Algunos P-38 transportaron pasajeros en el Pacífico bajo sus alas. Utilizaban el soporte sub-alar para los depósitos de combustible lanzables para llevar un *pod* con una persona dentro. El problema es que estos *pods* no siempre tenían ventanas. Uno de los militares que tuvo que emplearlo en el Pacífico comentó que el diseñador debería haber sido castigado a usarlos.

The Aviationist.

Los alemanes probaron también *pods* de transporte personal, como en el Stuka, ¡pero al menos siempre tenían ventanas! Cada contenedor podía transportar dos personas sentadas una detrás de otra (en tándem), y podía ser lanzado en vuelo, en un picado suave, aunque parece ser que nunca llegó a probarse. Como tampoco llegó a usarse de forma operativa el contenedor, pues era mucho más sencillo cargar un planeador DFS 230 y remolcarlo con el Stuka o cualquier otro avión que estuviera disponible.

Sin embargo, no todos los contenedores para transporte de personas alemanes fueron tan cómodos como los del Stuka. Durante el desarrollo de unos depósitos lanzables de 300 litros de combustible para el Bf 109, que debían ser tranportados sobre el ala, al estilo de los actuales *Conformal Fuel Tank,* se pensó que los resultados obtenidos para el depósito eran extrapolables a contenedores para transporte de personas. Los contenedores restaban unos 20 km/h a la velocidad de crucero del avión. Fueron probados en 1943 sobre un Emil y sobre un Gustav, pero no se construyeron en serie.

Un diseño que sí utilizaron de forma operativa fue el *personen abwurf gerat.* Eran contenedores aerodinámicos de contrachapado para tres personas. En la parte superior iban alojados varios paracaídas, y en la inferior el equipo de las personas que viajaban dentro, así como algo de relleno para amortiguar el golpe del aterrizaje. Su uso tenía varias ventajas. De todos es sabido que los lanzamientos en paracaídas de personal y equipo causan una gran dispersión y que, en ocasiones, el equipo se pierde. Al ir todo encapsulado, se eliminaban estos problemas. Por otro lado, podía ser empleado con personas sin preparación paracaidista, y simplificar los aterrizajes nocturnos en zonas desconocidas. Fueron utilizados por el KG.200.

Y si alguien piensa que estas "doncellas de hierro volantes" habían dejado de existir en los años 40, se equivoca del todo. El intento más reciente para transportar personas colgando bajo el soporte de municiones lanzables es el EXINT, un desarrollo británico de los años 90. En teoría, fue desarrollado para el Harrier y para el Apache, y parece que el Cobra israelí está certificado para utilizarlo.

Todos estos sistemas presentan grandes problemas de comodidad y ergonomía, de seguridad, ruidos... ¡por no hablar de lo agobiante que debe ser en ellos el síndrome de la clase turista! Sin embargo, el que hayan sido inventados deja claro que los sistemas de inserción y extracción de personas son necesarios y, seguro, veremos más desarrollos que nos dejarán con la boca abierta.

ADELANTADOS A SU TIEMPO

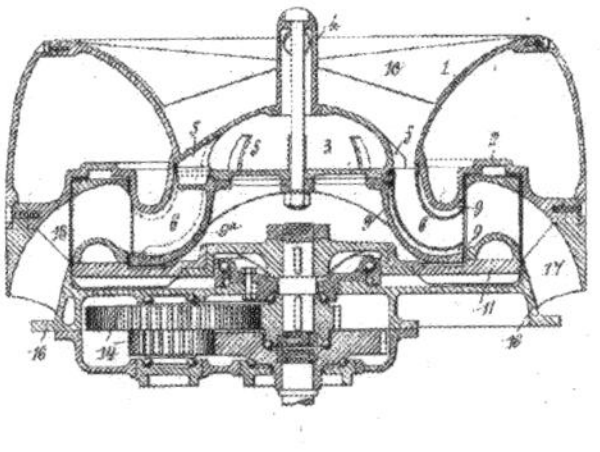

1910 ¿El primer reactor de la historia?

La historia que hay tras el desarrollo de los aviones a reacción o *jets* es apasionante. En general, se trata de hechos bastante estudiados y repetidos, por lo que existe acuerdo general sobre que el primer avión a reacción voló en 1939. Ciertamente, el alemán Heinkel He 178 voló por entonces, aunque en Inglaterra el ingeniero Frank Whittle ya llevaba años dando forma a un ingenio similar*, si bien no pudo adelantarse a los alemanes por falta de recursos. La historia de los *jets* comienza ahí, ¿o no fue así? Como en toda cronología histórica, las cosas no son tan simples.

Deutsches Bundesarchiv.

Heinkel He 178.

* Es poco conocido que en España el militar Virgilio Leret obtuvo una patente por su diseño de un motor a reacción para aviones (patente 137.729 de 1935). Ese documento, titulado "Un mototurbocompresor de reacción continua, como propulsor de aviones y, en general, de toda clase de vehículos", se adelantó a su tiempo.

Mucho tiempo antes, en 1910, voló un aparato extraño que podría considerarse el primer *jet* de la historia, aunque no estaba animado por un turborreactor. El vuelo no fue muy exitoso, de hecho, terminó de forma accidentada su única aventura, pero no por ello merece ser olvidado. Ideado por el ingeniero rumano Henri Coandă, se trataba de un termorreactor, algo así como un híbrido extraño, sin hélice, que tenía un motor convencional de explosión, con cuatro cilindros en línea y refrigerado por agua, que accionaba un compresor de aire. El flujo de aire comprimido pasaba posteriormente a dos cámaras de combustión, donde se quemaba combustible, generándose así gases de escape a alta presión. La idea es ingeniosa y, para sorpresa de quienes contemplaron el único vuelo del aparato, tremendamente efectiva, tanto que el accidente se produjo por un exceso de potencia, que sorprendió al piloto, el propio Coandă, y sobrepasó las capacidades de la estructura del fuselaje, haciendo que se elevara durante lo que, se suponía, no iba a ser más que una sencilla prueba de propulsión. Sea como fuere, debiera concederse a este avión un espacio entre los primeros reactores de la historia, aunque no tuviera mucha suerte.

Henri Coanda Organisation.

El avión de Coandă en la *Exposición Internacional de Aviación* de París, 1910.

El avión Voisin Canard

Cualquier *aerotrastornado* conoce de sobra que la *configuración canard* es aquella en que la cola está en la proa del avión, además de ser una palabra que significa *pato* en francés. Pero, ¿de dónde viene que a esta configuración se la llame precisamente así? El término viene heredado del nombre de un avión, el Voisin Canard. Durante los primeros años de la aviación se construyeron muchos modelos y se probaron multitud de configuraciones, antes de llegar a la configuración más o menos estándar de hoy en día. Algunas configuraciones eran tan extrañas como aquellas de Horatio Phillips que parecían persianas venecianas. Algunas de las configuraciones simplemente se adelantaron mucho a su tiempo, como el avión a reacción de Coandă, o la construcción monocasco del avión de carreras Monocoque. Otra de las configuraciones que se probó fue, precisamente, poner la cola delante. Ya el Flyer de los hermanos Wright tenía el estabilizador/timón de profundidad en la proa. Otros pondrían tanto el timón vertical como el horizontal delante, como por ejemplo el Santos Dumont 14bis. De éste hereda la configuración el Voissin Canard.

Los aviones Voissin habían utilizado una configuración que es conocida como Boxkite, cometa de cajas, por estar basada en las cometas de Lawrecne Hargrave quien, por cierto, no patentaba sus invenciones porque consideraba las patentes un robo legal: dos "células" unidas por barras. Fue la configuración de cometas más estable inventada hasta la fecha, y se "exportó" a la recién nacida aviación, e incluso dio nombre a algún avión, como el Bristol Boxkite. Voisin utilizó profusamente esta configuración en sus primeros aparatos, alas con gran diedro, sin alerones, como los actuales ultraligeros "dos ejes", formadas por varias células. Esta configuración quedó obsoleta pronto, y Voisin buscó un nuevo concepto de diseño.

El Voisin Canard era un biplano con configuración "canard", valga la redundancia. Montaba un motor rotatorio de 50HP que movía una hélice impulsora y contaba con superficies de mando en la proa del aparato. En las primeras configuraciones el fuselaje era descubierto, dejando a la vista la estructura reticular que lo formaba, las alas carecían de diedro y adoptó el uso de alerones. Se simplificaron más tarde las superficies de mando horizontal y vertical, abandonando la configuración en caja de los anteriores aviones. En las siguientes versiones se optó por un fuselaje recubierto de tela, y una configuración alar que recordaba más a las de los Voisin anteriores. Los primeros modelos Canard volaron en 1910 y en 1911 le añadieron flotadores para convertirlo en un hidroavión. En 1912 participó en la primera carrera de hidroaviones celebrada en Mónaco junto con otros siete aviones.

El Voisin Canard como hidroavión.

Los ingenios voladores de Alexander Lippisch

El hombre de aguda mirada y recia vestimenta, que posa con un extraño modelo de avión entre sus manos en la imagen inferior, atendía al nombre de Alexander Lippisch y, aunque no sea muy conocido, no dudamos en calificarlo como uno de los más importantes genios de la aviación del siglo XX, cuyas ideas incluso hoy día están alumbrando nuevas y sorprendentes máquinas. La imagen apareció en la revista *Life* en su edición del día 1 de diciembre de 1955, cuando Lippisch se hallaba en lo más alto de su carrera como diseñador aeronáutico.

LIFE.

Este ingeniero nació en Alemania en 1894 y falleció en los Estados Unidos en 1976, un total de ocho décadas en las que dedicó grandes esfuerzos a pensar en formas diferentes de volar, muy por delante de su tiempo y de lo que sus colegas hacían en cada momento. Su principal obsesión se concentraba en la aerodinámica y, en concreto, en el intento de suprimir o reducir alas o cualquier otro plano de sustentación, dando origen a curiosos aparatos con forma de ala voladora o aviones en ala delta. Se cuenta que, allá por el año 1909, tuvo la ocasión de asistir a una demostración de vuelo dirigida por Orville Wright sobre el aeródromo de Tempelhof, en Berlín. Sin duda, la contemplación del avión de los Wright surcando los cielos y su posterior trabajo como cartógrafo y operador de fotografía aérea durante la Primera Guerra Mundial, hizo que Lippisch decidiera dedicar su vida a los vehículos del aire. Tras la guerra, pasó a trabajar en la Compañía Zeppelin, donde comenzó a crear sus propios diseños de avión. Sus propuestas llamaron la atención, era raro ver por entonces aviones sin cola como los que él proponía y, precisamente por ello, impresionó a otros fabricantes.

En 1910 el rumano Henri Coandă había llevado a la práctica el que es considerado como primer *Jet* de la historia, ya mencionado anteriormente en estas páginas. Puede que sirviera de inspiración a Lippisch para crear su Pato, *Ente* en alemán, el primer avión que voló propulsado por cohetes. Sí, antes se habían volado maquetas y pequeños avioncitos creados siguiendo la misma idea, pero nadie se había atrevido a crear un avión-cohete tripulado. Hacía tiempo que Fritz von Opel venía colocando cohetes a todo lo que caía en sus manos, sobre todo automóviles. ¿Por qué no hacer un avión con cohetes? El 11 de junio de 1928, pilotado por Fritz Stamer, salió disparado hacia el cielo un planeador pensado por Lippisch y dotado de cohetes Opel de pólvora negra accionados eléctricamente. De acuerdo, no llegó muy lejos, pero al menos la experiencia no terminó en desastre. Posteriores intentos tampoco fueron memorables, salvo por el hecho de ser pioneros.

Para utilizar cohetes con seguridad todavía faltaba bastante trecho, así que lo mejor sería enfocarse en otro aspecto: las alas. Entre 1931 y 1939 Lippisch diseñó y construyó varios prototipos, los Delta I a V, que exploraban el uso de altas velocidades en conjunción con alas en delta cada vez más minúsculas. He aquí, por ejemplo, una imagen del Delta IV-DFS 39 en vuelo.

Lippisch Nurflügels. Douglas Bullard.

Como puede verse en la imagen anterior, el avión está decorado con simbología nazi. Propio de la época, en cuanto Hitler ordenó reclutar a todo aquel que pudiera servir para el esfuerzo bélico alemán, la industria al completo pasó prácticamente a depender de las órdenes de los nazis. El equipo de Lippisch no fue una excepción, se le ordenó olvidar los juguetes más o menos ingeniosos para dedicarse a algo más interesante para la guerra. El ingeniero, con su equipo al completo, tuvo que ponerse bajo las órdenes de Messerschmitt para desarrollar aviones de alta velocidad basados en los motores cohete diseñados por Hellmuth Walter. Y fue, precisamente, la relación con Messerschmitt lo que terminó por alumbrar uno de los aviones más extraños, y extraordinarios, de la historia. Basado en el DFS-194, pensado por Alexander como prototipo de pruebas para propulsores cohete, surgió en 1940 el Messerschmitt Me 163 Komet.

Prototipo de Me 163 Komet en 1941.

Lippisch y Messerschmitt no se llevaban muy bien, raro era el día en que no discutían y, cómo no, si discutes con el jefe planteando arriesgadas ideas que a él no le entran en la cabeza, lo normal es que te manden lejos. Así, Lippisch fue enviado a Viena en 1943, para que se dedicara a estudiar los problemas del vuelo a altas velocidades, precisamente el mismo año en el que logró su doctorado en ingeniería por la Universidad de Heidelberg. Habrá quien se hubiera tomado todo aquello como una especie de destierro, pero para Lippisch era una buena oportunidad de explotar sus propios caminos. En Viena pudo dedicarse a explorar los datos que había acumulado con años de pruebas en túneles de viento. Se convenció entonces de que el futuro de la aviación se encontraba en los aviones supersónicos y, cómo no, su ala tipo delta participaría de ese futuro. De esta época son varios diseños arriesgados que no pasaron del tablero de dibujo o los prototipos más sencillos, aunque apuntaban en la buena dirección, como este Lippisch DM-1 sin propulsor, planeador pensado como modelo para probar la configuración de alas en delta.

Akaflieg München e.V.

Planeador experimental Lippisch DM1.

Terminó la guerra y el reino de terror de los nazis. ¿Qué sucedió entonces? Lo previsible: llegaron los agentes de los Estados Unidos para reclutar, tal y como hicieron también los soviéticos, a cuantos científicos e ingenieros alemanes pudieron encontrar. Gracias a la *Operación Paperclip*, Lippisch cruzó el Atlántico y pasó a trabajar para la empresa Convair. A partir de ese momento todas las ideas del ingeniero alemán sobre cohetes, alas delta y vuelos supersónicos encontraron buena acogida. Fue la época en la que participó en el desarrollo varias aeronaves, como el sorprendente XF-92.

Dryden Flight Research Center Photo Collection.

Fotografía del XF-92A tomada hacia 1953 cerca de la base aérea de Edwards. El Convair XF-92A estaba impulsado por un turbojet Allison J33-A con posquemador.

Dryden Flight Researc Center Photo Collection.

Fotografía de familia de la primera generación de aviones experimentales estadounidenses de la década de los cincuenta del siglo pasado. Aparece en el centro el inconfundible Douglas X-3 *Stiletto*. A su alrededor, desde abajo a la izquierda y avanzando en el sentido de las agujas del reloj aparecen los siguientes aparatos: Bell X-1A, el primer avión en superar la velocidad del sonido en un vuelo horizontal en 1947 bajo los manos del intrépido Chuck Yeage. Douglas D-558-1 *Skystreak*, Convair XF-92A, Bell X-5 (basado en el alemán Messerschmitt Me P.1101), Douglas D-558-2 *Skyrocket* y un Northrop X-4 *Bantam*. Fotografía de 1953.

USAF

XF-92A "convertido" en un ficticio MiG-23 para la película de 1957 *Jet Pilot*.

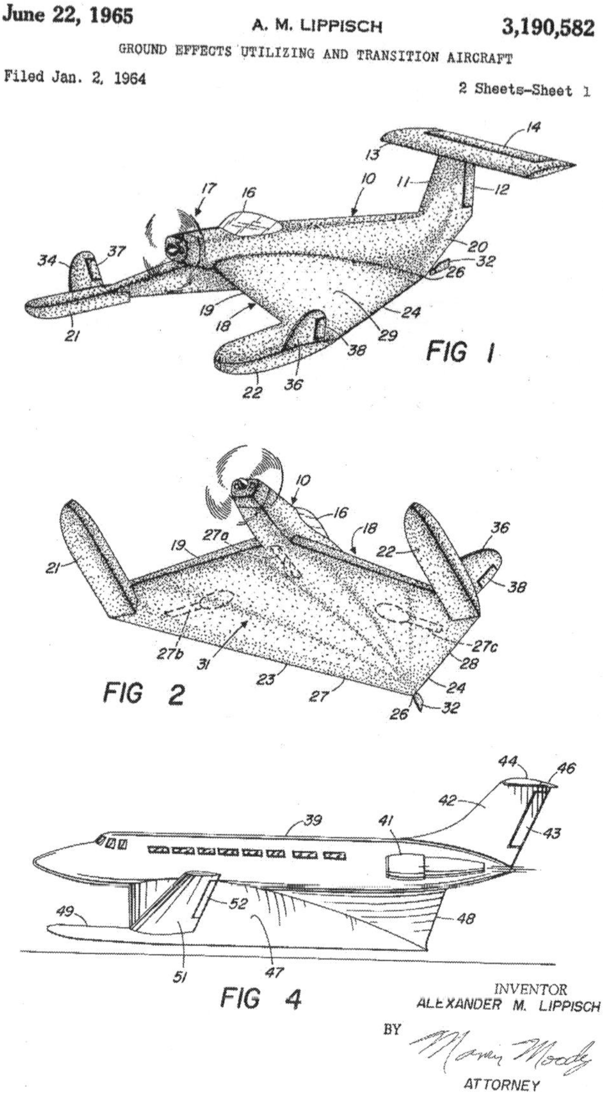

USPTO

Gráficos de la patente US3190582, de 1965, concedida a Alexander Lippisch.

A partir de 1950, y durante más de una década, Lippisch trabajó en Iowa para la Collins Radio Company, en Cedar Rapids, lugar que terminó por convertir en su hogar definitivo. Fue por entonces cuando se empeñó en sacar partido de una idea extraña, esto es, hacer volar aviones a ras de suelo aprovechando el "efecto suelo". Así, creó sus modelos de *Aerodyne* que, para qué negarlo, no llamaron demasiado la atención. Una lástima, porque al otro lado del Telón de Acero sí aprovecharon la idea, dando forma a los *Ekranoplanos*.

En 1966, tras recuperarse de un cáncer que le mantuvo en dique seco durante un tiempo, decidió pasar a crear sus propios modelos sin depender de otras compañías. Fundó así la Lippisch Research Corporation, una especie de laboratorio experimental que, a pesar de no alumbrar ningún avión comercial, aportó ideas que todavía hoy están siendo exploradas. Sin duda, el concepto de *Aerodyne* es de lo más sobresaliente dentro de la producción intelectual de Lippisch, algo que todavía no ha sido explotado como él hubiera deseado, una máquina rápida sin alas con capacidades VTOL gracias a un ingenioso juego de corrientes de aire coaxiales encauzadas debidamente alrededor del fuselaje. Ciertamente, el aspecto de este aparato era de lo más extraño y recuerda lejanamente en su figura al Caproni Stipa de 1932.

Flying Magazine, 1960.

Avión experimental diseñado por Lippisch sobre su concepto *Aerodyne*.

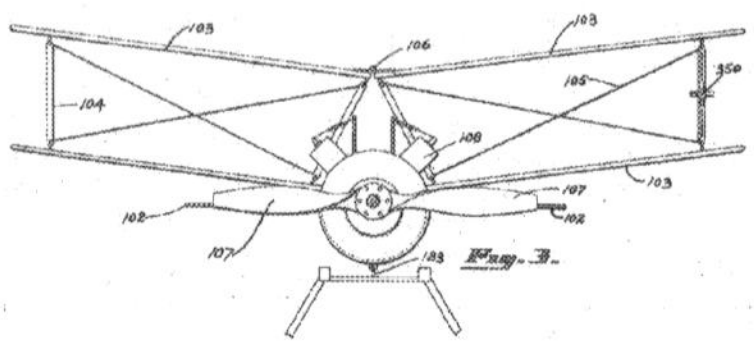

Proto UAVs

Los vehículos aéreos no tripulados, los tan famosos *drones* y demás parientes similares, no son cosa de hoy día, vienen de muy lejos, de los primeros tiempos de la aviación.

De hecho, hemos de volver a la Primera Guerra Mundial para encontrarnos con el primer vuelo de un avión no tripulado, toda una "bomba volante". El avión de Curtiss/Sperry fue el primero de dos intentos estadounidenses durante el conflicto para desarrollar lo que hoy sería conocido como misil de crucero. El otro intento sería la bomba volante de Dayton Wright Liberty Eagle, más conocida como Kettering Bug. Ambos fueron precursores de la V-1 alemana de la Segunda Guerra Mundial.

Entre 1909 y 1914 Elmer Ambrose Sperry, conocido como el padre de los pilotos automáticos, desarrolló un estabilizador giroscópico que podía mantener un avión en vuelo recto y nivelado sin necesidad de la intervención de un piloto. En 1915 la Marina de los Estados Unidos contactó con Sperry para usar su giroestabilizador para construir un avión no tripulado que funcionara como Bomba Volante. Aunque en aquél entonces fue llamado a menudo Torpedo Aéreo, en los informes oficiales de la Marina se prefería el nombre de Bomba Volante.

La Bomba Volante debía volar en línea recta durante una distancia predeterminada, medida en vuelo mediante un sistema de engranajes que contaba las vueltas que daba el motor. Una vez alcanzada esa distancia, los mandos eran deflectados para picar contra el suelo. El primer demostrador tecnológico, un avión tripulado, probó su viabilidad en 1916. El piloto a bordo manejó el avión durante el despegue y el aterrizaje, pero no tocó los mandos durante el vuelo de crucero.

En mayo de 1917 la Marina ordenó que cinco hidroaviones Curtiss N-9 fueran modificados para realizar pruebas con el sistema de Sperry. Los ensayos de vuelo comenzaron en septiembre y fueron en general un éxito. La precisión era de unos 3 kilómetros a una distancia de 50 kilómetros, lo suficientemente buena como para que se encargara la construcción de seis bombas volantes a Curtiss. La bomba debía tener un alcance de 80 kilómetros, volando a 145 kilómetros por hora, transportando una carga explosiva de 450 kilogramos*.

Pruebas de la Bomba Volante Curtiss/Sperry sobre un automóvil (izda.) y modelo definitivo (dcha).

Hewitt-Sperry 1918.

* Ver *Directory of U.S. Military Rockets and Missiles.* Andreas Parsch. www.designation-systems.net

La Bomba Volante era lanzada desde una catapulta. En los tres primeros intentos, en noviembre y diciembre de 1917, el avión no tripulado no logró despegar. En los dos siguientes vuelos, en enero de 1918, se estrelló poco después del despegue. Para dar con los problemas de estabilidad que afectaban al modelo, Lawrence Sperry, hijo de Elmer, voló el avión dos veces en febrero de 1918, estrellándose en el segundo. Como resultado de estas pruebas el avión fue modificado. Uno de los cambios consistió en alargarlo 60 centímetros. Más tarde, se continuaron los ensayos de estabilidad y control con el avión montado en el techo de un coche, para evitar el riesgo de accidente en vuelo. Finalmente, el 6 de marzo la Bomba Volante hizo un vuelo de 900 metros. Fue el primer vuelo con éxito de un avión no tripulado de la historia.

Desgraciadamente fue el único éxito de la Bomba Volante. Para finales de septiembre todas habían terminado estrelladas. Los ensayos continuaron sobre el N-9. Uno de ellos desapareció durante un vuelo de pruebas al adentrarse en el mar sin detenerse en la marca a la que el mecanismo medidor de distancias había sido programado, unos 12.800 metros. ¡Debe haber sido el primer vuelo largo de la historia con un avión no tripulado!

A pesar del fin de la guerra, la Marina decidió continuar con los experimentos de bombas volantes, y encargaron cinco ejemplares de una nueva célula, diseñada por Witteman-Lewis. Voló en marzo de 1919. Sin embargo los ensayos realizados con ésta y con otra bomba volante construida por la Naval Aircraft Factory, no fueron exitosos y todo el programa quedó cancelado en 1922. La Marina no retomaría los experimentos con aviones no tripulados hasta mediados de los años treinta, cuando muchos aviones fueron convertidos en aviones de radio control. Estos experimentos culminaron en los aviones no tripulados de ataque TDR-1 y TDN-1 de la Segunda Guerra Mundial.

El desarrollo del "bicho" de Kettering, el segundo mencionado al principio de este capítulo y llamado formalmente Torpedo aéreo de Kettering, comenzó en abril de 1917 y logró ser funcional en 1918, en Dayton, Ohio, después de que la U.S. Army encargara al ingeniero Charles F. Kettering el diseño de una bomba volante que tuviera un alcance de 65 kilómetros. Kettering puso a su equipo, que incluía a Orville Wright, a trabajar.

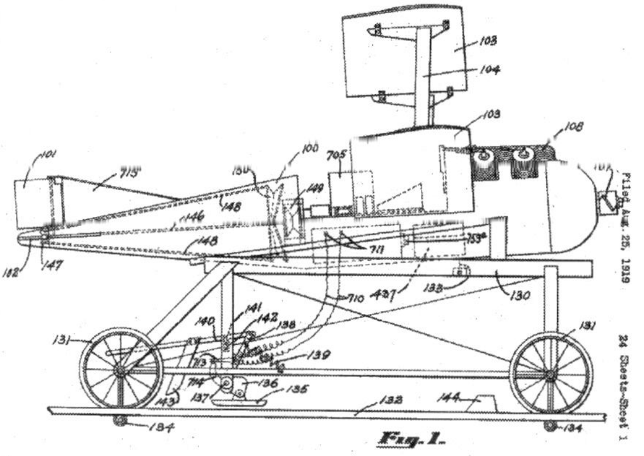

USPTO

Gráfico de la patente estadounidense 1.623.121, sobre un avión sin tripulación, concedida a Charles F Kettering.

El resultado fue un avión de fabricación barata, con un coste de unos 400 dólares en total, gracias a un fuselaje hecho de madera y revestido con papel maché y alas de cartón de 12 pies (3,65 metros) de envergadura, con 530 libras de peso, de las cuales 180 correspondían a la carga explosiva. No tenía tren de aterrizaje, despegaba desde un carrito que corría sobre unos raíles, como el Wright Flyer. Montaba un motor Ford de 40HP que se comercializaba a un precio de 50 dólares. En definitiva, parecía un torpedo naval con alas.

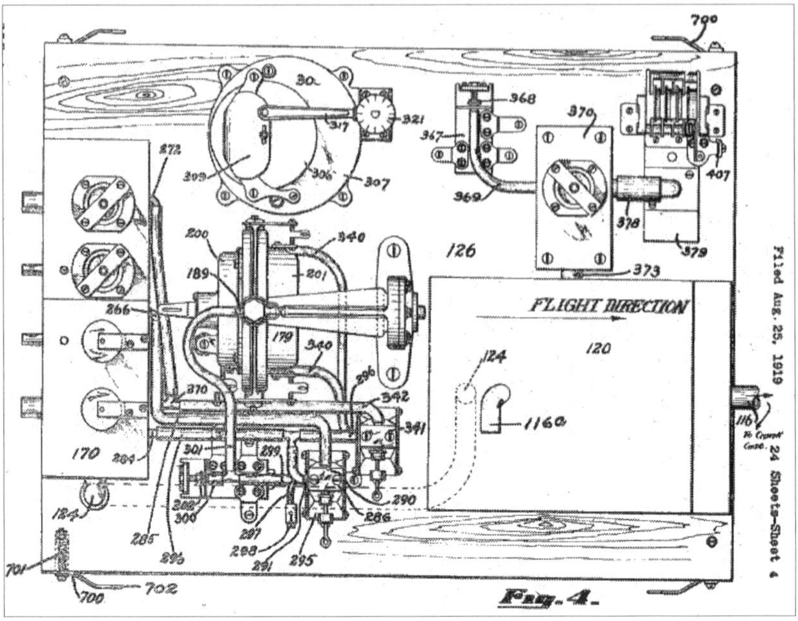

USPTO

Sistema de control de vuelo diseñado por Charles F Kettering.

US Air Force Museum.

Prototipo de Kettering Bug, hacia 1918.

El guiado, como en el caso del torpedo de Sperry, se lograba con un giróscopo, que lo mantenía estable. La altitud era controlada mediante un altímetro barométrico, como todos los que montan los aviones normalmente. Cuando la altitud cambiaba, lo hacía la presión, y el timón de profundidad era accionado mediante unos cables de piano que hacían que el avión recuperara su altitud. El alcance de la bomba era medido mediante vueltas de la hélice. Así pues, antes del lanzamiento y teniendo en cuenta la dirección y velocidad del viento así como la distancia al objetivo, se establecía el número de vueltas que tenía que dar la hélice. Una vez alcanzado el número de vueltas se activaba una leva que, al moverse, apagaba el motor y hacía que el ala se separase del fuselaje, cayendo éste a tierra con su carga explosiva.

Tras unos ensayos exitosos, se decidió mostrar el torpedo a los militares. El General Arnold describió la prueba así:

> *Tras arrancar, despegó de golpe, pero en vez de mantener un vuelo horizontal comenzó a ascender. A unos 600 u 800 pies, como poseído por el demonio, giró, haciendo una vuelta de Immelman... repitiendo esto en varias ocasiones antes de estrellarse, sin causar heridos.*

Por lo que describe Arnold, el avión trepó hasta entrar en pérdida, se recuperó automáticamente por la naturaleza estable de la aeronave y repitió el proceso de entrar en pérdida-salir de pérdida hasta que finalmente se estrelló.

El torpedo fue reajustado y se acordó una segunda demostración ante los militares, que perseguirían el torpedo a unos 80 kilómetros por hora en automóvil, hasta que se estrellase. Pero el torpedo, en lugar de volar recto, comenzó a hacerlo en círculos alrededor de la ciudad de Dayton, mientras era perseguido por los coches con los militares. La preocupación principal no era qué ocurriría si el avión se estrellaba con la ciudad, sino qué podrían averiguar los enemigos sobre el proyecto. Al final el "bicho" se estrelló en una granja. Los granjeros informaron del accidente y que no habían localizado al piloto. Uno de los pasajeros de los coches, un piloto de mente rápida que llevaba su abrigo de piel, explicó que él era el piloto y que había saltado de su avión en paracaídas. "Nuestro secreto estaba a salvo, los granjeros no sabían que el U.S. Air Corps aún no tenía paracaídas" dijo Arnold.

A pesar de estos contratiempos, el "bicho" recibió la aprobación del ejército y fue puesto en producción tras algunos ajustes. El modelo de producción tenía una velocidad de 50 millas por hora (80 km/h) y un alcance de 75 millas (120 kilómetros, casi el doble de lo solicitado en los requisitos). Aunque el gobierno había encargado 20.000 unidades, sólo 50 habían sido producidas antes del fin de la Gran Guerra, y ninguna fue empleada en combate por miedo a que el torpedo aéreo cayera sobre tropas propias y por lo predecible de su vuelo, cosa que facilitaba que fuera derribado.

Un misil radiocontrolado para derribar zepeliness en la Primera Guerra Mundial: *R.A.F. Aerial Target*

Los dos casos mencionados no fueron únicos en su campo en los tiempos de la Gran Guerra. Al otro lado del Atlántico también se experimentaba con planteamientos similares para luchar contra un terror que llegaba de los cielos.

Los zepelines alemanes eran los superbombarderos de la Primera Guerra Mundial. Grandes, repletos de ametralladoras de popa a proa y, al comienzo de la guerra, tan rápidos como los primeros *scouts* (cazas), eran dificilísimos de derribar. El tener casi la misma velocidad que los *scouts*, pues la velocidad relativa de aproximación de los mismos era muy lenta, convertía a los cazas en auténticos patos sentados, blancos perfectos para los artilleros de un dirigible alemán. Además, el gas que hacía flotar a los dirigibles en el aire, estaba contenido en varias bolsas independientes dentro de la cubierta aerodinámica, así que perforar una de ellas no garantizaba su derribo, sólo que perdiera gas lentamente. Como el gas utilizado para llenarlos era hidrógeno, altamente inflabable, se probó de todo para derribarlos, desde el uso de balas incendiarias en las ametralladoras hasta el empleo de bombas para bombardearlos. Y también se diseñó lo que, muy posiblemente, sea el primer misil antiaéreo dirigido por radio. Se trataba del el R.A.F. Aerial Target AT.*

El Aerial Target, diseñado como arma anti-zepelines y como bomba volante, fue concebido por el Capitán Archibald M. Low, de los Royal Flying Corps (R.F.C.). Diseñó el sistema de guiado por radio e intentó construir una aeronave en la que integrarlo con diversas piezas de repuesto de otros aviones. Tras varios fracasos decidió recurrir a la Royal Aircraft Factory.

Concebido inicialmente para ser controlado desde una estación terrestre, al final se decidió que sería controlado desde un avión que lo acompañaría durante el vuelo. Para despistar a los posibles espías enemigos, recibió la designación de "Objetivo Aéreo", para hacer pensar que era un avión barato que sería utilizado para que los artilleros y pilotos mejorasen su puntería. Fi-

* No confundir R.A.F. = Royal Aircraft Factory con R.A.F.=Royal Air Force.

nalmente, el proyecto fue asignado a Henry Folland*, que encargó la mayor parte del trabajo de detalle a su asistente H. E. Preston. El diseño que emergió fue un pequeño monoplano, con un motor ABC Gnat de 35HP y muchas antenas verticales ventrales en el fuselaje y paralelas a la cuerda del ala en el mismo ala. En lugar de controlar el alabeo mediante alerones, se volvió al viejo sistema, utilizado antes que los alerones, de torsionar el ala para cambiar su curvatura. Además, el ala tenía 5° de diedro para mejorar la estabilidad del avión. En lugar de despegar el avión manualmente, controlado por radio, la idea era configurar el timón horizontal en posición de despegue para que el avión despegara estabilizado y tomar el control del mismo una vez en el aire, con cierta altura de seguridad.

English Mechanic and World of Science. 1920.

Archibald Montgomery Low.

Se construyeron seis prototipos, numerados del A8957 al A8962, y se entregaron a los R.F.C. en Norholt, donde se realizaron los ensayos, el 5 de junio de 1917. El ángulo de la cola había sido determinado en túnel de viento, sin embargo el modelo del avión no se correspondía al real y se estimó un ángulo excesivo. El primer modelo despegó y trepó casi a la vertical, hasta que entró en pérdida y cayó al suelo. El segundo ensayo se llevó a cabo el 25 de julio de 1917. Se corrigió el ángulo, y el avión no despegó del suelo, corriendo por el mismo hasta que el tren colapsó.

* Sí, el fundador de la Folland Aircraft ltd., fabricante del Folland Gnat.

Prototipo del R.A.F. Aerial Target.

El 28 se hizo otro ensayo, con un ajuste adecuado de la cola, pero el resultado fue otro accidente al fallar el motor justo tras el despegue. Aunque los daños eran menores, la hélice rota y algunas partes fácilmente reparables del tren, el interés oficial por el proyecto cayó en picado y no se realizaron más ensayos. Además, ya se había descubierto cómo atacar y derribar a los dirigibles y se había comenzado a bombardearlos en tierra, en sus bases. El arma anti-dirigibles ya no se necesitaba. El proyecto fue retomado, brevemente, al comienzo de la década de los 20. Una de las unidades supervivientes fue convertida en avión tripulado en Bristol, con alerones y tren de aterrizaje convencional.

Fieseler Fi 157, el UAV alemán de los años treinta

Saltamos a los albores del siguiente conflicto mundial. Fieseler, conocido por ser el fabricante de la popular Storch y la infame V-1, recibió en 1937 del *Reichsluftfahrtministerium* el encargo de diseñar un avión no tripulado y dirigido a distancia que pudiera servir como blanco aéreo. De este requerimiento nació un pequeño avión, con un fuselaje de sección ovalada, estrecho y muy aerodinámico, sin tren de aterrizaje, que debía ser transportado bajo la panza de un bombardero, desde donde sería lanzado y posiblemente controlado: el Fi-157.

Gerhard-Fieseler-Stiftung.

Un Fi-157 instalado bajo un bombardero.

No nació con la idea de ser construido en serie, sino para tener unos pocos prototipos con los que ensayar. El hecho de que no llevara tren de aterrizaje hace pensar que llevaba otro sistema de recuperación, un paracaídas tal vez.

Se construyeron tres prototipos que se estrellaron en accidentes, equipados con el motor Hirth HM60 de 80HP, muy popular entre los aviones ligeros de aquella época, el mismo que montaba originalmente la Bücker Bu 131.

En 1938 se construyó una variante tripulada para realizar ensayos de radio control, el Fi-58 V1, con un motor Hirth HM 506 de 160HP, el mismo que montaba la Bü 133 A. Fue el único avión de Fieseler diseñado con tren de aterrizaje retráctil. Tras la campaña de ensayos, terminó en Berlín y fue destruido en un bombardeo.

UAVs estadounidenses de la Segunda Guerra Mundial

En 1938 la Marina de los Estados Unidos realizó pruebas con un drone, el N2C-2. Tiempo antes, en 1936, la Marina propuso el desarrollo de drones de combate no tripulados. Después del resultado de la batalla de Midway, pensaron que no hubiera estado mal haber contado con máquinas así.

En 1940 ya existían dos elementos nuevos que podían ayudar para crear esta nueva arma: la televisión, para permitir guiar el aparato a distancia, y el radio-altímetro, para evitar estrellarlo contra el terreno.

El aparato se desarrolló hasta obtener una máquina capaz de transportar un torpedo o bombas de 2.000 libras a unos 225 kilómetros por hora. El fuselaje era de aluminio y contrachapado, y estaba motorizado por dos motores Lycoming O-435-2 boxer refrigerados por aire, materiales no estratégicos y un motor de bajas prestaciones, para no interferir la industria bélica. Durante sus pruebas fue montada una cabina muy simple en el prototipo, para contar con el apoyo de un piloto auxiliar en ella.

Un drone TDR-1 transportando un torpedo.

En el modelo de producción esta cabina fue eliminada, y se le cambió el tren de aterrizaje, de tal forma que éste era eyectado tras el despegue, para obtener mejores actuaciones en vuelo de crucero hasta el objetivo. El avión era dirigido por un operador desde otro aparato y, cuando quedaba fuera de su alcance visual, podía utilizar las imágenes de televisión para guiarlo. En 1942 un drone dirigido por televisión consiguió hacer blanco contra un barco, controlado por un avión a 50 kilómetros del blanco.

En marzo de 1943 la Marina pidió 2.000 aparatos TDR-1, aunque pronto se vieron reducidos a sólo 300. En Julio del 44 una una unidad STAG, *Special Task Air Group*, lanzó 46 TDR-1 dirigidos desde Avenger contra posiciones japonesas en las Islas Salomón, de los cuales 29 llegaron sobre el objetivo y 18 alcanzaron el blanco. A pesar de todo, el programa se canceló poco después debido a retrasos, los mediocres resultados de los ensayos, y que el uso de armas convencionales estaban teniendo éxito.

Con la invención de la radio y la televisión se abrieron nuevas puertas a los aviones no tripulados, dejando ideas como el "bicho" de Kettering o la V-1 como intentos obsoletos, guiados por sistemas inerciales. A comienzos de los años cuarenta se comenzaron varios desarrollos paralelos en los Estados Unidos. Uno de ellos fue el TDN-1, de la *Naval Aircraft Factory*. Como el TDR-1, fue diseñado para ser construido con materiales de poco valor estratégico y para ser fabricado en una factoría no dedicada al esfuerzo de guerra. Por ello fue realizado en Brunswick-Balke-Collender Company, una fábrica de bolas para bolos y mesas de billar. Construido en madera y con un tren triciclo fijo, tenía una cabina que podía llevar los instrumentos que le permitían volar como UAV, o ser desmontados para ser volado por un piloto. Podía ser dirigido bien por radar, bien por televisión. La idea era usarlo como avión de ataque naval, lanzando su armamento contra los barcos y, en caso de ser necesario, convertirse en aviones kamikaze ellos mismos. Eran controlados desde tierra o desde otros aviones.

U.S. Navy.

Un TDN-1 en pruebas sobre la cubierta del *USS Sable.*

En 1942 se encargaron un centenar de aviones. Sin embargo demostró ser un modelo difícil y caro de construir y se canceló. Nunca llegó a ser usado en servicio, al contrario que el TDR-1 que hizo alguna misión real para evaluación, y las 100 unidades se relegaron a segunda linea para ensayos, enlace, entrenamiento, e incluso alguno se sacrificó como blanco aéreo. El TDN-1 llegó a "operar" desde el portaaviones *USS Sable*, un portaaviones "de agua dulce", pues era un vapor de ruedas modificado, que servía para entrenar a los pilotos navales estadounidenses.

Pero esta historia no termina con el TDN-1. Había algunos blancos que los aliados no conseguían destruir por medios convencionales. Es por ello que se pensó en los B-17 que iban a ser dados de baja. Cargados de explosivos y dirigidos por control remoto contra el objetivo, seguro que se podía lograr. Carl Spatz era el padre de la idea y Doolittle, el mismo que bombardeó Tokio con B-25 embarcados en el *USS Hornet*, dio el visto bueno. Spatz informó al general Arnold, que bautizó el programa como *Aphrodite*, y comenzaron las pruebas.

Los B-17 fueron transformados en BQ-7 remotorizado (*Baby*, en clave) eliminando todo equipo inútil para la misión: puestos de ametralladora, bombardero, miras... Fueron reforzados sus "trenes de despegue", porque para aterrizar no iba a usarlos, para soportar bien el sobrepeso que le daba su nueva carga de 10 toneladas de Torpex.

La idea era relativamente simple: los *Baby* despegarían pilotados por un piloto y un navegante que dejaría listos los sistemas de radiocontrol. Todavía sobre territorio británico, abandonarían el *Baby* en paracaídas y éste sería dirigido por un avión nodriza, un B-24 modificado (AZON B-24) que llevaría a los controladores de los *Baby*, así como los sistemas de radiocontrol y receptores de televisión. Mientras que el avión nodriza volaría a unos veinte mil pies, los BQ-7 lo harían a tan sólo mil ochocientos pies, unos seiscientos metros.

Para completar este repaso a los abuelos de los *drones* actuales, veamos un ejemplo de uso agrícola. Vaya por delante que tenemos cierta manía a la palabra "drone" que se popularizó tras el lanzamiento de un multirrotor de la marca *Parrot* con ese nombre. Para nosotros siempre serán "UAV" si son aeronaves no tripuladas. Así pues, deberíamos decir que el siguiente pájaro es un UAV de alas rotatorias, multirrotor, diseñado por Gloster *(Gloster crop-sprayer)* en los años 60. Se trató de un primer intento de utilizar los extraños multirrotores con fuselaje en forma de cruz ¡y sin piloto!

El diseño era más sencillo que el de un helicóptero convencional, el fuselaje en forma de cruz era muy adecuado para distribuir multitud de difusores para rociar las cosechas con lo que fuera necesario (insectidida, fertilizante...) y, al no ser tripulado, toda la masa que se ahorraba en peso del piloto se ganaba para carga útil, situada en la zona central de la X que formaba el fuselaje. El UAV agrícola diseñado por Gloster contaba con 4 brazos plegables y capacidad en el cuerpo central para 20 galones de líquido, un motor de cuatro cilindos refrigerados por aire Potez 4E de 105HP, y el equipo de radiocontrol.

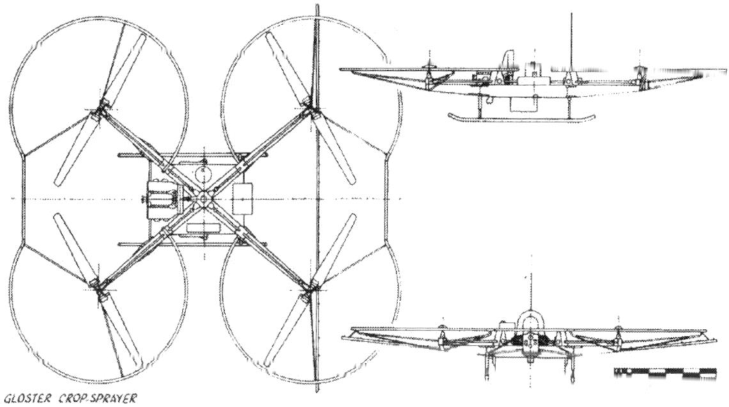

Sandglass Patrol.

Además, los rotores estaban provistos de protectores en toda su circunferencia, configuración que recuerda bastante a la que podemos ver en cualquier multirrotor actual. Los difusores eran montados en los dos brazos "de cola". La idea era transportar la aeronave con sus brazos plegados en un vehículo todoterreno hasta el campo a rociar. Una vez desplegado el vehículo, tomaban control de él dos operadores, uno en cada extremo del campo a rociar, e iban tomando alternativamente el control de la aeronave según se aproximaba a uno o a otro, evitando así salir de los límites del campo. Las ventajas de un vehículo no tripulado en este tipo de operaciones, además de reducir el riesgo para los pilotos, era operar la aeronave directamente desde el campo de trabajo, sin necesidad de disponer de aeródromos relativamente cercanos, o conseguir mayor precisión en campos pequeños.

RAYAS Y PUNTOS EN EL CIELO

En los Estados Unidos, allá por 1912, ya le habían estado dando vueltas al tema del "telégrafo óptico para aeroplanos", aunque la idea original no era nueva y hundía sus raíces incluso en las añejas señales de humo. Al comienzo de la Primera Guerra Mundial se retomó la cuestión, sobre todo por los franceses, buscando un método para comunicar mensajes desde aviones hasta el mando militar en tierra. La cosa no era sencilla, se pensó en telegrafía sin hilos, pero había que desarrollar aparatos móviles fiables y todavía habría que esperar un poco para su uso efectivo en vuelo. Se utilizaron también palomas mensajeras soltadas en vuelo, e incluso artilugios como el aerotubo de Fugairon, de 1914, pensado para enviar mensajes a tierra desde una aeroplano en vuelo. Se guardaba un papelillo cifrado en un contenedor y se embutía en un mini-torpedo, que se dejaba caer. Una vez clavado en el suelo, se activaba una bengala de forma automática para localizarlo.

Sin embargo, la propuesta que más parecía llevar las de ganar en los primeros meses de la guerra fue la de "manchar" el cielo con puntos y rayas de código morse utilizando el propio avión. Los observadores en tierra veían una estela de rayas y puntos negros marcados en el cielo en código cifrado. En el aeroplano, un operador accionaba la válvula de un pequeño depósito de negro de humo, dejando escapar más o menos cantidad de hollín para escribir el mensaje elegido.

AVIONES NODRIZA

Portaaviones aéreos

Que los dirigibles, bombarderos y otras aeronaves lentas y grandes necesitaban escolta no es desconocido para muchos. El hecho de que durante la Segunda Guerra Mundial se probó a utilizar aviones tan armados que no necesitasen escolta para defenderse, tampoco es desconocido para otra mayoría, así como que no existió solución a este problema hasta la introducción de los depósitos lanzables para los P38, P47, *Spit* y la solución "definitiva" con el Mustang también es muy conocido. Pero no es tan común saber que uno de los intentos consistió en llevar la protección a cuestas.

Un caza F9C-2 *Sparrowhawk*, transportado bajo el dirigible estadounidense *USS Macon*. 1933.

Naval Historical Center.

Los rusos probaron con el Tupolev TB-3, cargándolo con varios cazas parásitos, los *Zveno*, como puede verse en la siguiente imagen de los años treinta.

Sandglass Patrol.

Ya los alemanes intentaron llevar cazas en sus dirigibles durante la Gran Guerra, y los británicos probaron con Sopwith Camels y, más tarde, con el Gloster Grebe.

Bien, seguro que más de uno ha pensado: *Eso es de la época en la que la aviación estaba naciendo, se sabía poco...* Nada más lejos de la realidad, el problema fue que con el aumento en el alcance de los bombarderos, volvieron a tener el mismo problema de antes del P-51, así que regresaron a las andadas.

Por un lado probaron a diseñar el XF-85 Goblin y a meterlo en la panza del B-36. Imaginemos a los pilotos americanos diciendo algo como: *tu estás loco si crees que me voy a meter en ese cacharro para enfrentarme a un MiG17*. El proyecto resultó no ser viable. Se probó a lanzar y recoger un caza desde un B-29 modificado, pero la idea no se abandonó, todavía había que ver cómo intentaban meter en la bodega del B-36 un F84 en el Proyecto FICON y cómo intentaron llevarlos en las puntas de las alas con el Proyecto Tom-Tom.

U.S. Air Force.

Vuelo en el marco del Proyecto FICON, con un bombardero YRB-36 transportando un caza YF-84F en posición de lanzamiento, 1955.

US Air Force. Proyecto Tom-Tom).

Un Boeing ETB-29A "cargando" en el extremo de sus alas con dos cazas Republic EF-84D *Thunderjet* en vuelo de pruebas el 20 de octubre de 1950.

El Primer Caza Parásito

Retrocedamos un poco en el tiempo con respecto a los ejemplos anteriores, en concreto al 17 de mayo de 1916. Descubriremos ese día el vuelo del primer caza parásito. El pequeño avión, un Bristol Scout pilotado por el teniente Day, transportado en el ala superior de un hidroavión Felixtowe pilotado por John Cyril Porte, se separó con éxito a unos trescientos metros de altitud del avión nodriza, llamado irónicamente *Bebé*.

Desde el punto de vista histórico, lo más interesante del experimento está en que se produjo el vuelo de un avión compuesto en un año tan temprano como 1916. Era un intento de combinar la velocidad y la maniobrabilidad de un *scout* monoplaza con el largo alcance de una hidrocanoa. El objetivo final del experimento era obtener un arma contra dirigibles efectiva.

Mayo de 1916, primer vuelo de un avión "parásito". En la imagen se observa un Bristol *Scout* colocado sobre el ala superior de un Felixstowe *Porte Baby*.

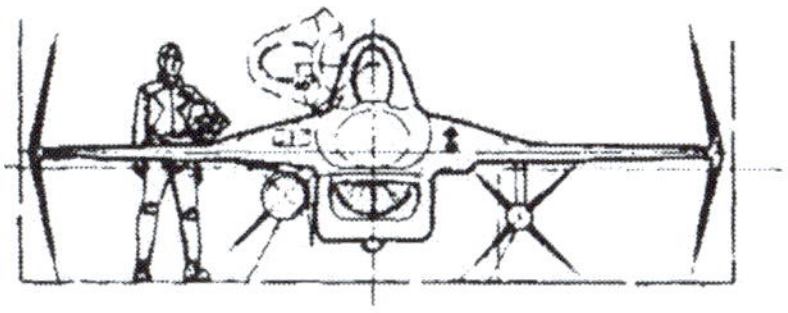

Un Boeing 747 como avión nodriza con cazas parásitos

La idea del caza parásito no murió, ni mucho menos, con el intento de llevar un *Goblin* en el interior de un B-36, o en los intentos de hacer lo propio con el F84.

En septiembre de 1973 aún se planteaba el uso de cazas parásitos y el uso de aviones de la clase del Galaxy como avión nodriza. Fue un proyecto liderado por Boeing bajo el contrato P33615-73-C-3012, *Project 1431, Aerodynamic Synthesis and Flight Research Task 143101*, patrocinado por el Air Force Flight Dynamics Laboratory (septiembre de 1973)*.

El informe del proyecto trata la determinación del tamaño y forma adecuadas del caza parásito, así como de su integración en aeronaves de la clase del C-5, así como la posible utilidad y las aplicaciones del uso de microcazas, además de un estudio sobre los métodos de lanzamiento y recuperación de los mismos desde el avión nodriza, lo que incluye un estudio en lo referente a la estabilidad del avión nodriza por las variaciones de su centro de gravedad.

* Acceso al informe: http://www.dtic.mil/dtic/tr/fulltext/u2/529372.pdf

En la introducción del informe tan sólo se mencionan los anteriores intentos por lograr un portaaviones aéreo eficaz y, a partir de ahí, se establecen los requerimientos para un portaaviones aéreo y un microcaza parásito modernos.

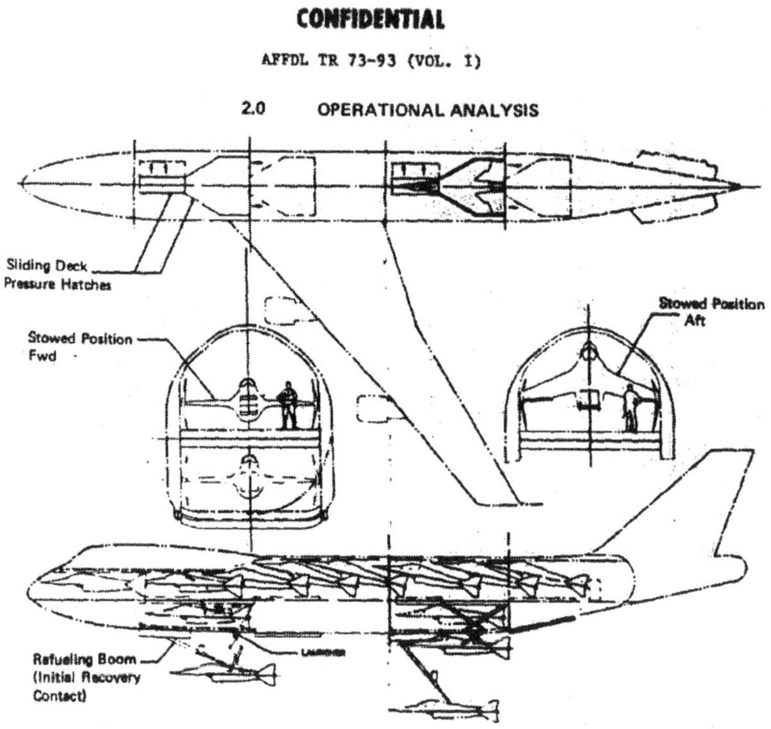

U.S. Air Force.

El documento contempla el C-5 y el B-747 como aviones nodriza, así como la necesidad de que el caza sea lanzado, recogido y repostado en vuelo. En aquella época el MTOW del 747 rondaba las 883.000 libras (multiplíquense por 0,454 para obtener el peso en kilogramos) y se estimaba que unas 200.000 libras de carga útil serían las necesarias para transportar los equipos de misión, lo que incluía los cazas parasitos y toda la tecnología que debía soportar su operación. Los supuestos teatros operacionales serían Europa, Oriente Medio y el Océano Índico.

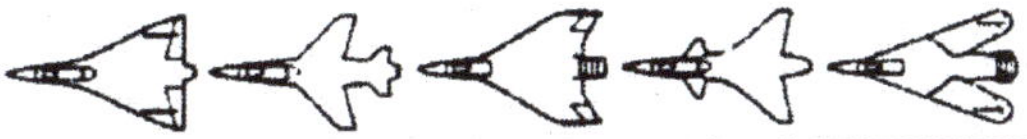

TYPE	"DELTA"	"VITAC"	"ARROW"	"CANARD"	"VSW"
Model 985	–1	–10	–20	–30	–40
Launch Wt (Lbs) [1] (1975 Technology)	10,180	10,280	10,360	10,340	10,730
Overall Length (Ft)	30.0	30.0	30.0	30.0	30.0
Minimum Span (Ft) Stowed	17.5	17.5	17.5	17.5	17.5
Flight	17.5	17.5	17.5	17.0	17.5
Maximum Span (Ft) (In Flight or Docked)	17.5	17.5	17.5	17.5	27.5
Wing Area (Ft^2)	200	100	200	110	206
Flight Aspect Ratio Max/Min	1.53	3.06	1.53	2.784	5.05 / 1.44
Leading Edge Sweep (Deg)	64	45	60	50	40/70
Body Fineness Ratio	8.06	7.86	8.62	8.16	8.20
Internal Fuel (Lbs)	2500	2500	2500	2500	2500
Powerplant	YJ101 GE100	YJ101 GE100	YJ101 GE100	YJ101 GE100	YJ101 GE 100
Overall Height (Ft)	6.4	6.86	6.0	6.5	5.85
Visibility Factor [2]	245	211	263.7	215.9	266/255.8

U.S. Air Force.

La envergadura del caza debía ser tal que pudiera acomodarse dentro del avión nodriza, lo que lo limitaba a 17,5 pies (unos 6 metros). Aunque, sin duda alguna, el requisito más complejo era que, siendo un avión tan pequeño, con las limitaciones que eso supone en peso, armas y sistemas, debía ser capaz de enfrentarse a cualquier caza soviético de la época en condiciones de igualdad. ¡Debía tener unas capacidades similares al MiG-21PF!

Estas consideraciones llevaron a la propuesta de cazas pequeños, con alas en delta y estabilizadores verticales, dotados incluso de geometría variable.

Se construyeron varios modelos para realizar pruebas en túnel de viento y se estableció un peso para el caza de unas 10.000 libras, aunque se consideraba como rango viable de 4.000 a 20.000 libras. Fueron estudiados en túnel de viento tanto las características aerodinámicas como las de maniobrabilidad, estabilidad, control, y capacidad de carga, resultando elegidas dos configuraciones concretas.

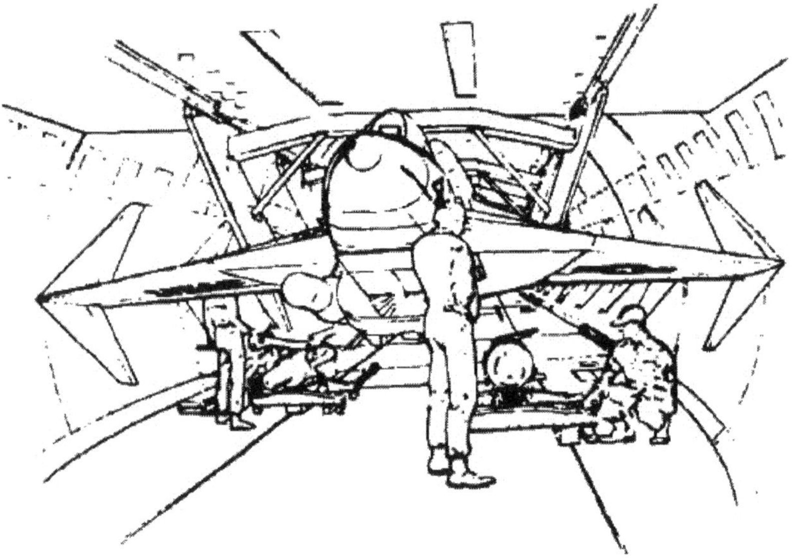

U.S. Air Force.

La idea de realizar el despliegue y recogida del microcaza por la puerta trasera, tenía el gran inconveniente de necesitar una variación considerable en el centro de gravedad del avión nodriza. Por ello, se definieron nuevos métodos de lanzamiento y recuperación de cazas parásitos, de tal forma que se llevaran a cabo próximos al centro de gravedad del nodriza.

A continuación se procedió a establecer cuál de los dos grandes aviones, el *Galaxy* o el 747, sería la mejor plataforma para actuar como avión nodriza. El criterio más importante a tener en cuenta fue la facilidad de modificación de la estructura para la reconversión y, dado el origen de transporte militar del *Galaxy*, en principio las modificaciones de su estructura eran más sencillas. Sin embargo, al realizar un estudio sobre el potencial de crecimiento de la plataforma nodriza, el 747 salía ganando en comparación con el *Galaxy*, lo que llevó a su selección final.

Los cazas deberían poder ser rearmados, repostados y revisados en unos diez minutos. La dotación del portaaviones aéreo sería de 44 personas, entre la tripulación propia del 747, los pilotos de los cazas y el personal necesario para atender las operaciones. En el caso de ser detectado un contacto por el radar, el primer caza podría ser lanzado tras noventa segundos, y los siguientes a intervalos de ochenta segundos entre ellos.

El caza debía ser lanzado y recogido desde la aeronave nodriza. Eso no implicaba que hubiera de olvidarse tener en cuenta un tren de aterrizaje propio, útil tanto en los ensayos del caza antes de la integración con la nave nodriza como para, una vez operativo, permitir al piloto del microcaza aterrizar de forma convencional por emergencia o conveniencia. Fueron estudiados varios sistemas, como el tren de aterrizaje de ruedas tradicional, el tren de aterrizaje en patín (como si de un Me163 *Komet* se tratase) o un tren de aterrizaje de cojín de aire, entonces en pruebas. El patín central fue el escogido finalmente por su bajo peso, simplicidad de diseño y bajo coste.

Finalmente, fue probada toda aquella tecnología, que se esperaba que estuviera disponible para los años ochenta, pues era indispensable reducir tanto el peso como el volumen del microcaza. Toberas, armamento como cañones y misiles, motores, distintas inclinaciones del asiento del piloto, entre otros conceptos avanzados, fueron tenidos en cuenta. Como cañón, se seleccionó finalmente un tipo *Gatling* de 25 mm. Otros dos misiles transportados internamente para autodefensa, tipo *Sidewinder*, junto con soportes externos para dos bombas inteligentes o dos Sparrow completaban el armamento del microcaza.

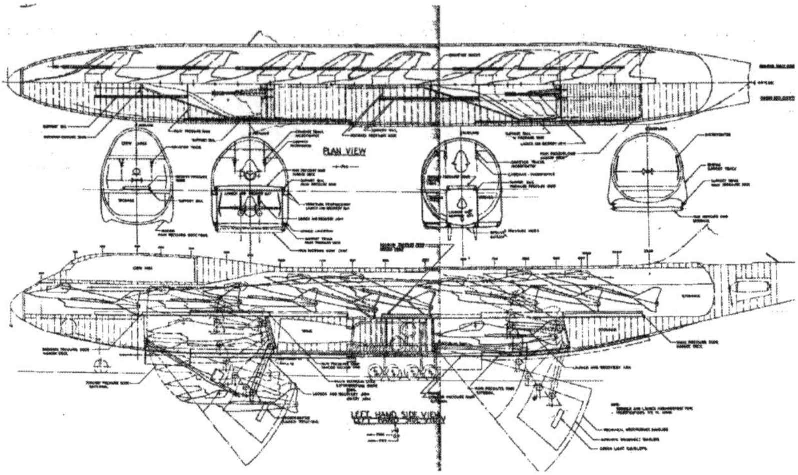

U.S. Air Force.

Tras estudiar las características de estabilidad y control, y determinar algunas envolventes de vuelo, junto con todo lo anterior, el estudio concluye afirmando que, con la tecnología disponible, sería posible la creación de cazas parásitos, transportados en aviones nodriza del estilo del 747.

Es de suponer que, después de todo esto, alguien llegara a la conclusión de que se podían obtener resultados muy similares con cazas modernos, capaces de ser repostados en vuelo, y aviones cisterna, que es el método que actualmente se utiliza.

VERSIONES EXTRAÑAS

Un P-38 para todo

En ocasiones nos encontramos con versiones extrañas de aviones comunes, célebres o muy conocidos, como sucede con el clásico P-38, esa maravilla de la Segunda Guerra Mundial que tuvo variantes de todo tipo, algunas realmente raras.

Algunas veces es por la existencia de un buen producto, que puede aplicarse a otros campos con pequeñas modificaciones, otras por el simple desconocimiento y, en muchas, la falta de tiempo. Sea cual fuere el motivo, las versiones "bizarras" de aviones de serie tienen un encanto singular.

Al empezar a producirse el P-38, se modificaron tres unidades para investigar cómo se comportaba un piloto en una aeronave con la cabina situada de una forma asimétrica: eliminaron los turbocompresores de los botalones de cola, y en uno de ellos instalaron una cabina de pilotaje.

La góndola central de un P38E fue alargada para dar cabida a una cabina biplaza en tandem, y posteriormente se modificó su ala para incorporarle una sección laminar. A este *Ligthning* se le conoce como *Swordfish*.

U.S. Air Force.

P-38E *Swordfish.*

Algunos P-38 transportaron pasajeros en el Pacífico bajo sus alas. Básicamente usaban el soporte sub-alar para los depósitos de combustibles lanzables para llevar un *pod* con una persona dentro. El problema era que estos *pods* no siempre tenían ventanas. La misma idea fue puesta en práctica por los alemanes, que probaron sistemas similares para el transporte de personal como se hizo con algún *Stuka*, aunque en este caso sí se instalaron ventanas.

Al igual que los japoneses construyeron su caza-hidro a partir del *Zero*, llamado *Rufe*, los ingleses lo intentaron con el *Spitfire*, y los americanos probaron con el *Wildcat* y el P-38. Aunque en el caso del P-38 se trataba tan sólo de flotadores para hacer *ferrys* largos, y se desmontarían antes de entrar en combate. Como la US Navy demostró que era capaz de entregar los P-38 a tiempo en sus barcos en el Pacífico, se abandonó la idea. Se llegó a modificar un P-38 E con un puesto de observador y una cola elevada, pero nunca se llegaron a instalar los flotadores, ni siquiera se probó el concepto en el mundo real.

Por otro lado, Lockheed propuso a la USN un caza naval basado en el P-38, el Modelo 822. Sin embargo, la USN consideraba que el P-38 era un avión demasiado grande para operar en portaaviones, además de no gustarles los motores refrigerados por líquido. Este audaz modelo de *Ligthning* con alas plegables y gancho de apontaje no salió nunca de la mesa de diseño y se quedó en algunos planos y poco más. Curiosamente, la USN operaría 4 F-5B, una de las versiones de fotorreconocimiento del P-38 en África.

Más éxito tuvieron dos unidades P-38J, que fueron modificadas para realizar repostajes en vuelo. La experiencia fue un éxito, pero juzgaron que aquello no era práctico y se abandonó el proyecto.

Un P-38L se modificó por HAL como transporte VIP. El avión contaba con una cúpula de cristal, como la versión P-38J *Droop Snoot*, equipado con un morro acristalado y una mira Norden para hacer de

P-38 National Association.

P-38L *Droop Snoot*.

guía de bombarderos. Atendiendo a su destino, el interior era mucho más lujoso y cómodo.

Otro P-38L fue armado con tres ametralladoras de 15,2 mm para disparar el cartucho que había sido desarrollado como munición de rifles antitanque. Igualmente, se desarrolló una versión especializada en el ataque a tierra, con doce ametralladoras del calibre 50, ocho de ellas en el morro y dos bajo cada ala. No fue el único P-38 que se desarrolló como avión especializado en ataques a baja cota. He aquí, por ejemplo, este P-38F que fue un intento de desarrollo como torpedero.

U.S. Air Force.

Finalmente, cabe recordar una versión que demostró no ser nada práctica, un P-38 adaptado para la nieve. Al final, como en otros países donde se intentó el uso de esquíes, se optó por compactar la nieve y despegar desde ella. Al menos en el P-38 los esquíes eran retráctiles, en otros desarrollos, como el de los rusos con el I-16, los esquíes obligaban a configurar el tren en modo fijo*.

Sandglass Patrol.

* Más información en *AirVectors*: www.airvectors.net/avp38_2.html

FUSELAJES GEMELOS

Sandglass Patrol.

Se han dado vida a más naves con fuselajes gemelos de los que pueda sospecharse. Uno de los intentos más antiguos fue el del curioso Blériot 125, avión de línea francés de principios de los años treinta pensado para acomodar pasajeros en dos fuselajes completamente separados (imagen superior).

Durante la Segunda Guerra Mundial, en Alemania se vieron diversos experimentos de este tipo. Poco antes de la guerra encontramos al Fieseler 168, un proyecto de avión de ataque a tierra. Su diseño comenzó el 1 de septiembre de 1938 por Frederik Kassel, quien creó el avión por peticion del departamento técnico del ministerio de aviación (RLM *Reichsluftfahrtministerium*). El avión contaba con doble fuselaje, con un motor Argus en cada uno, y un ala como la del Storch, con el mismo sistema de slats y flaps, lo que lo dotaba de la capacidad para despegar y aterrizar en cualquier pista. Entre los dos fuselajes había un pod con el armamento. El director Erich Bachem lo describió como *Panzer Storch*. No queda claro si la palabra "tanque" era para describir a un cazatanques o a un avión de ataque a tierra, contra infantería. El proyecto finalizó en septiembre de 1939 (imagen de la derecha).

Sandglass Patrol.

La variante "Z" del Messerschmitt Bf 109 (o Bf 109Z *Zwilling*, o "gemelo") fue un avión experimental alemán construido uniendo dos fuselajes de Bf 109F por medio de una nueva sección central. Sólo se construyó un prototipo, que fue dañado durante un bombardeo aliado y, a pesar de ser ideado para múltiples operaciones, no pasó de los primeros ensayos.

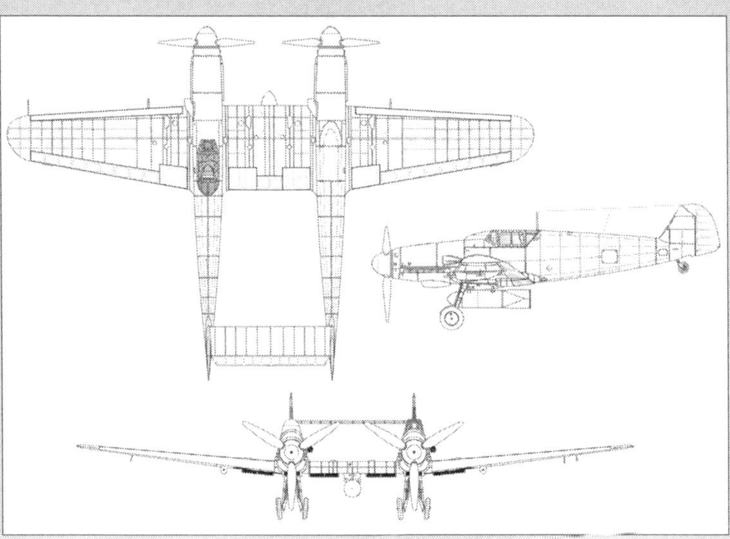

Bf 109Z *Zwilling*.

Por su parte, el He 111Z *Zwilling*, variante de fuselajes gemelos del Heinkel He 111, se fabricó uniendo dos He 111 por su porción central y añadiéndose un quinto motor. Pensado para remolcar grandes planeadores de carga, como el Messerschmitt Me 321, su desempeño nunca fue el pensado originalmente y terminó realizando operaciones de transporte de carga y suministro a las tropas alemanas.

En los Estados Unidos, por su parte, se alumbró a mediados de los cuarenta el North American F-82 Twin Mustang, un caza creado a partir del P-51 Mustang. Pensado para realizar operaciones de escolta en el escenario del Pacífico, llegó tarde para entrar en combate y fue posteriormente relegado a tareas de caza nocturno.

U.S. Air Force.

North American XP-82 *Twin Mustang* en 1945.

Alejados de las guerras, apareció tiempo más tarde uno de los más asombrosos aviones con fuselajes gemelos que se haya visto. Se trata de las mutaciones bimotor de la Piper Cub. Cuando se tiene un buen diseño y se quiere mejorar su velocidad, su capacidad de carga, su autonomía (llevando la misma carga pero más combustible), su capacidad STOL o su capacidad de ascenso, se recurre en ocasiones a aumentar la potencia del motor o, cuando esto no es posible, a añadir otro motor, o directamente otro fuselaje. Algunas de estas conversiones resultaron eficaces y hasta bonitas, como el P-82 *Twin Mustang* o la Dornier Do-28. Otras quedaron en simples engendros mutantes como las de la Piper Cub.

La *Twin Club* fue ideada por Harold Wagner, fundador de la Wagner Aircraft Company, en Portland, Oregón. Quería crear un bimotor sencillo y barato, y comenzó experimentando con una Piper PA18 Super Cub, equipada con un segundo motor encima del fuselaje. El avión hizo su primer vuelo el 29 de mayo de 1952, pero problemas de *flutter* en la cola causados por el chorro de aire del segundo motor hizo que, tras 8 horas de ensayos, el avión fuera transformado de nuevo en una Super Cub estándar.

Sandglass Patrol.

El siguiente intento fue la *Twin Cub*, similar en concepto al *Twin Mustang*: Dos *Clubs* (una P-3 y una J-11) normales unidas por una pequeña seccion alar central. Mantenían el motor, el empenaje vertical, las ruedas de cola y la sección alar externa. Se modificaba el tren de aterrizaje principal y quedaba unida por una sección alar central entre ambos fuselajes, así como por un empenaje horizontal modificado.También se modificaba el eje de una de las hélices, que era alargado, para que pudieran girar sin colisionar y sin usar un complicado mecanismo de sincronización. El mantener ambas hélices tan juntas causaba pérdidas de eficiencia en las mismas, por la interferencia, pero hacía más fácil volar el avión en caso de empuje asimétrico (perder un motor). El fuselaje izquierdo solo servía para llevar la hélice, volando piloto y acompañante en el derecho. El avión resultante tuvo una apariencia un tanto extraña, tanto que el señor Wagner lo llamaba "la cosa".

Sandglass Patrol.

Su siguiente bimotor utilizaba la misma solución de diseño que la Do-28, aunque con un resultado mucho menos estético: mantenía el fuselaje sencillo y montaba en su morro dos motores, uno a cada lado, más tren triciclo en vez de patín de cola. Es conocido como Wagner *Twin 2*, Wagner *Twin Tri-Pacer*, y Wagner *Pacer 125*. El avión era una Piper PA-22 con dos Lycoming O-290D de 125HP. Como su antecesora, una de las hélices iba montada en un eje alargado 4 3/4" (120.65mm) para permitir a ambas hélices girar sin colisiones y sin utilizar sistemas de sincronización de giro. Esta conversión tampoco logró éxito comercial alguno, y tras 100 horas de vuelo fue convertida en una PA-22 normal.

LOS CAZAMINAS DEL AIRE

En la Segunda Guerra Mundial una de las principales amenazas navales, o defensas, según se estuviera en uno u otro lado de la línea de combate, fueron las minas marinas. Pensadas sobre todo para operar en puertos, aparecían por doquier como barreras capaces de enviar a pique cualquier nave. Se diseñaron y desplegaron todo tipo de minas, algunas colocadas por barcos especiales, otras lanzadas desde aviones. En ocasiones las minas creaban grandes líneas de defensa, en otras, quedaban flotando de forma solitaria convirtiéndose en pesadillas muchas veces olvidadas hasta que explotaban con la proximidad de algún barco que, ignorando su presencia, tenía la mala suerte de cruzarse con tan terribles artilugios.

Ahora bien, el más terrorífico tipo de minas marinas de la época fueron las de tipo magnético. Dotadas de sensores capaces de detectar la proximidad de los cascos metálicos de los buques, no necesitaban entrar en contacto físico con ellos para explotar, sino que por medio de detección magnética explotaban por proximidad.

¿Cómo eliminar esta amenaza de las aguas? Son muy conocidos los barcos dragaminas, muy avanzados actualmente, dotados de cascos especiales y de sistemas de detección con precisión sorprendente. Pero durante la Segunda Guerra Mundial, aunque existían dragaminas, lo tedioso del proceso de limpieza de las aguas en puertos y en barreras de minas marinas de todo tipo hizo que se pensara en un método de limpieza muy especial. Así, nacieron los aviones cazadores de minas dotados de anillos magnéticos.

Este tipo de aviones contaron con algunas de las siluetas más extrañas de toda la historia de la aviación. La idea era sencilla, pero su materialización no fue nada fácil. A un avión convencional se le añadía un sorprendente accesorio, a saber, un gigantesco electroimán con el que se barrían a baja altitud las áreas minadas con la esperanza de activar los sensores magnéticos de las minas y, así, ser desactivadas a distancia.

Esta técnica fue particularmente útil en zonas minadas de pequeño tamaño o de difícil acceso para los barcos dragaminas. He aquí algunos de los más curiosos ejemplos de aquellos extraños aviones dotados de anillos magnéticos.

Royal Air Force.

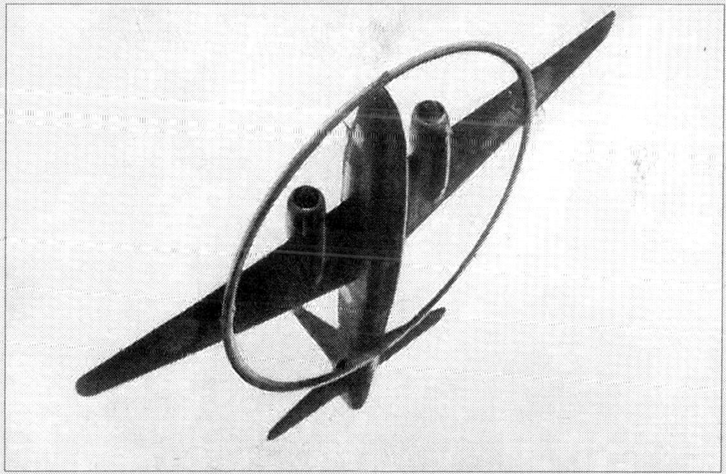

Royal Air Force.

Avión británico Vickers Wellington DWI destinado en África mostrando su anillo magnético cazaminas.

German Federal Archives.

Blohm & Voss Bv 138 alemán.

German Federal Archives.

Junkers Ju 52 MS.

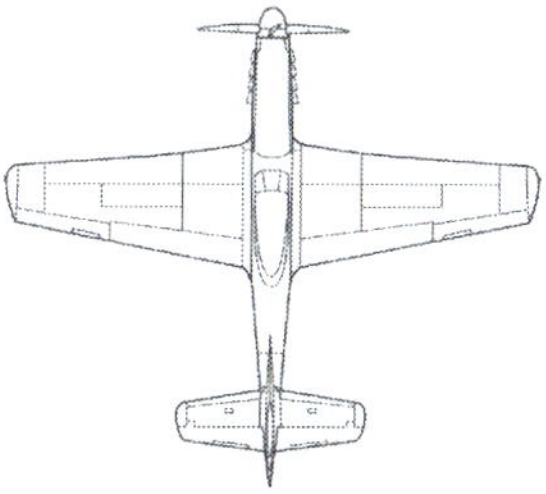

Los P-51 *Mustang* modificados

La silueta del *Mustang* es, sin duda, una de las más reconocibles de la Segunda Guerra Mundial, junto con la del *Spitfire*. Tanto por el buen hacer de sus pilotos, como por el trabajo de los publicistas de la época, ambos aviones se convirtieron en símbolos de la lucha contra la Alemania de los nazis. Y, como buen avión que era, con célula de gran potencial, se desarrollaron a partir de él muchas variantes. Desde su nacimiento, con el motor Allison, a las variantes posteriores con el Merlin, o el ya mencionado *Twin Mustang*, fue un avión muy atractivo. No sólo durante la Segunda Guerra Mundial o la Guerra de Corea estuvo vivo este avión, sino que continuó vivo de la mano de Cavalier, con desarrollos de avión ejecutivo con motor turbohélice, y aún en los años ochenta Piper presentó un desarrollo del Cavalier como avión COIN con motor turbohélice.

Antes de finalizar el año 1945, Marquardt Aircraft estaba entregando a la US-Navy estatorreactores para probarlos en aviones. En 1946 la marina ya estaba probando los estatorreactores Marquardt en unos F7F *Tigercat*. La USAF hizo lo propio, instalando dos estatorreactores de 20 pulgadas de diámetro en las puntas de ala de un P-51 *Mustang*. Esto le daba al caza 40 mph adicionales de velocidad máxima. Aunque no era ninguna maravilla, se estimó que para conseguir el mismo efecto con unos turborreactores, éstos deberían pesar diez veces más que los estatorreactores de Marquardt. Este *Mustang* voló intensivamente hasta 1948, cuando uno de los estatorreactores se incendió. El piloto intentó apagarlo, pero explotó, logrando poner el P-51 en invertido y saltar en paracaídas.

U.S. Air Force.

Un P-51con estatorreactores en los extremos de sus alas.

Existió otra versión de *Mustang* incluso más arriesgada. Fue aquella que llevó instalados los motores de la V-1 alemana bajo sus alas. Fue un modelo experimental, con dos motores Ford PJ-31-1, copia de los alemanes Argus As-014. Pensamos que, lógicamente, cuando los pulsorreactores no estaban en uso, las prestaciones del caza se verían altamente disminuidas por el peso extra de éstos y que, cuando estaban en uso, la velocidad máxima del caza sería considerablemente superior, ¡como el consumo! Por desgracia, apenas quedan registros acerca de las pruebas en vuelo realizadas con un avión tan sorprendente.

P-51con pulsorreactores similares a los de las V-1 bajo las alas.

Otro rediseño del *Mustang*, más radical si cabe, fue el que desarrolló la North American Aviation, con alas en flecha negativa. El proyecto comenzó a finales de 1945 con los conocimientos "adquiridos" en Alemania sobre alas en flecha negativa tras la finalización de la Segunda Guerra Mundial. El desarrollo partía de un P-51 con motor Allison de 12 cilindros en V y una hélice cuatripala, así como un turborreactor Westinghouse que proporcionaría un empuje extra para ganar altitud en poco tiempo y velocidad adicional en combate, como en el caso del Ryan FR Fireball. Seguramente esa configuración alar le hubiera causado no pocos problemas de aeroelasticidad. No sería el único caza de la época en contar con alas en flecha, pues recordemos que el *King Cobra* contó con su propia versión con alas de ese tipo, el L-39, en esta ocasión pensado para investigar sobre el vuelo a baja velocidad.

Aumentar el alcance de los aviones fue una preocupación constante en todos los ejércitos durante el conflicto mundial. Más aún en el teatro de operaciones del Pacífico. El bombardeo de Tokio del 18 de abril de 1942 por Doolittle fue una demostración de fuerza, más útil para elevar la moral que como acción estratégica. De hecho, el precio pagado fue alto: se perdieron los dieciséis aviones y de los ochenta pilotos y tripulantes once fueron capturados o muertos. Japón no se volvió a bombardear hasta la segunda mitad de 1944, con la introducción del B-29, operado desde bases en China o las Marianas. Sin embargo, en sus incursiones los bombarderos volaban sin escolta, no había un caza en el Pacífico capaz de escoltarlos.

Esa falta de escolta se convirtió en una preocupación creciente. Incluso se planteó situar algunos portaaviones en la ruta de los B-29 y lanzar cazas navales. Ni siquiera de esa forma había cazas con alcance suficiente para realizar ese trabajo.

Los grupos de caza aeronavales estaban equipados con el F6F *Hellcat* y el F4U *Corsair*, después de haber retirado al F4F *Wildcat*. Para estos grupos, el tener un caza capaz, bien armado, con buena visibilidad y gran radio de acción, siempre fue una preocupación.

La solución parecía ser el P-51 *Mustang*. Había sido desarrollado como caza en un tiempo récord. Se había producido como avión de ataque a tierra, y empezó a brillar como escolta de largo radio cuando se unió su célula a un motor Merlin. Pero no había sido desarrollado como caza naval. Los cazas navales tienen requisitos muy específicos y exigentes relacionados con el apontaje, el lanzado por catapultas y el hangaraje en las reducidas cubiertas inferiores. La célula soporta muchos esfuerzos extra en los dos primeros casos, y el ala debe ser plegable para el tercero.

Los aviones diseñados desde cero como caza naval tienen en cuenta todos estos requisitos. Además, deben estar especialmente protegidos contra la corrosión.

El *Mustang* no cumplía ninguno de estos requisitos. Pero la necesidad hizo pensar que un buen caza terrestre podría convertirse en un caza naval adecuado, como se hiciera con el *Spitfire* al convertirlo en el *Seafire* –que no se adaptó muy bien a las operaciones navales–, o como también se propusiera con el P-38. El programa se llamó *Project Seahorse* (proyecto caballito de mar). Para llevarlo a cabo se seleccionó uno de los primeros P-51D que se produjeron, el P-51D-5, número de serie de la North American: 44-14017.

U.S. Air Force

El *Mustang* 44-14017 pilotado por el Teniente Elder durante sus ensayos.

Para mejorar el pilotaje a bajas velocidades se le instaló una aleta entre el fuselaje y el estabilizador vertical. Una mejora que, por cierto, se repetiría en todos los P-51D de primera producción y se incorporaría de fábrica a los nuevos. Se añadió un gancho de cola y se reforzó un mamparo para poder sujetarlo. También se le dotó en el fuselaje, justo delante del ala, en su plano de simetría, con un gancho para catapulta. Para soportar los apontajes se le instalaron neumáticos con una mayor presión y se modificaron los amortiguadores, con más dureza, para evitar rebotes. El avión fue reforzado en varios lugares para soportar los esfuerzos adicionales del apontaje.

El 44-14017 fue renombrado ETF-51D y enviado a Mustin Field, cerca de Philadelphia, para iniciar los ensayos en septiembre de 1944. El piloto que realizaría los vuelos sería el *Navy Lieutenant* Robert M. Elder, un experimentado piloto de ensayos navales que había realizado las pruebas de validación para portaaviones de muchos modelos distintos. Una de las pistas de Mustin se convirtió en una cubierta de portaaviones, con una catapulta y cables, con las dimensiones de una pista de portaaviones delimitadas con marcas.

Durante septiembre y octubre del 1944 Elder realizó unos 150 lanzamientos y otras tantas tomas con el ETF-51D, para recoger datos del comportamiento del *Mustang* a baja velocidad, antes de comenzar los ensayos sobre una cubierta real.

El ala laminar, que tan buenos resultados había dado en el avión como escolta terrestre al reducir su consumo y aumentar su alcance, era un inconveniente a baja velocidad aterrizando en un portaaviones. Elder informó que:

> *Desde el comienzo era obvio para todos que el margen de seguridad entre la velocidad de pérdida del avión (82 mph) y la velocidad de apontaje impuesta por el gancho y los cables (90 mph) era demasiado estrecho.*

Para finales de octubre de ese mismo año Elder se había familiarizado lo suficiente con el ETF-51D y se habían recogido suficientes datos como para dar el siguiente paso: ensayarlo en alta mar sobre el *USS Shangri-La* (CV-38), un portaaviones de la clase *Essex* recién estrenado, haciendo su crucero inaugural en la costa de Virginia.

El 15 de noviembre Elder realizó su primer apontaje real con el ETF-51D. En el diario de abordo escribió:

> *NOV. 15, 1944 1220 hrs.*
> *Lt. Robert M. Elder, USN, realizado el primer apontaje del P-51 #414017, seguido de otros tres aterrizajes y cuatro despegues exitosos. Todos los apontajes hechos a 85 mph. Afortunadamente el Mustang reaccionó bien, incluso en las situaciones más delicadas. Uno solo tiene que usar los gases suavemente. La visibilidad delantera es suficientemente buena y no me ha dado problemas en ningún momento. En realidad, los cazas con motor radial como el F4U o el F6F son peores que el P-51 en lo que respecta a esto. El caza también se ha comportado bien en los lanzamientos con catapulta.*

Es interesante notar que el 15 de noviembre fue un día especial para el *Shangri La*. Fue su primer día de operaciones aéreas, y recibió al Mustang y al PBJ (la versión naval del Mitchell) realizando sus primeros aterrizajes y lanzamientos.

Pero no todo fue perfecto. Como se ha mencionado, el margen entre la velocidad de pérdida y la de enganche del cable era pequeño. El control que daba el timón a bajas velocidades y altos ángulos de ataque era inadecuado. Los aterrizajes debían ser cuidadosos para no dañar la célula. Hacer un apontaje frustrado también era difícil. Había que manejar con cuidado la palanca de gases del Mustang para evitar un alabeo rápido, un tonel, que a esas velocidades podía acabar con facilidad en una barrena.

Los ensayos para comprobar la idoneidad del *Mustang* para portaaviones fueron pocos: 25 lanzamientos y apontajes. Elder escribió "Aunque he sido el primero en realizar apontajes con muchos de los aviones de la US Navy, ninguna experiencia ha sido tan interesante como hacerlo con el *Mustang*". De todos modos, no pensaba que el Mustang tuviera cabida en una cubierta de un portaaviones, no era adecuado para operaciones navales.

U.S. Air Force.

El *Mustang* 44-14017 sobre la cubierta del *USS Shangri-La*. Noviembre de 1944.

A comienzos de 1945 las islas de Okinawa e Iwo Jima habían sido conquistadas. Sus aeródromos fueron puestos en servicio de inmediato para operar desde allí tanto los bombarderos como los cazas. Estas islas estaban suficientemente cerca de Japón como para no continuar el desarrollo del *Mustang* naval.

Sin embargo, North American no olvidó lo aprendido en estos ensayos y presentó otro Mustang navalizado, el proyecto NAA-133, basado en el P-51H, el último modelo de Mustang que entró en servicio en la Segunda Guerra Mundial, un Mustang D aligerado de peso.

Las modificaciones eran similares a las del ETF-51D. La célula del P-51H hubiera tenido que ser reforzada. El diseño del NAA-133 incluía alas plegables y tanques de combustible externos en las puntas de ala, similares a los del Piper PA-48 Enforcer. El puro de cola se modificaría para alojar el gancho, la puerta del tren trasero se alargaría para meter el gancho y la parte baja del timón de dirección tendría que ser también recortada para hacer hueco al gancho. Aunque el NA-133 nunca abandonó la mesa de diseño, la marina continuó con la idea de navalizar un *Mustang* y realizó pruebas con un P-51H, que resultó tener mejor comportamiento a baja velocidad y mejores velocidades de aproximación que el P-51D.

La idea del *Mustang* naval quedó abandonada hasta finales de 1947, cuando otro P-51H (s/n 44-64700) fue modificado por la Naval Aircraft Factory con un punto fuerte para catapulta con el que realizaron varios lanzamientos. Tras unas pocas pruebas, se concluyó que el P-51H era apto para "navalizar".

En una época en la que los cazas a pistón habían cantado ya su particular canto del cisne, el proyecto tenía poco futuro. La marina estaba interesada en el *Mustang* debido a la pobre aceleración inicial de los primeros cazas a reacción, y su corto alcance. A pesar de todo, no se continuaría su desarrollo. Las últimas operaciones de cazas de pistón estadounidenses las llevaron a cabo los F-51 *Mustang*, F4U *Corsair* y F-82 *Twin Mustang* en la Guerra de Corea.

Una última modificación del *Mustang* digna de ser comentada tuvo como protagonista a su sistema de armamento.

La evolución de la ametralladora y el avión ha sido paralela desde que a alguien se le ocurriera mezclar los dos artilugios. Cada vez era mayor el número de ametralladoras y también lo era el calibre de esas armas. Así, pasamos de los primeros Niuport 11, Fokker *Eindecker* o Sopwith *Pup* con una sola ametralladora de 7,7 mm a los Camel, Fokker D.VII, con dos amaetralladoras, e incluso el SPAD XII con un cañón de 37 mm disparando a través del buje de la hélice. Todo ello, claro está, durante la Primera Guerra Mundial.

En el período de entreguerras se aumentó el número de ametralladoras a de 2 a 4, 6, hasta 8, y sus calibres, de 7,7 a 12,7. De esta forma, a la Segunda Guerra Mundial llegarían los estadounidenses con la Browning de calibre .50" como armamento estándar, en número variable. Los ingleses apostaron por el calibre de 7,7, y por contar con 8 ametralladoras. Los rusos contaban con combinaciones de ametralladoras de tiro rápido y cañones de 20 mm y los alemanes con ametralladoras de 7,9 y 13 mm y cañones de 20 mm.

Pronto todos los bandos vieron la necesidad de incrementar el calibre de sus armas si querían destruir bombarderos enemigos, encontrando tal vez el equilibrio sólo los estadounidenses, en su calibre de .50" (o 12.7 mm) en cantidades de 4, 6 u 8 ametralladoras. El resto de los bandos se concentró en los dos extremos, el pequeño calibre de 7,7 mm y los cañones de 20, 30, 37, 40, 50... ¡y hasta 75 mm! En esto fueron especialistas tanto los alemanes como los rusos, sin olvidar el Howitzer de 75 mm que montaron los estadounidenses en el morro de los B-25.

En algunos casos eran grandes cañones caza tanques. En otros casos se intentó que fueran cañones para combate aire-aire. Parecía como si se copiara la filosofía naval de grandes cañones con grandes diámetros, sólo que en los aviones esto llevaba a un equipo pesado, con poca munición y poca velocidad de boca, lo que dificultaba su puntería. No podían usarse como tiro tenso, pues su trayectoria era claramente parabólica y dificultaba su puntería.

Hoy en día algunos aviones utilizan armas de incluso más calibre, no olvidemos el AC-130. Pero, de todos estos ejemplos, llama la atención por lo desproporcionado un F-51D *Mustang* con dos cañones sin retroceso de ¡106 mm! Los cañones eran unos M40 Recoilless rifle.

Parece ser que este *Mustang* se utilizó para probar el cañón como arma aerotransportada. Una vez ensayado el sistema, se comprobó que la estructura del ala había sufrido deformaciones. El *Mustang* terminó en un museo, hasta que alguien lo compró para ponerlo en vuelo. Afortunadamente fue informado del tipo de sobreesfuerzos a los que había estado sometido el ala y no procedió con la restauración*.

* Se ha mencionado a los *Mustang* equipados con motores a reacción de V-1 o estatorreactores en las puntas de las alas. En Rusia se hicieron intentos similares. El La-126 era un La-7 mejorado, con ala de flujo laminar, partes del fuselaje que eran de madera reemplazadas por metal, mejor armamento, nueva cabina y, sorpresa: pulsorreactores RD-13 (el motor Argus de las V-1, copiado por los rusos) bajo las alas. El La-130, basado en el La-9 también voló con pulsorreactores, esta vez de diseño soviético, los VRD-430. Los motores a reacción añadían 112 km/h más a la velocidad máxima alcanzada sólo con el motor de pistón, a costa de un gran consumo, y una aerodinámica muy penalizada cuando estaban apagados. Lavochkin creó también el La-9RD. Utilizaba los mismos soportes para los motores RD-13 que el La-130, pero los habían instalado adelantados, respecto a la configuración original. Mientras estaban encendidos daban al caza una velocidad máxima de 128 km/h. más, pero con los mismos problemas: consumo exagerado y prestaciones del avión penalizadas mientras estaban apagados.

Un avión para simularlos a todos

He aquí el Convair NC-131H *Total In Flight Simulator* (TIFS), todo un simulador de vuelo capaz de surcar los cielos. Este avión de apariencia tan extraña estaba basado en un Convair C-131B de la USAF. Fue modificado para poder simular el comportamiento de multitud de aeronaves. Los ingenieros lo utilizaban como simulador de vuelo, para estudiar cómo volaría un avión antes de construir un prototipo a escala real.

Las modificaciones consistieron en sustituir los motores de pistón por turbohélices, que tenían el doble de potencia que los originales, adición de aletas verticales en las alas, y cambios en el fuselaje delantero para acomodar otra cabina, así como mejoras en la instrumentación. Se designó NC-131H, donde la N indica que la modificación no era temporal, sino permanente.

El TIFS podía configurarse con dos morros distintos. Uno de ellos era un cockpit biplaza, con ordenadores, mandos e instrumentos configurables para simular distintos aviones. El avión llevaba dos pilotos de seguridad que podían tomar el control en caso necesario. La otra configuración era llamada ASTTA, *Avionics Systems Test and Training Aircraft*. El morro de aviónica llevaba radares, cámaras de infrarrojos y diversos sensores.

Los ingenieros encontraron que el TIFS era especialmente útil para estudiar el comportamiento de grandes aviones en el momento del aterrizaje, antes de haberlos fabricado. Las aletas en las alas servían para generar fuerzas laterales que simulasen el viento cruzado.

El TIFS hizo su primer vuelo en 1970. Su primer proyecto de investigación fue el bombardero B-1. Durante su larga carrera el TIFS ha simulado muchos aviones militares y de la NASA, como el B-1, el X-40, el *Tacit Blue*, el transbordador espacial Shuttle, el B-2, el YF-23 y el C-17. Entre los aviones civiles se procedió al ensayo del Boeing Supersonic Transport (SST), el MD-12X y el avión indonesio N-250. También fue utilizado para entrenamiento de pilotos.

U.S. Air Force Ben Strasser.

El C-131 TIFS en su último vuelo.

El *King Cobra* con alas en flecha

A comienzos de 1946 el *Bureau of Aeronautics* emitió una RFP* para un caza a reacción embarcado. Para las altas velocidades que se pedían al caza serían necesarias alas en flecha. Pero se conocía poco acerca de las características de las alas en flecha a baja velocidad y las características de pérdida. Por ello, se modificaron dos P-63C para estudiar el comportamiento de las alas en flecha a bajas velocidades. Además, uno de los dos L-39 sirvió como banco de pruebas para el ala del Bell X-2.

El Capitán Walter S. Diehl, jefe de aerodinámica del *Bureau of Aeronautics*, pensaba que se podían obtener todos los datos necesarios ensayando el ala en un túnel de viento subsónico. Sin embargo, Ivan Driggs, jefe de investigación, sugirió la construcción de un prototipo de avión que pudiera proporcionar los datos de forma fiable, rápida y económica. Se propuso la idea a cuatro compañías que podían estar interesadas en participar en el proyecto de la construcción de un prototipo. Bell propuso un prototipo que podría estar listo por 100.000 dólares y en 10 semanas, modificando dos P-63A procedentes de los excedentes del US Army. Grumman propuso una horrorosa modificación del F4F *Wildcat*,

* *Request for proposal.*

con tren de morro y el fuselaje delantero alargado, por motivos de centrado, y un prototipo totalmente nuevo, pero más caro, con dos asientos, uno para el piloto y otro para el ingeniero de ensayos, con capacidad para llevar alas rectas o en flecha.

El P63B ya tenía tren triciclo, no era necesaria su modificación. La parte central del ala permanecería inalterada, mientras que la externa sería sustituida por un ala de 35º de flecha, medido en la linea 1/4 del ala (algo más de 33 grados si se medía sobre el larguero alar principal). Esto desplazaba el centro aerodinámico del ala, lo que suponía también modificar el fuselaje, por motivos de centrado como en el Grumman. En principio se pensó que sería suficiente con retirar el armamento del morro e introducir lastre en la parte trasera del fuselaje. Finalmente, sería necesario alargar el fuselaje y montar la hélice tripala del P39Q, menos pesada.

El ala fue diseñada con *slats*. Eran considerados indispensables para el vuelo a baja velocidad. En el borde de ataque se incorporaron *slats* en 5 tramos por semi ala. Cada uno de los tramos podía configurarse en posición abierta o cerrada para el vuelo. De la parte trasera del cockpit se retiraron los paneles de plexiglás, y se aprovechó el hueco para la instrumentación de ensayos en vuelo. También se instalaron equipos de ensayo en vuelo en las puntas de las alas.

Como las pruebas se iban a realizar a baja velocidad, por ahorrar peso y costes el tren trasero se puso como no retráctil. Sin embargo, se mantuvo el tren de morro retráctil original.

La denominación interna de Bell fue de XP-63N, pero la Navy lo designó oficialmente como L-39 en abril de 1946. La L corresponde a la letra que la marina tenía asignada a Bell como fabricante (como era la F de Grumman o la U de Vought). Y

39 por el número de diseño de Bell. El L-39-1 recibió el BuNo 90060 y el L-39-2 el BuNo 90061.

El primer vuelo del L-39-1 se produjo el 23 de abril de 1946. Se realizaron 8 vuelos antes de incorporar una aleta dorsal trasera, así como una prolongación de cuatro pies en el fuselaje trasero, lo que hizo que mejorara la estabilidad del aparato. Posteriormente se sustituyó la hélice tripala de P39 por la cuatripala del P-63, y se le añadió una aleta ventral similar a la del P-63C.

Los vuelos de prueba con diferentes configuraciones de *slats* demostraron que, con ellos sin extender, el comportamiento en pérdida era muy malo, sin aviso previo. Sólo con los *slats* externos desplegados, apenas había mejoría. La mejora comenzaba a notarse cuando se desplegaban los dos juegos más externos.

Según se iban abriendo más flaps, mejor era el comportamiento a baja velocidad del avión. Cuando se realizaron los vuelos abriendo los *slats* desde el encastre, se encontró que abriendo los dos juegos interiores también se conseguían mejoras sustanciales. Sin embargo, con todos los flaps desplegados, el comportamiento del avión fue tan malo que el piloto interrumpió inmediatamente el ensayo.

U.S. Air Force.

U.S. Air Force.

Arriba y en la página anterior: El L-39-2.

El L-39-2 voló por primera vez el 29 de mayo. Mantenía la prolongación del fuselaje trasero y tenía una aleta ventral aún más grande. También incorporaba un sistema automático de distribución de combustible entre los depósitos, lo que le permitía controlar la posición del centro de gravedad. Se utilizó para probar más configuraciones de *slats*.

En los ensayos que se realizaron con los *slats* cerrados, el avión necesitó demasiada altura para recuperar la pérdida. Si se desplegaban, el comportamiento era bueno, y las pérdidas eran fácilmente recuperables. Con ellos desplegados se simularon apontajes en portaaviones y se comprobó que las características de las alas en flecha para operaciones embarcadas eran buenas, siempre y cuando contaran con dispositivos hipersustentadores.

Tras los vuelos de pruebas, el L-39-1 fue llevado a Langley para que la NACA realizara unos ensayos en túnel de viento para correlacionar los ensayos. El L-39-2 fue reutilizado en el programa Bell X-2, como banco de ensayos de su ala, con la hélice de cuatro palas en lugar de la de 3. El 11 de diciembre el L-39-2 fue trasladado a Langley, donde permaneció 3 años. En 1949 ambos aviones fueron desmantelados.

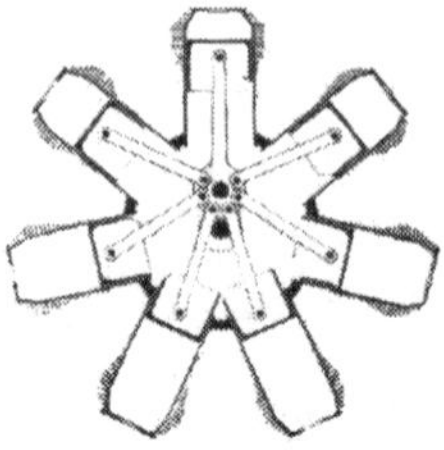

Volando con un motor del enemigo

El Hawker Hurricane es uno de los aviones célebres que más modificaciones o variantes han visto o "sufrido". Se construyó una variante con motor Daimler Benz, se vieron versiones como hidroavión o como biplaza, y se experimentó con audaces cambios que lo hacían difícil de reconocer.

El caso de la versión con motor Daimler Benz no es tan extraño como pueda pensarse. Por ejemplo, ahí estaba el Hispano Suiza *Buchón*. España compró a Alemania aviones del tipo Messerchmitt 109, pero llegaron las células, no los motores. Primero se pensó instalar en ellos unos Hispano Suiza españoles, unos V-12 modelo Z. Sin embargo, finalmente no se pudieron instalar y se optó por una solución rápida y relativamente económica. Se compraron unidades Rolls Royce Merlin a los británicos, del modelo civil, con peores actuaciones en altura debido a llevar un compresor de una etapa en lugar de dos. Así nació el Buchón, un Messerchmitt con motor de Spitfire. Y lo mismo ocurrió con los Pedro, un Heinkel 111 con los motores de su mortal enemigo.

Fue su longeva vida en el Ejército del Aire, y ser descendiente directo del 109, lo que hizo que fuera utilizado en la película *La Batalla de Inglaterra* como si fuera un Emil. Hoy día sobreviven algunos, volando en manos de particulares con esquemas de pintura alemanes.

Un *Buchón* español, con esquema de pintura alemana.
Duxford Spring Airshow, 2011.

Volvamos al caso del Hurricane. No es muy conocido el enfrentamiento entre la fuerza aérea yugoslava y la Luftwaffe. En la Segunda Guerra Mundial la Real Fuerza Aérea Yugoslava, en el año 1941, se enfrentó a las fuerzas aéreas italianas y alemanas, con 73 Bf-109E, 44 Hawker *Hurricane* I, 30 Hawker Fury II de fabricación alemana e inglesa, y con 8 Ikarus IK-2 y 12 Rogozarski IK-Z de fabricación local. Su fuerza de bombarderos estaba compuesta por Dornier Do-17K, Bristol Blenheim, Savoia

Marchetti Sm-79. Los bombarderos de Dornier montaban motores franceses, armamento belga y equipo de reconocimiento fotográfico checo y yugoslavo.

Compraron Hurricanes a Gran Bretaña. La idea era fabricarlos bajo licencia en las fábricas yugoslavas, aunque la derrota yugoslava a manos alemanas hizo que no se pudieran entregar todas las unidades. Tampoco dio tiempo a producir la versión mejorada del *Hurricane*. Originalmente pensaron en montar un motor Hispano Suiza francés de 1100HP en el IK-Z. La derrota francesa arruinó estos planes y llevó a la instalación de un motor Daimler Benz en un *Hurricane*.

Los ingenieros Ilic y Sivcev realizaron la conversión de la célula de Hurricane con motor Merlin al *Hurricane* con DB en la fábrica de Ikarus en Zemun, cerca de Belgrado. El resultado fue un aparato que era capaz de despegar en menos espacio que el *Emil* o el *Hurricane* original, trepaba mejor que cualquiera de los dos, y era sólo un poco más lento que el primero.

En el caso del Spitfire con el motor de su "mortal enemigo" sucedió lo contrario. No era el primer *Spit* que caía en manos alemanas, pero el *Spitfire* MkVb, número de serie EN830, había llegado a manos de los alemanes tras un aterrizaje forzoso en Noviembre del 1942 completamente intacto. El piloto era Bernard Scheidhayer, de la Fuerza Aérea de la Francia Libre.

Fue enviado a un centro de pruebas, repintado con los colores característicos de los aviones capturados por los alemanes, con su superficie inferior totalmente amarilla, así como el timón vertical y, posteriormente, también el carenado del motor. Se puso en vuelo, primero con su motor Rolls Royce. Se sustituyeron todos los equipos por instrumentos alemanes, se retiraron las armas y otros equipos fueron sustituidos por lastre del mismo peso. Cuando se desmontó el motor se vio que su sección transversal era muy parecida a la del motor del Me-110C. Se diseñó y fabricó una bancada nueva de motor y se le montó un Daimler Benz DB-605A estándar. Con cinco metros cuadrados más de superficie alar que el 109 y con un motor 150 HP más potente que el Merlin, resultó un aparato con mejores prestaciones que el Spit normal pero no mejor que el 109G.

Sandglass Patrol.

Un curioso remiendo: *Spitfire* con motor Daimler Benz.

Fue utilizado como banco de pruebas y se convirtió en el aparato preferido por los pilotos, tanto dentro como fuera de sus horas de trabajo, hasta que fue destruido en un bombardeo estadounidense en el año 1944.

En el caso del *Hurricane*, de nuevo, cabe mencionar que sus modificaciones fueron de lo más pintoresco. Durante la campaña noruega se ideó un modelo hidroavión. El proyecto fue abandonado en el verano de 1940. Los flotadores venían de un Blackburn Roc. La velocidad máxima del *Hurricane*, ya de por sí baja, se veía penalizada aún más por la resistencia de los flotadores, se estimaba en 336 km/h a 10.000 pies.

Durante la Batalla de Inglaterra los motores Rolls Royce Merlin no sobraban, precisamente, porque motorizaban todos los cazas británicos que se encontraban defendiendo la isla. Por ello, se propuso motorizar *Hurricanes* con el Napier Dagger, para obtener entrenadores avanzados sin utilizar el codiciado motor de Rolls Royce. El proyecto se abandonó en noviembre del año 40.

Una de las posibilidades investigadas para reemplazar el Merlin de los *Hurricanes* que operaban en segunda línea fue montar el motor Hércules. También se vio un *Hurricane* con motor Griffon. Este avión, con cuatro cañones Hispano HS404 de 20mm era una de los nuevos desarrollos del *Hurri* que no continuaron, debido a la entrada en servicio del *Typhoon.*

Se vieron incluso Hawker *Hurricane* con patines para la nieve. Los Hurri así modificados, con tren fijo y rueda de cola modificada para poder operar desde la nieve, fueron empleados en Canadá entre los años 1941 y 1943. Igualmente se diseñó un prototipo con una cúpula mejorada, al estilo de la Cúpula Malcom, la misma que sustituiría la cúpula original en los *Mustang.* Eliminaba los marcos laterales y aumentaba la visibilidad. El proyecto fue abandonado en el año 1942. También se entregaron dos *Hurricane* biplaza, originalmente ambas cabinas estaban descubiertas, aunque la trasera fue cubierta finalmente por una cúpula modificada de *Tempest.*

Pero, sin duda, la modificación más extraordinaria fue la del Hillson FH.40, un experimento para dotar al Hurri de mayor capacidad de trepada y de despegue en pistas no preparadas, así como de mayor alcance en vuelos de ferry, con un ala-deposito de combustible superior supletoria que podía ser eyectada en vuelo, dando la apariendia al Hurricane de avión “biplano”.

Sandglass Patrol.

Dos "airliners" desarrollados a partir del B-29

Tupolev es ampliamente conocido por sus bombarderos utilizados por la URSS durante la Guerra Fría, la contrapartida a los bombarderos de Boeing. Entonces, ¿cómo es posible que ambas compañías cuenten en su haber con un diseño de avión de aerolínea basado en el bombardero B-29?

U.S. Air Force.

El célebre B-29 *Superfortress*.
Arriba, cabina presurizada posterior del B-29.

Durante la Segunda Guerra Mundial, la URSS consiguió varios B-29 estadounidenses que aterrizaron en su territorio por error o por emergencia. En 1944 la URSS contaba con 3 B-29 en estado de vuelo. A partir de estos aparatos desarrollaron el Tupolev Tu-4, una copia sin licencia del B-29 fabricada para reemplazar al bombardero pesado P-8, producido en escaso número. Recordemos que por esa época la filosofía de combate de la URSS contemplaba los bombarderos como "artillería volante" y, por tanto, priorizaba el uso de bombarderos ligeros y medios, de soporte cercano, en lugar de los grandes bombarderos estratégicos.

A su vez, Boeing desarrolló a partir del B-29 el B-50: un B-29 con motores más potentes, cambio de materiales (uso del aluminio serie 7XXX en lugar de 2XXX) y más rápido. A partir del B-50 desarrolló un avión de transporte, el C-97. Básicamente eran las alas del B-50, su empenaje y su tren de aterrizaje, junto con la parte inferior del fuselaje del B-50, unidos a un fuselaje superior totalmente nuevo, con portalones traseros de carga y una rampa retráctil.

Así las cosas, con desarrollos paralelos, ambas compañías decidieron construir un "airliner". Tupolev reutilizó componentes del Tu-4 así como de varios B-29: secciones externas del ala, carenados de los motores… Rediseñó la sección central del ala, aumentando la envergadura, y pasó de una configuración de ala media a otra de ala baja. Remodeló el morro con un diseño escalonado, más convencional que el del B-29. El Tu-70 se convertía así en el primer avión soviético de aerolínea presurizado, con una capacidad de 72 pasajeros y una tripulación de 6 personas. No llegó a fabricarse en serie pues Aeroflot no había emitido ningún requerimiento para una aeronave de estas características y consideró que sus necesidades quedaban cubiertas con los Lisunov Li-2 (un DC-3 producido bajo licencia) y el Ilyushin Il-12 (el sustituto de este último). El prototipo del Tu-70 sirvió en Tupolev para realizar ensayos y para desarrollar el avión de transporte Tupolev 75, que tampoco llegaría a entrar en producción.

En el otro caso de "ingeniería invensa" partiendo de los B-29, el de Boeing, tomando como punto de inicio el C-97, se desarrolló el "airliner", también presurizado, Boeing modelo 377. Mantenía el fuselaje de doble burbuja del avión de carga y se modificó su morro para eliminar la "barbilla", que contenía un radar en la versión militar. Podía transportar hasta 100 pasajeros, y tenía un alcance superior al DC-6 o el Lockheed *Constellation*. Por desgracia, las aerolíneas prefirieron estos dos últimos modelos debido a los problemas que daban los motores del 377, así como por ser éste más caro de mantener. Sólo se produjeron 56 aviones, contando con el prototipo. Junto con el francés Breguet Deux-Ponts, el 377 fue el único avión de aerolínea con dos cubiertas, hasta la llegada del 747.

San Diego Air and Space Museum Archive.

Un Boeing 377 *Stratocruiser* en vuelo.

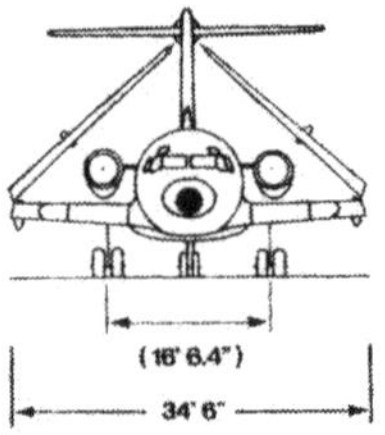

Aviones de línea fuera de onda

Aviones "clásicos" de línea, como el DC-3, han encontrado variantes de lo más inusual, desde hidroavones a cañoneros. El Boeing 747 no se queda atrás en cuanto a variedad: podemos encontrar una versión alargada, otra acortada, una con un láser incorporado para cazar misiles, con un telescopio a bordo...

Todas esas variantes han tenido más o menos predicamento y no son tan desconocidas. Lo que no es muy recordado es el proyecto del 747 trimotor, un proyecto realmente singular.

Durante los años 60 y comienzos de los 70, Boeing estudió un desarrollo trimotor y acortado del 747 para poder competir contra el Lockheed L-1011 *Tristar* y contra el DC-10, aunque el 747 *Trijet* hubiera tenido más carga útil (combustible y pasajeros) y más alcance. El motor central se hubiera montado en la cola, con un conducto de entrada en forma de S, como en el L-1011. El fuselaje hubiera sido más corto aún que el del 747SP que, por cierto, era demasiado caro como para poder competir con los trimotores de la competencia.

Los estudios demostraron que se necesitaría rediseñar por completo el ala del 747 si se quería llevar a cabo aquel proyecto. Tiempos demasiado largos de desarrollo y un excesivo coste, llevaron a la cancelación de la idea. Curiosamente, en la década de los 90 entró en servicio el 777, un bimotor que compite directamente en el mercado para el que se diseñaba el Trijet.

Sandglass Patrol.

El 747 *Trijet*.

La búsqueda del avión de línea más capaz no fue algo exclusivo de las grandes naves a reacción para pasajeros. Esa búsqueda venía de muy lejos y, si hay que elegir a un ejemplar que pudiera encontrarse cerca de haber logrado ser el rey indiscutible en su tiempo, en todos los ámbitos, creemos que el elegido sería siempre el DC-3.

A menudo se habla del Mosquito como el avión de la Segunda Guerra Mundial más versátil. No es algo equivocado, pero si de versiones se habla, en tan complicado período y sin haber sido superado desde entonces, creemos que el soberano siempre fue el DC-3, del que existió versión de transporte, con motores radiales, turbohélices, bimotor, trimotor, planeador, hidroavión y hasta una versión de ataque.

Allá donde fueras, siempre tenías a tu disposición un DC-3 adaptado a lo que hiciera falta. ¿Se podría haber continuado con esa tradición? Muy complicado hacer algo así con los jets de pasajeros, pero algún intento extraño sí que se ideó.

Por ejemplo, ¿por qué no aterrizar con un reactor de pasajeros sobre la cubierta de un portaaviones? Una "locura" como esa se estudió con todo detalle, no se trata de un simple sueño de un aerotrastornado.

Desde 1966 la U.S. Navy ha aprovisionado a sus portaaviones (COD - Carrier Onboard Delivery), con el Grumman C-2 *Greyhound*, un bimotor capaz de transportar 26 pasajeros o 10.000 libras (45.400 kg) de carga desde o hasta la cubierta de un portaaviones. A principios de los años 80 esos aviones iban a quedar anticuados, así que se pensó en reemplazarlos por una versión más pesada. Entonces se lanzó el programa MMVX. Aunque pudiera parecer una locura usar un avión más grande como COD, ya se había comprobado que era posible veinte años antes, en noviembre de 1963, cuando la USN intentó usar el Hércules como "Super COD". Para demostrar que un avión más grande podía apontar en los portaaviones nucleares de la USN, el Lt. Flatley realizó 21 apontajes con su KC-130 sin gancho sobre el *USS Forrestal*.

La USN recibió varias propuestas, como una modernización del C-2, un avión basado en el Lockheed S-3 y otras tres ideas fuera de lo común: un Fokker F-28 Mk.5000, un McDonell Douglas DC-9-10 y un Boeing 737-200.

La propuesta de Fokker para el MMVX era su F-28 modificado para dotarlo de capacidades STOL. Tenía un tren de aterrizaje rediseñado y reforzado para soportar los apontajes y lanzamientos en catapulta y un gancho de cola. Además, la pata del tren delantero elevaba el morro del avión en el momento del despegue para darle mayor ángulo de ataque en el lanzamiento con catapulta. Las alas eran plegables y con *pods* subalares para repostaje, además se pensaba remotorizar, usando los Rolls Royce Spey o una versión sin post-quemador del GE F404, el motor del F18, en lugar de los F100 originales del F-28. Además, tendría una sonda para repostaje en vuelo similar a la del A-4. Fokker llegó a hacer demostraciones, con un F-28 estándar en una cubierta de portaaviones simulada.

El DC-9, similar al F-28, tenía también alas plegables, *pods*, sonda para repostaje y gancho de cola. En este caso, el tren de morro se habría movido hacia atrás dos metros, a la vez que se habría alargado, permitiendo mayores ángulos de ataque durante el lanzamiento en catapulta, pero dificultando la carga y descarga del aparato.

En 1976 presentó un S-3 ligeramente modificado. Mantenía el mismo fuselaje, pero se le habían eliminado los asientos eyectables y añadido otros seis asientos, cinco para pasajeros y otro para el responsable de carga del aparato. Los compartimentos de bombas y aviónica fueron configurados para llevar carga y se diseñaron depósitos subalares suplementarios.

Finalmente la USN se quedó con el C-2 modernizado. Hoy en día la marina estadounidense se ve en la misma tesitura que en los 80, y se está pensando en sustituir al venerable *Greyhound* con el V-22 Osprey. Lockheed ha vuelto a proponer una moficicación de su S-3, ya retirado, y del que hay muchas unidades preservadas en el desierto, para poder convertirlas de forma económica, utilizando sus alas y empenaje unidos a un nuevo fuselaje, lo que le daría una capacidad similar al C-2.

Proyecto DC-9 COD.

Boeing.

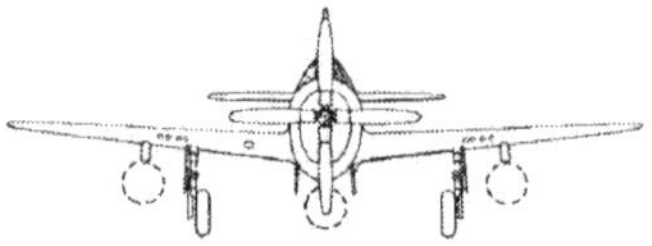

XP-47H, el *Thunderbolt* con motor V16

El *Thunderbolt* es, posiblemente, uno de los cazas monomotores de pistón más pesados que se hayan producido nunca. Durante toda la Segunda Guerra Mundial fue constantemente mejorado para aumentar la velocidad, el alcance, la maniobrabilidad y la visibilidad. He aquí uno de los rediseños más radicales que se propusieron.

En 1943 dos células de P-47D-15-RE (s/n 42-23297 y 42-23298) fueron seleccionadas para instalar en ellas un nuevo motor experimental, el Chrysler XIV-2220-1b. El motor, de 16 cilindros en V invertida y refrigerado por líquido, desarrollaba 2.300 HP. El enorme motor cambió radicalmente la imagen del Thunderbolt, alargándolo y haciéndolo más aerodinámico. Con esta potencia y nueva aerodinámica, se esperaba que el avión alcanzase las 490 mph (784 km/h).

Aunque el proyecto había comenzado en agosto de 1943, no fue hasta 1945 cuando se terminó la instalación de los nuevos motores en las células de los P-47D. Los ensayos de vuelo comenzaron en julio de 1945. Hay dos testimonios contradictorios, uno de ellos dice que el XP-47H logró realmente alcanzar esa velocidad. El otro dice que el motor no daba la potencia esperada y la velocidad quedó en 414 mph a 30.000 pies, por debajo de la velocidad del P-47D de serie.

Para cuando voló el XP-47H, la guerra en Europa ya había terminado y quedaba apenas un mes de guerra en el Pacífico. La llegada de los motores a reacción supuso la cancelación definitiva del programa.

U.S. Air Force.

Dos vistas del XP-47H.

Los "clones" soviéticos del P-39

Es hora de cerrar este repaso a las variantes o modificaciones extrañas de aviones conocidos, aunque debe quedar claro que esta fauna tan especial es muy abundante y da como para completar una enciclopedia.

Que los soviéticos fueron los que más partido sacaron al P-39, a pesar de su mal comportamiento en altura, precisamente porque en el frente oriental todos los combates eran a baja cota, es algo muy conocido por los amantes de la aviación y de la Segunda Guerra Mundial. Pero que hubiera otras "copias" del P-39 es algo no tan conocido. Se desarrollaron dos "clones soviéticos del Airacobra", el Gudkov Gu-1 y del Belyayev OI-2.

El Gu-1 era un caza monoplaza diseñado por Mikhail Gudkov. Llevaba un motor refrigerado por líquido montado tras el piloto, con una hélice tractora y un eje largo que pasaba bajo el piloto, como en el P-39. El diseño comenzó en 1940. El caza incorporaba conceptos obsoletos, como un fuselaje de tubo de acero soldado y madera, como si de un Fokker D.VII se tratara, y alas de duraluminio, así como revestimiento en el fuselaje central también de aluminio. El motor empleado era un Mikulin AM-41 de 12 cilindros. El equipo de Mikulin tuvo problemas con la prolongación del eje y la caja reductora hasta 1942. El armamento consistía en un cañón de 37mm disparando a través del buje de la hélice, como en el P-39. El primer vuelo se llevó a cabo el 12 de julio de 1943. El vuelo terminó en accidente y con la muerte del piloto de pruebas. También se propuso una versión interceptora, armada con un cañón de 45 mm. Con suficientes P-39 provenientes de USA, continuar el desarrollo del caza no tenía sentido.

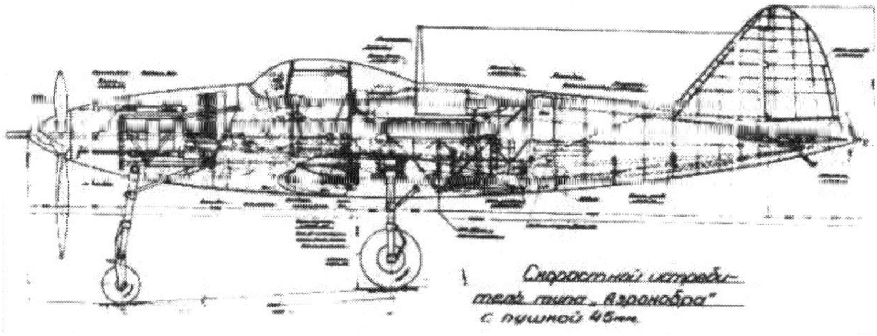

Sandglass Patrol.

Gudkov Gu-1.

Por otro lado, el OI-2 diseñado por Viktor N. Belyayev, se basaba en el mismo concepto que el F-82 TwinMustang o el Messerschmitt 109Z: dos fuselajes gemelos unidos por una sección alar central, que permitía mayor alcance y mayor carga que el modelo con un solo fuselaje. El diseño se comenzó a inicios de 1941, antes de que la URSS comenzara a recibir los Airacobra estadounidenses. El fuselaje era prácticamente idéntico al de este avión, incluida la puerta de acceso a la cabina tipo coche.

Al contrario que el *TwinMustang*, y al igual que en el 109Z, el avión llevaría un solo piloto en uno de los fuselajes, en concreto en el derecho. En ambos fuselajes montaría en posición retrasada sendos motores Klimov M-120UV de 18 cilindros refrigerados por agua, moviendo hélices tractoras.

El cazabombardero podría armarse con dos cañones de 23 mm. con 18 proyectiles para cada uno, disparando a través de los bujes de la hélice, cuatro ametralladoras sincronizadas de 12,7 mm en el morro del fuselaje izquierdo y cuatro ametralladoras ShKAS de 7,62 mm en la sección central del ala, con 500 disparos para cada una. Además, podría llevar o 4 bombas FAB-100 de 100 kg, 8 bombas de 50 kg, 16 bombas de 25 kg, o 52 bombas de 10 kg bajo la sección alar central, más soportes subalares en las secciones externas para una bomba FAB-500 de 500 kg o dos bombas FAB-250 de 250 kg.

Parece ser que el proyecto fue revisado por el VVS recibiendo el 22 de abril de 1941 la aprobación. Además el VVS juzgaba positivo la posibilidad de construir cazas mono y bimotores con una base común. Se constató la excelente visibilidad hacia delante y a la derecha, pero se señaló como deficiente la visibilidad hacia la izquierda.

Otra deficiencia fue la disposición de las ametralladoras. En las conclusiones de la comisión, se propuso a Belyayev profundizar en la concepción de la aeronave y presentar un proyecto más acabado, el traslado del piloto al fuselaje izquierdo con el fin de mejorar la visibilidad desde la cabina durante las operaciones de toma de tierra e incrementar el alcance a 2.000 km para usarlo como escolta de bombarderos, sin embargo poco después la URSS entró de pleno en la Segunda Guerra Mundial contra Alemania y el proyecto del caza fue cancelado.

COCHES VOLADORES Y AVIONES SUMERGIBLES

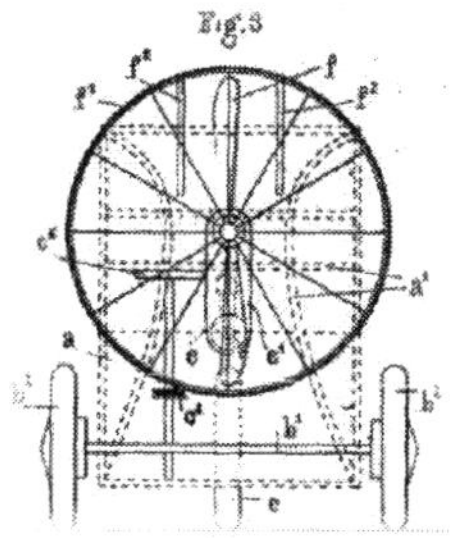

Los coches-avión de Marcel Leyat

A lo largo de los años se ha intentado que todo tipo de cosas vuelen, por raras que sean. Lo más socorrido es imaginar ese futuro en el que los automóviles vuelan por doquier. Veamos un ejemplo inicial de aparato extraño que en una primera impresión parece un coche volador, sólo que no estaba pensado para surcar los cielos, sino como simple coche propulsado por hélices.

Al finalizar la Gran Guerra, una parte considerable de Europa se encontraba en ruinas y, para más desgracia, quienes soñaban con reanimar la industria se veían frenados por una grave escasez de materias primas. Curiosamente, en grandes depósitos de material se iban almacenando cientos de aeroplanos que ya no eran necesarios para el esfuerzo bélico, verdaderos cementerios de chatarra, triste recuerdo de una guerra de pesadilla.

Pero, donde la mayoría veía un futuro bastante negro, otros entendieron que se hallaban ante toda una oportunidad. Uno de esos visionarios fue el industrial francés Marcel Leyat. Nacido en 1885, pudo contemplar cómo el mundo cambiaba a su alrededor. Siendo un chaval mostró gran interés en esos nuevos ingenios que de vez en cuando circulaban por las calles. Sí, los novísimos automóviles se convirtieron en su pasión pero, a la vez, los también novedosos aviones eran algo a lo que no se podía resistir. Estudió ingeniería y empezó a trabajar en una fábrica de hidroaviones, pero sus sueños de juventud no abandonaban su cabeza. Una pregunta que se hacía a diario se convirtió en su obsesión: ¿por qué no unir lo mejor de los aviones y de los automóviles en un solo aparato?

Roadable Times.

Modelo "Hélica" 1921 de Marcel Leyat.

Con una licencia de piloto en su poder, comenzó a probar todo tipo de aeroplanos y llegó a construir varios (algunos de ellos dotados incluso con sistemas para variar el ángulo de ataque de las alas con el avion en horizontal en el suelo). En 1913 creó un primer prototipo de avión sin alas equipado con una gran hélice frontal protegida por una estructura metálica. La Primera Guerra Mundial hizo que sus sueños tuvieran que esperar un tiempo y, precisamente con los excedentes de materiales militares al final del conflicto y ante la escasez de materias primas, encontró Leyat el ambiente ideal para dar forma a sus coches-avión, capaces de tomar piezas de aeroplanos almacenados con un coste relativamente bajo. La aventura de Leyat le llevó a construir sus extraños coches desde 1919 hasta 1925, momento en el que decidió pasar a desarrollar aviones con formas de ala muy singulares. El diseño básico de todos sus modelos de coche-avión era el mismo: un "fuselaje" de madera en el que se acomodaban los ocupantes, por lo general en tándem, y un motor frontal con gran hélice propulsora, además de ruedas traseras directrices.

Aunque la prensa de la época lo presentó poco menos que como el "coche del futuro", apenas logró vender treinta unidades de sus diversos modelos. No creo que resulte extraño porque, veamos, se trataba de un verdadero misil ligero (la madera hacía que el conjunto fuera realmente liviano), muy ruidoso y tan veloz que, en 1927, uno de los prototipos logró alcanzar los 171 kilómetros por hora, velocidad considerable para la época. Eso por no mencionar que llevar la hélice al frente, además de peligroso, no debía ser nada cómodo para los ocupantes. Leyat falleció en 1986 sin ver cómo sus coches-avión conquistaban el futuro, pero en el fondo él sabía que eso no iba a ocurrir. Quedó para la historia su visión de una serie de máquinas realmente asombrosas, mientras Leyat se retiraba del mundo de la invención para disfrutar sus últimos años, tal y como había hecho en su niñez, leyendo todo lo que caía en sus manos sobre una nueva conquista: el espacio.

En enero de 1913 apareció en portada de *Le Petit Journal* la ilustración de una máquina similar a las de Leyat realmente extraña a cuyo pie se muestra el siguiente texto: *Trineo sahariano que ha conducido al general Bailloud desde Biskra hasta Touggourt*[*].

No tenemos ni idea de dónde sacaban lo de "trineo", porque no se trataba de un vehículo con cuchillas ni esquíes. Buscando un poco aparecieron algunas breves referencias a la máquina que, al parecer, sólo se utilizó en el viaje citado. Todas las menciones coinciden en los detalles básicos de la aventura. Al parecer, el que con el tiempo se convertiría en célebre ingeniero y constructor de aviones Emile Dewoitine, siendo apenas un chaval, tuvo una idea muy novedosa para construir un transporte ideal para el duro medio del Sáhara. Se encontraba destinado como militar en Biskra, Argelia, por entonces dominio francés, y pensó en unir lo mejor de los automóviles y de los aviones. Así, tomó la carlinga de un biplano, su motor, una hélice y seis ruedas. Unió todo al bastidor metálico de un tren de aterrizaje y dotó de dirección a uno de los conjuntos de ruedas. ¡Ya tenemos un "trineo" de arena! Al no depender de las ruedas para la tracción, sino del impulso de la hélice, se pensó que el *Sauterelle*, o langosta, tal y como fue llamado el invento, podría surcar los terrenos saharianos a gran velocidad. El general Bailloud, comandante de la tropas francesas en aquellas tierras africanas, siendo un gran fanático de la aviación, vio con buenos ojos la idea del soldado. Apoyó la construcción del *Sauterelle* y se atrevío a probarlo personalmente como pasajero en un viaje de más de doscientos kilómetros entre Biskra y Touggourt.

[*] En el original francés: *Traîneau saharien qui vient de conduire le général Bailloud de Biskra à Touggourt.*

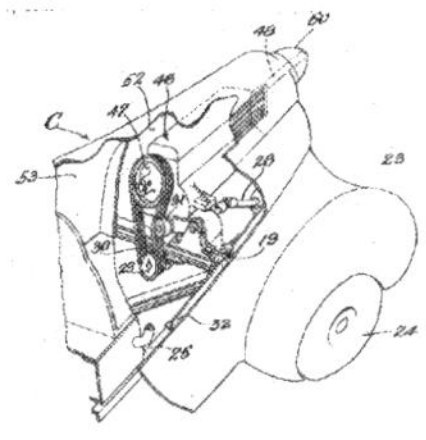

Coches volantes y aviones rodantes

Los Ángeles, noviembre 2019. Cualquier aficionado a la ciencia ficción reconocerá esta referencia geográfica y cronológica. Se trata del marco en que se desarrollaba la acción del clásico *Blade Runner*, con una gigantesca ciudad sobre la que circulaba una multitud de automóviles volantes de aspecto retrofuturista (Airbus presentó recientemente un concepto similar, concibiendo los coches voladores como transporte colectivo). Hoy ya es casi un tópico repetir aquello de: ¿Dónde está mi coche volador? No será por no haberlo intentado, y puede que llegue el día en que las ensoñaciones cinematográficas se hagan realidad. De momento, he aquí algunos vehículos sorprendentes que entrarían de lleno en la categoría de "coche volante".

Si el deseo de volar acompaña a los humanos desde tiempo inmemorial, lo mismo puede decirse de los intentos de volar con un automóvil, que se remontan prácticamente hasta el origen de los coche como tales.

Sandglass Patrol.

Proyecto ruso del Grohovski G-26, del año 1935.

Desde el momento en que alguien decidió poner ruedas a algo, ya fuera un carro movido por tracción animal o un vehículo impulsado a motor, se ha intentado volar añadiendo alas a esos artilugios.

Allá por el año 1935 apareció en Rusia cierto proyecto para construir un coche volante. Se trataba del Grohovskiy G-26, un coche volador del que apenas quedan datos y que, muy probablemente, no abandonó la mesa de diseño.

Un intento más exitoso, aunque menos espectacular, fue promovido por Henry Ford, con su idea de un aeroplano económico para una sola plaza al que llamó *Sky Flivver* (mas que un coche que vuela vendría a ser similar a un ultraligero moderno. No era muy distinto, en concepto, al *Comper Swift*). Varios vuelos de prueba problemáticos y un grave accidente, terminaron con aquel proyecto. Realmente no se trataba de un "coche" volador, sino más bien de un intento de crear un avión utilitario, si es que tal cosa fuera posible. Dado el éxito de Ford a la hora de construir automóviles en masa y a precios asequibles, popularizando el uso de los coches, debió pensar el magnate que se podía llegar a hacer lo mismo con los aviones. A pesar de aquel fracaso, Ford no abandonó nunca la idea de crear coches-avión, llegando a ofrecer declaraciones hacia el final de su vida en las que aventuraba un brillante futuro de coches volantes, con sencillo mantenimiento y a bajo precio, muy fáciles de pilotar y que podrían comprarse en un concesionario, como se hace con los automóviles convencionales.

Automóviles convertibles en autogiro, tal y como fueron imaginados en la revista *Modern Mechanics*, edición de enero de 1933. Un autogiro necesita un motor que lo empuje en el aire y, con las palas en un ángulo adecuado, éstas entran en autorrotación. Pero, según este coche-autogiro, se prescinde de todo motor, girando solas las palas por el efecto de las aletas existentes en las puntas. Un ingenio así difícilmente hubiera podido volar de manera adecuada. »

The FLYING Automobile is Here

Artist's drawing shows the "flying auto" doing duty as both plane and auto. When it is to negotiate the highways the gyro blades are disengaged and power applied to wheels.

THE "flying auto," a combination airplane and automobile which negotiates roads and air lanes with equal facility, has at last appeared in the aeronautical world.

Designed by two German engineers, the craft is a development of the autogyro. A great advantage, however, is that no propeller for the drive in the direction of flight is necessary. The little vertical fins on the gyro blades give the necessary force to drive the car forward in the air.

When the craft is to be made ready for a trip along the highways the gyro blades are folded back as illustrated in the artist's drawing above. On the road the motor, which is located in the front as an accompanying photo shows, drives the wheels like a regular auto, the steering, however, being done by the rear wheel.

Streamlining principles are applied as in a plane, which makes for maximum speed.

The "flying auto" was exhibited at the Berlin airplane show. Some difficulty has been encountered in mounting the engine, so that it is not likely that the plane will soon come into popular use.

Photo above shows the new "flying auto" as it was displayed at the Berlin Airplane Exhibition recently. Motor is mounted in the front as in an auto, the power being transmitted from there to either the gyro blades or the front wheels. Note the headlights in the pants over the wheels.

Forward propulsion of the plane is obtained through action of the little verticle fins on the gyro blades, eliminating customary prop.

San Diego Air and Space Museum Archives.

Prototipo de Ford Flivver, hacia 1927.

La casa Ford lo volvió a intentar a mediados de los cincuenta con su *Volante Tri-Athodyne*, que no pasó de ser una maqueta. Aquel ingenio capaz, en teoría, de despegar y aterrizar verticalmente, era un pariente cercano del automóvil propulsado por un reactor nuclear ideado también por Ford: el modelo *Nucleon*. El Ford *Volante* contaría con tres propulsores a hélice, cada uno con su propio motor, todo embutido en un diseño que recuerda lejanamente a los coches volantes vistos en la serie animada *The Jetsons (Los Supersónicos)*.

Pero no hay que complicar tanto las cosas para tener un coche volante realmente funcional. ¿Para qué incluir un reactor nuclear y materiales propios de una nave espacial si se puede hacer algo parecido con lo que se encuentre en un taller común? Esa idea es

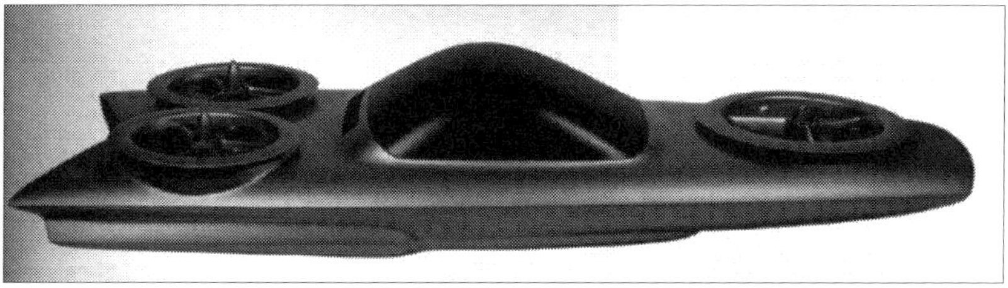

Maqueta del Ford *Volante Tri-Athodyne*, de 1956, tal y como aparecía en *Yesterday's Tomorrows. Past Visions of the American Future.* Joseph J. Corn and Brian Horrigan. 1996.

la que animó en la creación del I-TEC *Maverick*, un coche que puede volar y que, además, cuanta con certificado de aeronavegabilidad. Estamos ante un paramotor en el que se ha sustituido el carrito típico por un *buggy* de playa y que, por supuesto, es muy divertido. Estamos de acuerdo, no es tan sofisticado como el Ford Volante, ¡pero el Maverick vuela en el mundo real!

Un I-TEC *Maverick* fotografiado en 2012.

El *Maverick* no es único en su especie. Hoy día se puede rodar por la carretera y, cuando así se desee, alzar el vuelo, con propuestas similares. La compañía francesa Vaylon presentó bajo esas premisas su coche volador, el Pégase, que pretende ser el primer coche volador europeo en ser comercializado. La aproximación, como se ha comentado, no es novedosa. De hecho, tal vez sea ésta la menos arriesgada y sencilla de todas las formas de volar con un coche: unir un *buggy* todo-terreno a un parapente. Así, este paramotor consta de una barquilla, el *buggy* biplaza, y un parafoil de 38 metros cuadrados, dando forma a un coche volante muy similar al *Maverick*.

El *buggy* está construido con tubos de acero soldados. El motor es el ubicuo Rotax 912 de 100 CV, que le da una velocidad de 100 km/h en tierra y de 60 a 80 km/h en el aire. No se piense que, por su aspecto, este tipo de vehículos están enfocados sólo al mercado de las aventuras de riesgo. Dadas sus capacidades, su mercado principal puede llegar a ser el de las fuerzas de seguridad, bien como vehículo de fuerzas especiales, o como unidad para despliegue rápido MEDEVAC (Evacuacion Medica).

Los dos ejemplos anteriores son sólo una pequeña muestra del buen estado de salud de la idea *coche más avión*. ¿No los vemos volar todos los días? Es cosa de dar tiempo para que madure el concepto porque, aunque no levante mucho revuelo, la idea está muy de moda entre los constructores.

Así, hoy día se puede encontrar el vehículo ruso Sigma-5, un aparato de 600 kg de peso. En vuelo tiene una velocidad máxima de casi 300 km/h.

También intenta abrir un hueco en este novísimo mercado el PAL-V, que en tierra es un triciclo biplaza en tándem con motor de gasolina de 214 HP, y está diseñado para tener la agilidad de una motocicleta que hace de 0 a 100 km/h en 8 segundos, con una velocidad máxima de 180 km/h. No está nada mal, pero lo asombroso es que, puedes ir circulando por un camino, detenerte y, como si de un *cabrio* se tratara, reconvertir en menos de diez minutos el coche en un vehículo volante.

Como autogiro que es, necesita 165 metros de pista para irse al aire, y apenas 30 metros para aterrizar. Está diseñado para operar como avión ligero en el espacio aéreo VFR no controlado, por lo que en muchos países podría volar sin necesidad de rellenar planes de vuelo. Debido a su peso, en España no podría volar como ULM.

El PAL-V ONE a toda velocidad en una carretera, imagen tomada en 2012.

Algo más ambicioso, sobre todo en lo que a tamaño se refiere, lo podemos encontrar en el caso del coche-avión de origen alemán que atiende al nombre de *Carplane*, presentado en Aero Friedrichshafen 2015, feria celebrada entre el 15 y el 18 de abril de ese año en Alemania.

En este caso el diseño, como avión, es de doble fuselaje con un tren de aterrizaje principal de cuatro ruedas, con alas desmontables del tipo que usan los veleros, sólo que se pliegan y despliegan de manera automática entre los dos fuselajes. Si bien los aviones de doble fuselaje no son extraños, el diseño como coche sí es menos ortodoxo, al quedar los dos ocupantes separados, uno en cada fuselaje, dando la sensación de ser dos motos carenadas unidas. Sin embargo, al almacenarse el ala entre el espacio entre los dos fuselajes y al poder retraerse la doble cola, queda un vehículo muy apto para la carretera.

El uso de doble fuselaje ha permitido a los diseñadores incorporar ruedas de un tamaño "normal" para un coche. Otros diseños utilizan ruedas más pequeñas, fuera del fuselaje, y carenadas. El *Carplane* está movilizado por un motor de más de 150 CV, y cuenta con una caja de cambios de 7 velocidades: cuatro para carretera, incluyendo marcha atrás y una marcha como avión "puro", en la que se suministra potencia sólo a la hélice, así como una séptima que permite despegues más cortos, suministrando potencia a la vez a la hélice y las ruedas tractoras.

Este coche-avión se ha planteado directamente dentro de la categoría VLA, común tanto para la FAA como EASA, con lo que el volar este coche requerirá estar en posesión de la licencia PPL. Comentaban los diseñadores que certificarlo como ultraligero les hubiera supuesto restricciones muy severas en cuanto a peso y no les hubiera permitido incorporar todos los elementos de seguridad pensados originalmente. El caso del *Carplane* no es único, ni mucho menos, porque existen en la actualidad diversas compañías que están lanzando sus propios modelos de coches-avión, otra cosa es que el concepto llegue a popularizarse.

Ahí está luchando, por ejemplo, el *Aeromobil* (sí, hay que reconocerlo, esas denominaciones no dejan demasiado a la imaginación). Se dice en aviación que "si tiene buena pinta, volará bien". Stefan Klein, diseñador de Eslovaquia, anunció hace pocos años su primer vuelo de el *Aeromobil* Version 2.5, un prototipo de coche volador que ha estado desarrollando las últimas dos décadas. Este vehículo es un hermoso diseño rompedor, con alas plegables y una hélice en la cola. Se trata de un avión propulsado por una hélice que también funciona como un automóvil, más que un coche que pueda convertirse en avión. El diseño aeronáutico está muy cuidado, contando con una cabina aerodinámica, muy poco peso y estilizados timones de cola. La planta motriz está proporcionada por un motor refrigerado por agua Rotax 912 de 100 HP montado detrás de los asientos, con ejes hacia la hélice atrás y hacia las ruedas delanteras para conducir.

Cuando el *Aeromobil* es un coche, las alas van plegadas hacia atrás, a lo largo del fuselaje, y el motor mueve las ruedas delanteras, mientras unas pequeñas ruedas soportan la cola. El vehículo tiene estructura ligera, pesa tan sólo 450 kg sin fuel ni pasajeros. Hay espacio para dos personas en la ajustada cabina, con dos volantes montados uno dentro del otro ante el conductor. El más grande de esos volantes se utiliza para conducir en tierra y el pequeño para volar.

Más recientemente este mismo diseñador presentó su versión 3.0 del *Aeromobil*, un biplaza construido con una estructura de tubo de acero soldado y revestimiento de fibra de carbono. El motor utilizado es también el fiable, y casi ubicuo en el mundo de los ultraligeros, Rotax 912, lo que permite utilizar gasolina de automoción. Las alas pueden variar su ángulo de calado para facilitar los despegues cortos. Ahora bien, como aeronave que es, no puede despegar desde una carretera cualquiera, sino que debe ir a un aeródromo, así que hay que olvidar el sueño de esquivar el atasco al desplegar las alas y pasar por encima del resto de los coches. En modo coche, el motor Rotax mueve las ruedas delanteras y se conduce con un volante. En modo avión, el mismo motor alimenta el eje de la hélice trasera, y el avión se pilota con pequeños "cuernos", similares a *joysticks* de ordenador.

DARPA

Concepto del vehículo AVX, híbrido de todoterreno y helicóptero militar. Proyecto Transformer TX.

Dando un giro más extremo al concepto, aparece el Transformer TX, que no es un avión, sino un proyecto para crear algo realmente nuevo. En un esfuerzo conjunto entre los militares de los Estados Unidos y la DARPA, Agencia de Proyectos de Investigación Avanzados de Defensa, nació el asombroso Transformer.

La petición para este desarrollo militar es de lo más increíble: se pedía a los fabricantes un coche volador multipropósito con hélices entubadas, pensado para transporte de tropas, artillado, capaz de actuar en operaciones especiales y escenarios bélicos de diverso tipo.

El primer ofertante para este programa de la DARPA, *Transformer TX Flying Humvee*, fue el Tyrannos AT-TV, un coche-avión con cuatro asientos, capacidades VTOL, con un motor de carreras sobrealimentado que movería un generador eléctrico y que también alimentaría un conjunto de baterías. Con la electricidad generada se moverían motores eléctricos dispuestos en cada una de las cuatro ruedas y en las hélices entubadas de paso variable. En carretera, las alas se podrían plegar hacia atrás, a lo largo de los botalones de cola. La hélice "de morro" sería fija, con un ángulo de calado respecto a la horizontal de 12º. Las otras tres serían basculantes.

Una propuesta interesante, sin duda, a la que se unió un serio competidor a la búsqueda de un vehículo capaz de moverse por tierra y por aire para realizar misiones de enlace y MEDEVAC.

Este competidor fue el AVX, vehículo terrestre todoterreno y, a la vez, helicóptero híbrido. El AVX sería todo un monstruo capaz de transportar una carga de pago de 471kg con un alcance de 463 km. En vuelo tendría una velocidad de crucero de 225 km/h y en tierra de 129 km/h. Podría pasar de modo tierra a modo aire en apenas sesenta segundos. En modo tierra las palas de sus rotores contrarrotatorios se plegarían. Las hélices entubadas serían basculantes, lo que permitiría obtener sustentación adicional o empuje adicional y podrían ser usadas en modo tierra y en modo aire.

A la competición también se presentó una propuesta conjunta de varios fabricantes con gran experiencia (unidos bajo la denominación AAI), como Bell o Terrafugia, entre otros. Sus competidores se basaban en *lift fans* y rotores basculantes en un caso, y en una mezcla entre un *jeep* y un X-2, en el otro. La nueva propuesta era una mezcla entre el Terrafugia Transition y el

Carter Copter. El Transition es un *road-able aircraft*, es decir, un avión que puede circular por carretera. El Carter Copter era un demostrador tecnológico, una evolución del autogiro. Así pues, este nuevo competidor tendría la célula de un coche, un rotor que permitiría vuelo lento y despegue vertical, así como alas que albergarían depósitos de combustible autosellantes, para una mayor autonomía. La hélice entubada, situada justo delante de las superficies de cola, le permitiría tener mando aerodinámico a cualquier velocidad. Tendría un motor turboeje alimentado con combustible JP-8 y motores eléctricos en las ruedas que proporcionarían tracción durante el segmento terrestre.

Todo ello impresionante y, en apariencia, surgido de los delirios más extremos de un narrador de ciencia ficción, pero nada más lejos de la realidad: estas propuestas fueron reales y se consideraban viables. Ahora bien, la competición Transformer TX sólo podía ser ganada por un aparato, siendo éste el presentado por la AAI. ¿Veremos en los próximos años estos transportes terrestres volando en escenarios de combate? Todo parece indicar que no será algo tan extraño como pudiéramos pensar.

Uno de los miembros de la AAI, el ya mencionado Terrafugia, se ha hecho un nombre propio dentro del concepto de coche-avión, pues se trata de un fabricante que lleva muchos años detrás de su idea de conseguir un modelo comercial viable que pueda hacer realidad el viejo sueño de Ford de ver aviones "utilitarios" que, a la vez, se comporten como automóviles.

Es más, podría decirse que, en realidad, ya han conseguido algo similar. Su modelo *Transition* es toda una leyenda de los coches-avión o, mejor para este caso: avión-coche. El Terrafugia *Transition*, biplaza y capaz de funcionar con gasolina sin plomo de automoción, es lo más cercano a un modelo comercializable de este tipo que se haya visto hasta ahora. La compañía Terrafugia completó con éxito en Plattsburh, el 23 de marzo de 2012, su primer vuelo del prototipo de producción en serie de este coche que vuela, o avión apto para circular por la carretera. El vuelo duró ocho minutos y el *Transition* alcanzó una altura sobre el terreno de 1.400 pies. Fue el comienzo de una aventura que continúa hoy día, con diseños como el TF-X.

Modelo *Transition* de Terrafugia durante su presentación en 2012.

Como con el Terrafugia *Transition*, el nuevo diseño de la compañía tiene un ala que se pliega a los laterales del fuselaje, lo que le permitiría circular con normalidad por las calles, con motores totalmente eléctricos. Para despegar, las alas se desplegarían y los rotores bascularían hasta su posición vertical. En cada barquilla habría 16 motores eléctricos, que le darían un total de 600 HP. El hecho de tener tantos motores eléctricos permite que la planta motriz sea redundante y que el vehículo pueda aterrizar en caso de fallo. Una vez hubiese despegado, los rotores acelerarían el TF-X hasta una velocidad que pudiera hacer la transición a vuelo en modo avión: plegar los rotores y continuar el vuelo con una hélice entubada propulsora trasera movida por un motor de combustión interna de 300 HP. Este motor podría usarse para cargar las baterías, aunque también pueden cargarse en el garaje, conectando el coche a la red eléctrica.

El Terrafugia *Transition* no puede despegar desde una carretera o autopista, debe hacerlo desde un aeródromo. El TF-X, aunque pensado para el despegue vertical, necesita espacio libre a su alrededor en una diámetro de 30,5 metros, para evitar problemas con sus rotores, lo que hace que necesite una superficie similar a cualquier helicóptero para despegar. Sin embargo, se espera que se tarde mucho menos en aprender a pilotar que un helicóptero, pues el vehículo incorporaría un sistema de control similar al de los UAVs, en automático entre el punto de despegue y el de aterrizaje, siguiendo los puntos de ruta *(way points)* introducidos. Así, el piloto podría tener la suelta en el TF-X en cinco horas. Lo más complejo del vuelo (despegue y aterrizaje en vertical) podría hacerlo el vehículo de forma autónoma. Obviamente, el vehículo también puede volar en forma manual. Como sistema de seguridad extra el TF-X montaría un paracaídas balístico, similar al que llevan muchos ultraligeros de hoy en día. En vuelo automático, el TF-X debería ser capaz de esquivar los atascos y la mala climatología. Todo un sueño hecho realidad para un futuro cercano.

Los proyectos de *Terrafugia* son los más exitosos dentro de una amplia fauna de coches-avión que a lo largo de las décadas se han llevado, con mayor o menor fortuna, al mundo real.

Ahí quedan las aventuras futuristas del *Sky Commuter* y muchos otros que soñaron con un siglo XXI repleto de coches volantes. Veamos a continuación algunos de esos proyectos históricos de manera breve, para constatar que el concepto de coche-avión no es tan raro.

¿Cómo no recordar el Moller *Skycar*? Ideado por el constructor Paul Moller, ha venido siendo sinónimo de coche volante desde hace mucho tiempo. Dotado de ocho turbinas, está pensado para transportar a cuatro pasajeros y tiene capacidad para despegue y aterrizaje verticales. Todo eso, al menos, en teoría, porque es un vehículo que no ha visto la producción comercial.

La idea del *Skycar* sigue la estela de todos esos diseños que piensan en un verdadero "coche" capaz de volar, en el sentido de abrir el mercado al común de los mortales, sin pensar sólo en pilotos, al modo del israelí *X-Hawk*, el francés *Xplorair* o el Samson Switchblade estadounidense, entre muchos otros.

Los coches volantes han sido considerados en muchas ocasiones como los ejemplos típicos de los delirios de inventores locos. Posiblemente haya sido así en muchas ocasiones, pero no cabe duda de que han existido mumerosos ejemplos de prototipos que se empeñaron en intentar demostrar que aquella "cosa" tenía futuro.

Así, por ejemplo, en Italia se lanzó el Colli PL 2C *Aerauto* como avión con capacidad de circular por carreteras a principios de los años cincuenta. Monoplano biplaza, no iba por el camino de los diseños futuristas, sino que planteaba algo sencillo y práctico. Un avión que se pudiera transformar con rapidez en un vehículo de carretera. El proyecto, impulsado por el ingeniero Luigi Pellarini, fue abandonado sin llegar a ser desarrollado por completo.

WCM-IT. PD.

Prototipo del Colli PL 2C *Aerauto* italiano,
de principios de los años cincuenta.

Estamos ante algo diferente a los intentos futuristas de Moller o de Terrafugia. ¿Por qué no hacer volar un coche como tal? O bien, ¿por qué no hacer rodar un avión normal? Es algo que no tiene tanto "encanto" como el tener un avión volante construido como tal desde el primer momento, pero a falta de otra cosa, podría ser considerado como un intento válido y, sobre todo, más económico y factible.

Algo cortos de dinero y, sobre todo, cargados de una dosis brutal de realidad, han proliferado intentos prácticos muy atractivos como el Plane Driven PD-1, que viene a ser un avión convencional, en concreto un Glasair *Sportsman* 2+2, modificado para que pueda rodar por una carretera.

Vista de un Driven PD-2, con su accesorio
de tracción para carreteras acoplado.

Si se tiene una avioneta a la que se le puedan plegar las alas, el uso de un accesorio como el de la imagen superior, puede añadir un componente práctico para rodar por carreteras que puede verse como un "extra". Ahora, ¿y si pensamos al revés? En la película de James Bond de 1974, *The Man with the Golden Gun (El hombre de la pistola de oro)*, se planteó utilizar en una escena un artilugio que vendría a ser un automóvil convencional dotado de alas y hélice. Finalmente, se optó por realizar la escena con una maqueta porque, por desgracia, el promotor del coche-avión original, Henry Smolinski, había fallecido en una prueba de su prototipo. Fue el triste final del AVE Mizar, el coche volador que el ingeniero Smolinski estuvo mejorando dede 1971.

El Advanced Vehicle Engineers (AVE) Mizar
en vuelo de prueba en 1973.

Muy parecido fue el razonamiento de Glenn Curtiss, con su Autoplane, pensado allá por 1917. Fue uno de los primeros intentos de adaptar un automóvil como avión, pero no llegó a volar de forma práctica.

Flight magazine, 1917.

Imagen del Curtiss Autoplane tal como
fue presentado en el *New York Aero Show* de 1917.

En la década de los treinta se diseñó el Waterman Arrowbile, otro intento de avión capaz de rodar por carretera y con intención de ser asequible y sencillo de volar. Sin cola, biplaza y con una apariencia futurista para la época, apenas se fabricaron cinco unidades.

SDASM Archives.

El Waterman *Arrowbile* voló entre 1947 y 1957. A pesar de la intención original, nunca llegó a producirse en masa.

También en los años treinta, e igualmente en los Estados Unidos como en el caso anterior, se propuso el Skroback Roadable Airplane. Venía a ser un vehículo con ruedas sobre el que se probaron diversos tipos de ala para conseguir un avión "rodante" que fuera práctico. La idea no llegó muy lejos.

Roadable Times.

Prototipo del *Skroback Roadable Airplane.*

Más fortuna tuvo el Hall XCP-1, ideado por Theodore Parsons "Ted" Hall en 1939. Este "autoplano", como lo conocía su creador, estaba destinado a ser producido en masa. Nuevamente, el proyecto quedó reducido a tres prototipos.

San Diego Air & Space Museum.

El autoplano de Hall.

Ciertamente, los años finales de la década de los cuarenta y los primeros de los cincuenta, fueron la edad dorada de los aviones rodantes. En 1946 se dio a conocer el coche anfibio Fulton FA-2. Sólo se construyeron algunos prototipos y nunca llegó a comercializarse. ¿Un vehículo aéreo preparado para carretera y también para volar? No era una idea tan extraña, los ejércitos de medio mundo llevan soñando con algo así desde hace décadas. El coche-avión de Robert E. Fulton sirvió de inspiración para que el ingeniero aeronáutico Moulton B. "Molt" Taylor desarrollara poco después su Aerocar. Taylor construyó seis prototipos, el primero de los cuales voló en 1949. Venía a ser como un coche al que se podía asociar un sistema de alas para convertirlo en avión.

El diseñador Leland Bryan construyó hacia 1953 dos prototipos muy similares a los de Taylor, pero con un aspecto mucho más futurista. Tampoco entraron en producción.

Prototipo de Taylor *Aerocar*.

Como puede verse, la mayor parte de estos diseños no son más que automóviles convencionales a los que se les ha unido un conjunto de alas y propulsor a hélice. En 1944, aunque no se llegó a construir, se presentó un proyecto que convertía esta idea en algo modular. Sus inventores, Herbert y Helen Boggs, pensaron en un coche con el que poder moverse por carreteras de igual forma a como se hace con un automóvil normal, sólo que, en el garaje, se podrían tener toda una serie de accesorios adaptados para convertir el coche en avión. De esa forma, sólo se emplearían los otros elementos del sistema modular, cuando se deseara volar. El resto del tiempo, uno tendría un coche que no se iba a diferenciar en nada de cualquier otro.

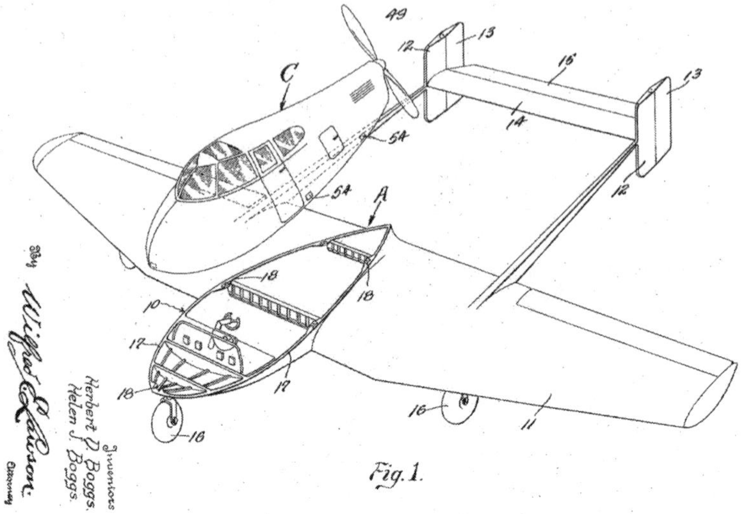

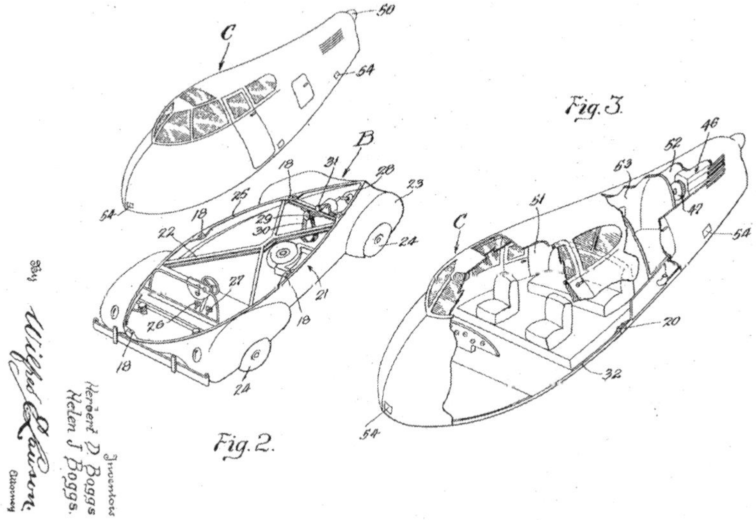

UPSTO

Gráficos de la patente US2462462A, sobre un avión convertible en automóvil (y viceversa), otorgada a Herbert D. Boggs y Helen J. Boggs en 1949.

Sí volaron, entre 1946 y 1947 los famosos prototipos de coches volantes de Ted Hall, los Convair Modelo 116 y Modelo 118. Como el resto de sus compañeros, tampoco entró en el circuito comercial.

San Diego Air and Space Museum Archive.

Convair Modelo 118 en 1947.

A lo largo del último siglo se han construido y probado multitud de otros coches-avión. No hay espacio aquí para mencionarlos a todos pero, antes de cerrar el capítulo, cabe mencionar un caso especial. Apenas se conoce nada sobre el mismo, sólo que se trata de una imagen tomada en Alabama hacia 1940. Allí, un inventor llamado Jess Dixon voló con cierto artilugio de fabricación propia, o al menos eso era lo que afirmaba. Como recuerdo de aquello sólo nos queda esta imagen del *Florida Memory Project*.

Florida Memory Project

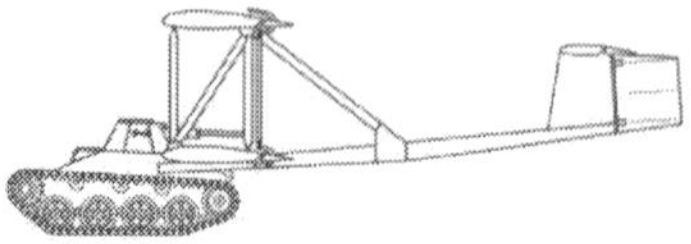

Tanques que vuelan

En 2014 se presentó un proyecto de Advanced Tactics (AT), un vehículo terrestre todoterreno que vuela como un helicóptero. El conocido como *Black Knight* se puede configurar bien como vehículo de suministros, bien como MEDEVAC, y puede volar tanto como vehículo no tripulado como con un piloto a bordo.

El primer vuelo se realizó con algunas medidas de seguridad, tales como un tren de aterrizaje extra, más ancho, para evitar daños en caso de un mal aterrizaje, como en muchos helicópteros radiocontrolados para aprendices, y un cordón umbilical que le hubiera podido suministrar energía desde una fuente externa en caso de fallo de sus plantas motrices.

El programa TX Transformer, mencionado en el capítulo anterior, está emparentado con este extraño camión volante. El desarrollo de AT parte de una patente que mezcla un vehículo todoterreno (en este caso con forma de prisma, lo que le da una gran capacidad interna), y ocho rotores. Éstos funcionan exactamente igual que los de los pequeños octocópteros, de forma independiente y con rotores rígidos contrarrotatorios que son controlados de forma diferencial por su control de vuelo, lo que elimina la necesidad de los complejos mecanismos de los helicópteros tradicionales (plato oscilante, articulaciones en las palas, rotor de cola, transmisión y cajas de engranajes) al ir acoplado cada motor directamente a su rotor.

Advanced Tactics.

Proyecto *Black Knight*.

La originalidad de este pequeño monstruo no debe ocultar el hecho de que es el último de una serie de vehículos experimentales destinados a un objetivo común: conseguir que un transporte militar terrestre rodante pueda volar. Dicho de otro modo: ¿podría hacerse volar a un tanque?

A principios de los sesenta Piasecki Aircraft llevó a cabo una larga serie de experiencias con plataformas VTOL destinadas a servir para el transporte de equipo pesado y tropas, como por ejemplo grupos de asalto. Destacaron los modelos Piasecki VZ-7 y VZ-8 *Airgeep*, especie de *jeep* "flotantes" que recogían una larga tradición, como la del británico Hafner Rotabuggy, de 1943.

San Diego Air and Space Museum Archive.

Ensayo del prototipo de Piasecki VZ-8 *Airgeep*.

Durante la Segunda Guerra Mundial, el ingeniero austríaco Raoul Hafner, pionero de los helicópteros, desarrolló para los británicos varios proyectos realmente singulares basados en alas rotatorias.

RAF.

A la izquierda, el Hafner *Rotachute*. A la derecha, el Rotabuggy o *jeep* volante con ala rotatoria libre.

Por la misma senda se llevaron a cabo muchos otros proyectos similares, con objetivos comunes. Nada de esto pasó a la producción en serie, claro está, pero si el ejército de los Estados Unidos lanza un reto como fue la *Army Flying Jeep competition*, está asegurado un buen número de propuestas arriesgadas. Ahí quedó el *jeep* volante VTOL basado en dos "ventiladores" gigantes y construido en 1959 por Chrysler llamado VZ-6. El excesivo consumo energético y, sobre todo, los problemas de estabilidad, hicieron que con dos únicos prototipos la idea fuera abandonada. Sucedía lo mismo con proyectos parecidos, un auténtico sumidero de dinero que, por lo genernal, no llegaron a ninguna parte aunque, por fortuna, sirvieron para acumular una cantidad ingente de datos acerca del comportamiento en vuelo en configuraciones no convencionales. Paradigmático fue el caso del Avro Canada VZ-9 *Avrocar*, lo más parecido a un "platillo volante" que pueda imaginarse. Como *jeeps* volantes no llegaron muy lejos.

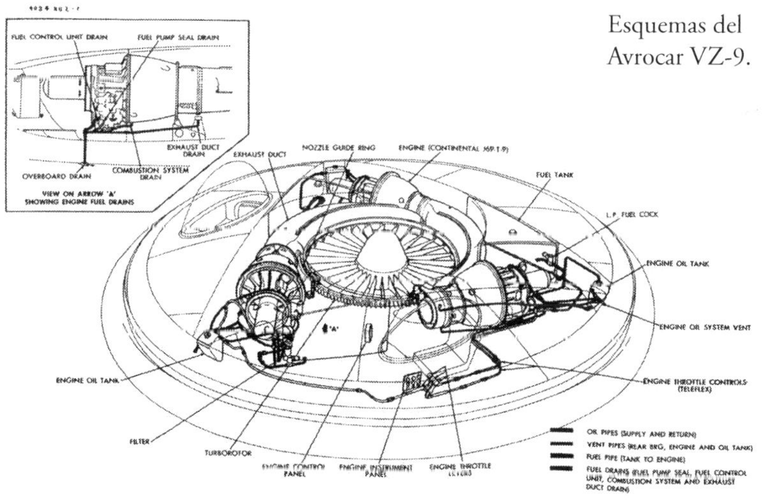

Esquemas del Avrocar VZ-9.

USAF

Un caso postrero de *jeep* volante VTOL, en cierto modo similar a los VZ-6 y VZ-8 fue el Curtiss-Wright VZ-7, dotado de cuatro motores y retirado en 1960.

Con los problemas de estabilidad y la escasa autonomía de aquellos aparatos, difícilmente se les ocurría pensar en transportar algo pesado sobre ellos. Pensando a lo grande, ¿cómo transportar un tanque de guerra? Es más, ¿por qué no convertir el propio tanque en un avión? Esto va mucho más allá de crear un *jeep* volante y, aunque suene sorprendente, se intentó llevar a cabo en diversas ocasiones muchos años antes.

La Unión Soviética, en plena Segunda Guerra Mundial, construyó un único prototipo del Antonov A-40 *Krylya Tanka*, que mencionaremos más adelante. Ese mismo año los británicos comenzaron a producir el General Aircraft *Hamilcar*, del que se llegaron a desplegar hasta 1946 unas 344 unidades. Se trataba de un planeador capaz de transportar en sus entrañas un tanque ligero.

RAF.

Tanque ligero M22 Locust saliendo de las entrañas de un *Hamilcar*.

Técnicamente el caso del *Hamilcar* no es un "tanque volante" sino un gran planeador que transporta tanques, pero tiene cabida aquí por compartir tanto funcionalidad como época con el Antonov A-40.

Al mismo tiempo, en Alemania, el rey para llevar a cabo esta misma tarea fue el planeador gigante Messerchmitt 321. Muchos afirman que se trata de uno de los peores aviones de la historia, porque se perdían muchos. Era fácilmente derribable. Pero ¿alguien se imagina a un Hércules operando sin cobertura de cazas, o incluso sin superioridad aérea? Eso es lo que les pasó a estos gigantes. Operaban sin una clara superioridad aérea. De hecho, según avanzó la guerra operaron cada vez más bajo la superioridad aérea de los aliados.

Bundesarchiv. CC-3y-SA.

Messerschmitt Me 323 descargando material bélico en Túnez, 1943.

En aquella época lo habitual era transportar materiales en un Ju 52/3m o en un DC-3, con portalones de carga lateral. Sin embargo, la versión planeador (Me-321) y la versión hexamotor (Me-323) eran capaces de abrir su enorme bodega por la proa, como lo harían algunos aparatos de carga actuales y, con ayuda de una rampa, subir todo el material, incluidos tanques y otros vehículos o bien a la tropa, y acomodarlos en dos cubiertas distintas más parte del ala.

Un Me 323 aterrizando.

También fueron pioneros en la técnica JATO *(Jet Assisted Take Off)*, esto es, cuando el avión va muy cargado y/o la pista es corta, para acelerar más se utilizan unos cohetes que añaden un empuje adicional en el momento del despegue. Ahora lo usan los C-130 Hércules para despegar.

La versión planeadora era tan grande para la época, que debía ser remolcada por un He-111Z, que no eran más que dos He-111H unidos por el ala para obtener un avión remolcador de grandes planeadores, o por tres Me-110 *Zerstorer*.

Uno de los mayores problemas del arma acorazada es su movilidad. Sí, una vez en el campo de batalla los tanques se mueven con rapidez y pueden afrontar casi cualquier tipo de terreno. Ahora bien, ejecutar un despliegue superando grandes extensiones de agua o a larga distancia, como sucedía con el T-37 o los Sherman DD, o bien aquellos que podían realizar vadeos profundos, como los Panzer III, era complicado. La solución al problema de un despliegue rápido a larga distancia dio lugar a tanques ligeros transportables dentro de aviones de carga, naves cada vez más grandes capaces de transportarlos e incluso se intentó dotarlos de alas para remolcarlos como planeadores o convertirlos en aviones con motor, como el Antonov KT o el Christie Tank.

Con el T-37, que era anfibio, se intentó una solución diferente: ser transportado bajo un avión para lanzarlo a baja cota. La idea de un tanque anfibio, que no sólo vadeara ríos sino que realmente flotara y *navegara* en cualquier superficie acuática no era nueva. Ya en 1917 se había logrado algo similar, pero con poco éxito. Fue Carden-Loyd quien logró la primera tanqueta anfibia funcional, producida por Vickers en los años 30. El modelo era un tanque ligero que contaba con unos guardabarros huecos que le proporcionaban flotabilidad y estabilidad. La fábrica soviética OKMO, de Leningrado, intentó replicar este modelo como T-33. No funcionó muy bien y era complicado para producir en masa. El segundo prototipo, llamado T-41, que era más grande y pesado, también fue rechazado para producción, pero llevó al modelo definitivo, el T-37, el primer tanque anfibio en ser producido en masa. El primer prototipo contaba con un chasis Krupp y muchas partes procedientes del mundo de la automoción. Por otro lado, Vickers fue autorizada a exportar su tanque anfibio. Vendieron ocho aparatos en 1932, que fueron enviados a Rusia, desmontados y estudiados, lo que daría origen al T-37A, que entró en servicio como tanque de reconocimiento, comunicaciones y soporte a la infantería en el 34.

El T-37, junto con el T-27 y el T-38, fue lanzado desde el bombardero TB-3, el mismo utilizado para la configuración nodriza Zveno, sobre superficies de agua. La cosa no quedó en un mero experimento. Los T-37A se lanzaron durante la ocupación soviética de Bessarabia y Bukovina. Los ensayos con el T-27 mostraron lo dificil de la tarea. Había sido aligerado hasta dejarlo sin apenas valor militar. Para el T-37A se desarrolló una suspensión especial. Los primeros ensayos se realizaron con éxito en 1935, cerca de Moscú.

Sandglass Patrol.

Fotograma de una película de época en el que puede verse el lanzamiento de un tanque ruso T-37 desde un bombardero TB-3.

El A-40 Krylya Tanka (literalmente Tanque con Alas) fue desarrollado a partir de un T-60 en 1942 por Oleg Antonov. En teoría, debía ser remolcado por un bombardero, bien el TB-3 bien el Petlyakov Pe-8. El juego de alas biplano estaba construido principalmente en madera, y estaba diseñado para ser liberado tan pronto estuviera el tanque-planeador en tierra. El peso del tanque había sido aligerado, retirando armamento, blindaje, munición, y cargando poco combustible. Debía ser un tanque ligero de apoyo a los partisanos y paracaidistas. Los controles del planeador eran accionados mediante movimientos de la torreta, arriba y abajo para el cabeceo e izquierda y derecha para el alabeo. El tanque despegaría remolcado y se soltaría sobre el frente, aterrizando tras las líneas enemigas para provocar la rotura del frente, o bien sería lanzado para dar apoyo a guerrillas.

Modelo del Antonov A-40, el mismo que aparece en la cabecera de este capítulo.

Incluso aligerado de peso, durante los ensayos el TB-3, para evitar un accidente, tuvo que soltar el prototipo antes de tiempo, apenas a cuarenta metros del suelo, debido a la pobre aerodinámica del T-60 y al peso concentrado en su morro. El tanque-planeador aterrizó en un campo cercano de forma segura y regresó a la base, considerándose el ensayo como un éxito parcial. Como no había ningún avión suficientemente potente para continuar el desarrollo, el proyecto fue cancelado.

J. Walter Christie era un inventor estadounidense, considerados por unos un genio y por otros un excéntrico. Desarrolló la suspensión que utilizarían los soviéticos con éxito en su T-34 y los británicos en su Cruiser: el tanque podía rodar tanto sobre sus cadenas como sobre las propias ruedas. Era la misma suspensión que debía usar su tanque volador.

La revista *Modern Mechanics* lo describía en 1932 como el arma más revolucionaria desde la pólvora, y mencionaba que podría marchar a 70 mph (casi 120 km/h) sobre las cadenas, o hasta a 100 mph (160 km/h) en asfalto, sobre las ruedas en lugar de las cadenas. Como todos los tanques mencionados, era un vehículo ligero, tripulado tan sólo por dos personas y con un impresionante cañón, para el tamaño del tanque, de 75 mm. También era impresionante el motor propuesto, ¡de 1000HP!

El tanque-avión estaría compuesto de dos partes. El propio tanque en sí, con un blindaje ligero (en algunas de las fuentes hablan de tanque de aluminio), y una parte avión, con alas, cola y controles, así como el motor y la hélice.

La idea, como siempre, era permitir despliegues rápidos de blindados, incluso detrás de las líneas del enemigo, para permitir la rotura del frente. Para el despegue, el tanque correría sobre sus cadenas o ruedas hasta la velocidad de despegue, momento en el que la potencia del motor sería transferida a la hélice. El procedimiento de aterrizaje era similar: la potencia era transferida a las cadenas o las ruedas, cuya velocidad se monitorizaba en un velocímetro. En paralelo a éste se situaría el anemómetro y, para el aterrizaje, se intentaría que las cadenas tuvieran la misma velocidad que el avión por simple comparación de ambos indicadores de velocidad.

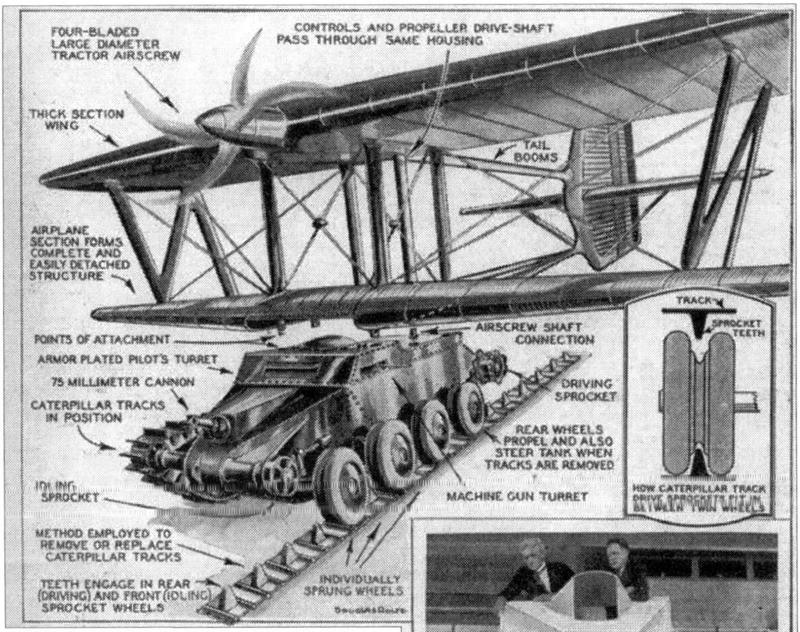

El Christie Tank, tal y como era imaginado en *Modern Mechanics*, julio de 1932.

Tras la Segunda Guerra Mundial el intento por desarrollar tanques volantes desapareció, al encontrarse otras formas de transportar los vehículos blindados en avión, para lanzarlos bien a baja cota, bien con paracaídas.

Como último ejemplo a mencionar, cabe recordar el tanque volante que, en 1939, los japoneses diseñaron bajo el *Proyecto tanque especial número 3*, con el nombre en clave *Sora-Sha* (vehículo aéreo) primero y *Kura-Sha* (vehículo negro) después. El Instituto Aeronáutico de Tokio diseñaría el planeador, que sería construido por Maeda como Ku-6 y Mitsubishi construiría el tanque, un Tipo 98 aligerado hasta casi la mitad de peso y con dos tripulantes en lugar de tres. El resultado fue un vehículo híbrido planeador-tanque de 3500 kg de MTOW, de los cuales unos 2800 pertenecían al tanque.

Para evitar destruir las cadenas en el aterrizaje, necesitaban ir cubiertas por unos patines desechables. El planeador debía ser remolcado por bombarderos Ki-21 *Sally*.

EL MURCIÉLAGO DE BAYNES

Un curioso intento de adaptar tanques o vehículos acorazados para el vuelo fue diseñado por el británico Leslie Everell Baynes al comienzo de la Segunda Guerra Mundial. La idea detrás del *Baynes Bat* consistía en adaptar temporalmente un tanque para que volara como un planeador. En 1943 se llevó a cabo una prueba del concepto utilizando un modelo a escala. A pesar de parecer algo prometedor, el proyecto fue abandonado al no ser considerado práctico para ser desarrollado a tiempo para el conflicto.

Fig. 7.

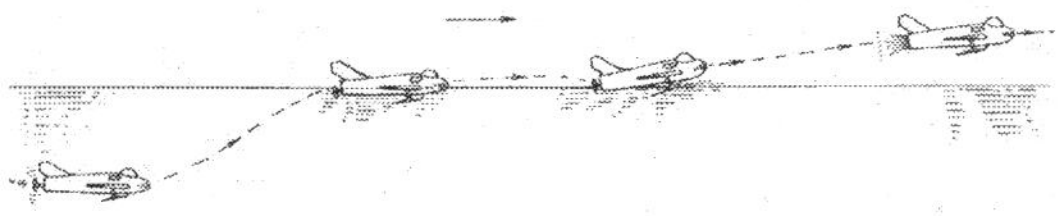

Aviones sumergibles

Suena extraño, ¿no es así? Si aviones como el Convair F2Y *SeaDart*, basado en el F102 *Deltadart*, un caza supersónico capaz de despegar desde el agua, resulta fascinante, imaginemos algo todavía más raro, como un "submarino" que pueda volar*.

A mediados de los años treinta un diseñador soviético llamado B. P. Ushakov, llevó a cabo un estudio por encargo militar para desarrollar un avión capaz de volar hasta 800 km a una velocidad de 200 km/h. Hasta ahí, nada extraordinario, pero se le pidió también que el avión pudiera sumergirse hasta 50 metros y poder navegar a una velocidad de tres nudos. No pasó del tablero de dibujo, naturalmente.

Los requerimientos de máquinas tan poco parecidas como los aviones y los submarinos son tan diferentes, que difícilmente algo así puede llegar a funcionar. No por ello se han desanimado los inventores, como Houston Harrington, que logró patentar en 1945 un avión capaz de convertirse en sumergible. Nunca se llegó a construir. Durante la Guerra Fría no fueron extrañas este tipo de ideas y muchos ingenieros, diseñadores o, simplemente, soñadores, pensaron en construir aviones sumergibles.

* Técnicamente serían aviones sumergibles, no submarinos volantes.

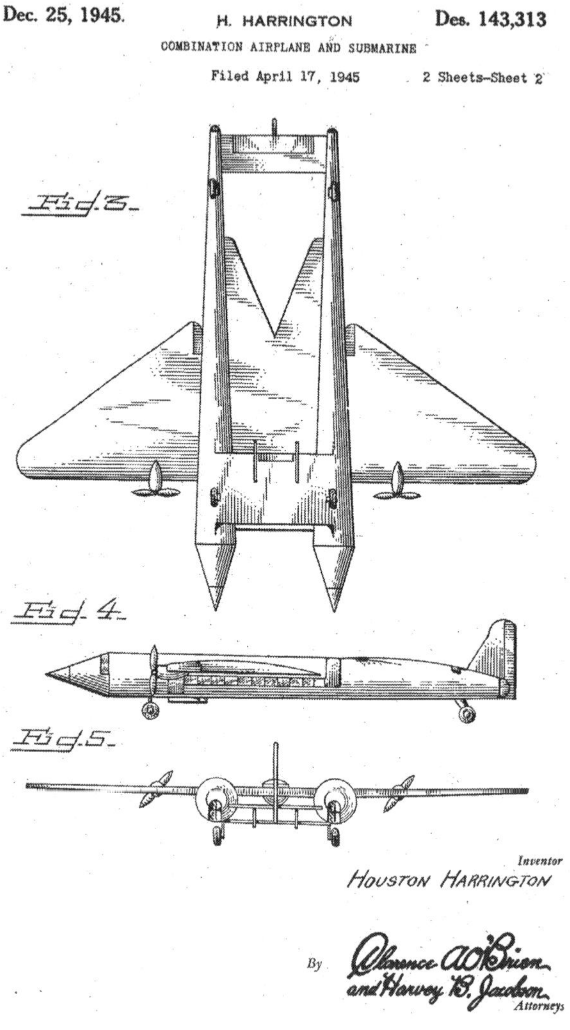

USPTO.

Gráficos de la patente estadounidense USD143313 S, de 1945, sobre un avión sumergible.

La patente de 1955 de Donald B. Doolittle iba incluso más allá, planteando un avión de combate capaz de transformarse en “submarino” de ataque, capaz de transportar incluso torpedos.

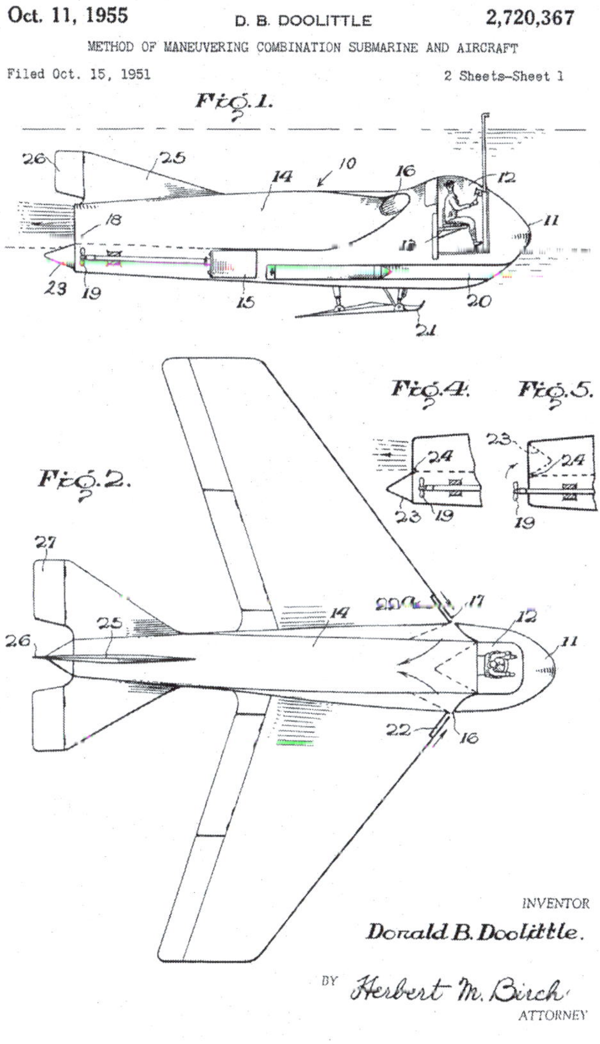

USPTO.

Ah pero, ¿se olvidó tan peregrina idea con el fin de la Guerra Fría? Parece que no. Recientemente la DARPA ha planteado conseguir un avión sumergible, capaz de volar 1.000 millas náuticas (1.850 km), navegar 100 millas náuticas (185 km) o hacer sumergido 22 km a 2,75 km/h (velocidad en inmersión de 1,5 nudos), transportando una tripulación de ocho personas y una carga útil de 910 kg (2.000 libras). En inmersión conseguiría el oxígeno para los motores y la tripulación con un snorkel. El vehículo serviría para operaciones secretas y clandestinas, infiltrando pequeños equipos en zonas costeras y con capacidad de hasta tres días de espera, seguramente en superficie, si fuese necesario recoger al equipo.

La agencia DARPA admite que otros esfuerzos pasados en el mismo tipo de vehículos han fracasado. ¿Lo conseguirán esta vez? Por lo pronto Boeing ha patentado el suyo.

Un submarino y un avión nunca van a dar un buen híbrido. Responden a requerimientos totalmente opuestos. Las estructuras de los aviones son todo lo ligeras que es posible para poder volar sin gran coste de combustible. Y si van presurizados, tienen que aguantar una presión interna que es mayor que la externa. Un submarino está diseñado para soportar mucha presión, desde el exterior. Y que el agua sea unas mil veces más densa que el aire (aproximadamente 1 kg el litro, frente a algo más de un kilogramo cada mil litros) hace que el casco del submarino sea muy grueso y, por tanto, muy pesado. Con todo esto, ¿por qué alguien se empeñaría en tener un submarino que vuela? Pues porque volando se llega mucho más rápido a los objetivos. Así, el laboratorio de investigación naval de la marina estadounidense (NRL) ha estado probando un submarino con alas de diseño propio: lo han llamado flimmer por *flying swimmer*, o nadador volante.

Primero lo ensayaron en el aire, lo lanzó un avión nodriza desde 1.000 pies y se comportó como cualquier otro UAV controlado por un humano a distancia. Eso sí, es bastante más pesado que un avión no tripulado normal de iguales características. Después lo hicieron aterrizar a 40 nudos, como cualquier hidroavión, lo ensayaron como submarino no tripulado *(Autonomous underwater vehicle AUV)*, y las pruebas también fueron satisfactorias. Lograron velocidades de crucero de 50 nudos en vuelo, y 10 sumergido. Lo más interesante de las pruebas de este submarino con alas fue que el control bajo el agua se realizó con las mismas superficies aerodinámicas de control que se usan para volar.

Se ensaya actualmente una versión que pueda plegar las alas y tenga aletas, con una forma más similar a la de un pez, con tecnología parecida a la usada en el vehículo WANDA *(Wrasse-inspired Agile Near-shore Deformable-fin Automaton)*. Una configuración con cuatro aletas es más ágil en el agua, pero en el aire sólo aportan peso, y son frágiles, deben sobrevivir a la zambullida, comentó uno de los investigadores del proyecto. En vuelo se usarían como aletas adicionales, dos como estabilizadores verticales, dos como planos canard. Realizando aterrizajes normales el WANDA volador se ha comportado bien y las aletas no han resultado dañadas. Pero este tipo de aterrizaje no es posible en mares bravos, así que también se ha probado a aterrizarlo mediante zambullidas controladas.

PIASECKI PA97 *HELISTAT*, ENGENDRO HÍBRIDO ENTRE HELICÓPTERO Y DIRIGIBLE

Definitivamente, a pesar de su rareza, los aviones sumergibles no han sido lo más raro que ha volado. Creemos que, en cuanto a extrañeza, se lleva la palma este artilugio. Años 80, cuarenta millones de dólares y un diseño para "revolucionar" el transporte de carga aérea. Cuatro viejos Sikorsky H-34J y un dirigible ZPG-2W de la US Navy. La idea constía en combinar la sustentación de los helicópteros con la del dirigible para lograr una aeronave con gran capacidad de carga y bajo coste, capaz de llegar a zonas inaccesibles y sin pistas preparadas.

Los cuatro Sikorsky fueron unidos al dirigible ZPG-2W por una estructura rígida sin el rotor de cola: el uso diferencial de los cuatro rotores proporcionaba el control del par antirrotación, así como control de cabeceo y alabeo y la tracción para el vuelo en avance. Además, el globo llevaba unas superficies de control tipo *ruddervator* (actúa a la vez como timón de profundidad y de dirección), aunque no funcionaban en vuelo estacionario. Los cuatro helicópteros se controlaban por un solo piloto por control remoto desde la cabina del helicóptero trasero de babor.

Era tan sólo un demostrador tecnológico, un diseño a pequeña escala (¡y medía 104.6 metros de largo!) para probar su viabilidad, con planes de aeronaves de mayor tamaño, con cargas útiles de entre 60 y 200 toneladas. El primer vuelo se produjo el 26 de abril de 1986 en la estación Naval de Lakehurst, Nueva Jersey. En su segundo vuelo, el 1 de julio de 1986 algo falló. La unión entre los helicópteros y los brazos rígidos no había sido bien diseñada, y aparecieron vibraciones que hicieron estrellarse a la aeronave. En este accidente pereció uno de sus pilotos, Gary Olshfski de 39 años.

U.S. Navy.

ALAS ROTATORIAS

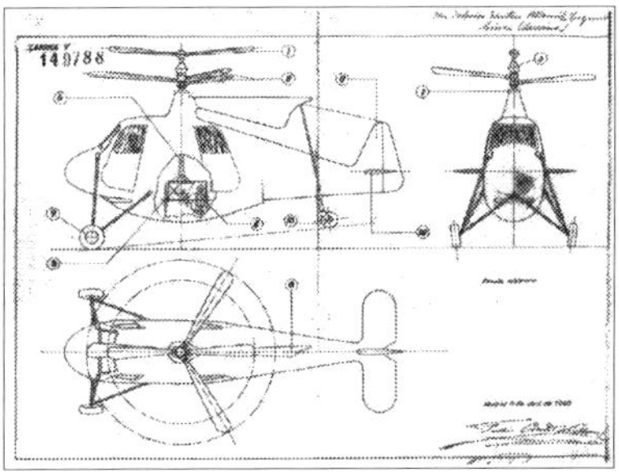

Helicópteros extraños

En los relatos de tecnomitología alienígena (sí, de OVNIS y cosas por el estilo) son recurrentes las narraciones acerca de esos imaginarios "hombres de negro" que visitan a los supuestos testigos para que no difundan sus experiencias. En muchos de esos relatos se mencionan también enigmáticos "helicópteros negros", supuestamente utilizados por organizaciones secretas. No es por quitarle la ilusión a los creadores de fábulas contemporáneos, pero habiendo en la fauna de los helicópteros tanto "bicho raros", como se verá a continuación, lo de recurrir a simples helicópteros negros queda bastante soso. He aquí algunos de los más extraños helicópteros jamás vistos, ideales para decorar cualquier narración de ciencia ficción o similar.

ACLARANDO CONCEPTOS

Existen muy diversos tipos de aeronaves de alas rotatorias. En unas, la sustentación se obtiene por unas alas rotatorias en autorrotación, mientras que la potencia para vuelo de avance es proporcionada por un motor: esto es lo que se conoce como Autogiro. En otras, las alas rotatorias son movidas por un motor, y la potencia para el vuelo de avance está dada por otros motores. Esto es un Girodino. Y sólo en caso de que tanto la sustentación como la potencia para desplazarse estén ofrecidos por el mismo rotor, entonces hablamos de helicópteros.

Nada más propio que comenzar con el abogado e inventor argentino, nacido en 1890, Raúl Pateras Pescara. En Europa desarrolló la mayor parte de su actividad como constructor de prototipos, comenzando con un hidroavión torpedero y continuando con sus helicópteros. Hasta el año 1929 llegó a lograr decenas de patentes, muchas de ellas concedidas en España, donde desarrolló gran parte de su actividad como inventor y empresario.

German Federal Archives.

Helicóptero Pescara 4S, en vuelo de pruebas hacia 1931.

Los helicópteros de Pescara, cuyo primer modelo data de 1919, eran espectaculares. Dotados de inmensos rotores contrarrotativas, lograron superar diversas marcas en el mundo de los helicópteros, cuando este tipo de aeronaves estaban prácticamente naciendo. Aunque no llegaron a ser producidos en serie, y ni siquiera se puede considerar que volaran de forma práctica más allá de una serie de arriesgados ensayos, las naves de Pescara siguen llamando hoy día la atención por su complejidad.

En 1916 Pescara fue el primero en lograr hacer volar brevemente una máquina volante similar a un helicóptero, aunque todavía quedaba mucho camino por recorrer para conseguir un aparato confiable. Desde que el español Juan de la Cierva lograra el éxito mundial con su autogiro, a principios de la década de 1920, el camino parecía allanarse poco a poco. Por eso, no debe extrañar que, también en España y a lo largo de la primera mitad del siglo XX, el gran ingeniero de caminos Federico Cantero Villamil lograra patentar diversas tecnologías que se adelantaron décadas a su tiempo. De esos ingenios nació su modelo de helicóptero conocido como Libélula Española, que por desgracia no encontró ambiente propicio para ser producido en serie. El gráfico de cabecera que abre este capítulo corresponde, precisamente, a la patente española ES 149.788, que Villamil consiguió en 1942 sobre "un aparato volador por impulso directo de palas giratorias alrededor de un eje-péndulo vertical".

Tanto Pescara como Villamil apostaron por conjuntos de rotores contrarrotativos, algo que con el tiempo se ha utilizado en varios modelos comerciales con éxito. Ese tipo de configuración puede llevarse a extremos arriesgados. Las combinaciones a la hora de crear un helicóptero son muchas: rotor "clásico" junto a rotor de cola, monorrotor con motores a reacción en las puntas de pala, multirrotor de rotores coaxiales, multirrotor de ejes paralelos y, claro está, cosas muy raras como los *intermeshing rotors*, algo así como dos rotores contrarrotatorios de ejes paralelos, pero a una distancia muy corta, lo que obliga a que los rotores giren de forma sincronizada, entremezclándose. La idea fue puesta en práctica, por ejemplo, por Lockheed en el llamado K-MAX, un helicóptero Kaman convertido en UAV, y en el Colibrí de Fletner... ¡en 1942!

Apuestas muy raras, cierto, pero estamos seguros de que muchos lectores habrán saltado al leer "motores a reacción en las puntas de pala". Se preguntarán: ¿tal cosa es posible? Si un helicóptero tiene un solo rotor movido por un motor situado en la barquilla del helicóptero, por conservación de la cantidad de movimiento, si el rotor gira en un sentido, el fuselaje intentará hacerlo en el contrario. Este es el mismo efecto que hace que cuando uno vuela en un avión de hélice tenga que pisar pedal para contrarrestar el par. ¿Cómo lo solucionamos?

Exiten varias soluciones: motores anti-par, seguramente el sistema más conocido. Contrarrestando el par con los gases de escape, como en el Aerotecnica AC-14 o los NOTAR estadounidenses. También, con más de un rotor, girando ambos en sentidos contrarios. Así, podemos tener ejes paralelos como en el Chinook, ejes coaxiales como en los Kamov y palas que giran entrelazándose, como los espectaculares Kaman, ya mencionados.

Ahora bien, ¿y si en lugar de montar el motor en el fuselaje, lo incluimos en el propio rotor? Situando motores a reacción en las palas evitaremos la necesidad de otros sistemas antipar, y nos ahorraremos el peso de las transmisiones que son necesarias para el rotor antipar, o para tener dos rotores. Aunque tal vez compliquemos un poco el suministro de combustible a los motores y también habría que ver hasta qué potencias son útiles, cuánto consume o lo ruidosos que serán.

No es algo teórico, ha sido probado en diversas ocasiones con resultados, cuanto menos, espectaculares visualmente, como puede verse en las siguientes fotografías.

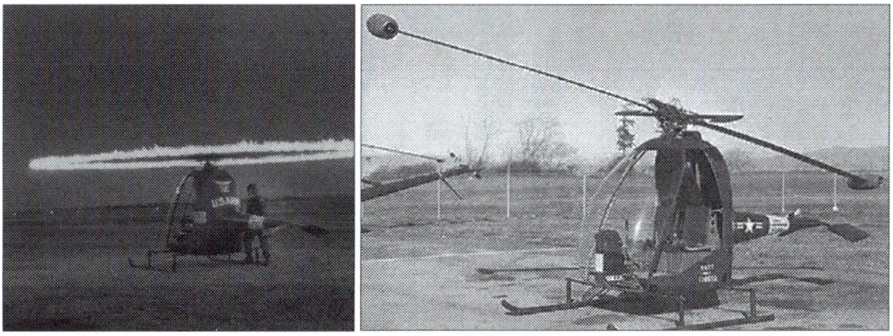

LIFE

Hiller HOE-1 / YH-32 *Hornet*, de 1953,
con reactores en las puntas de las palas.

No dejan de ser pequeños experimentos, que no lograron convertirse en grandes aparatos, aunque la casa Hiller pensó en crear incluso un helicóptero grúa con reactores en los extremos de las palas. Es difícil imaginar un gigante con semejante medio de propulsión. A la hora de crear grandes helicópteros polivalentes, con capacidad para despegue y aterrizaje verticales (VTOL), pero que en vuelo se comporten como verdaderos aviones, la táctica ha sido otra muy diferente. En este asunto el mayor éxito se lo lleva el convertiplano Bell-Boeing V-22 *Osprey*, con capacidad para aterrizar y despegar como un helicóptero, pero capaz de volar como un avión. En este caso estamos más bien ante un gran avión con ciertas capacidades VTOL que ante un helicóptero capaz de volar como avión.

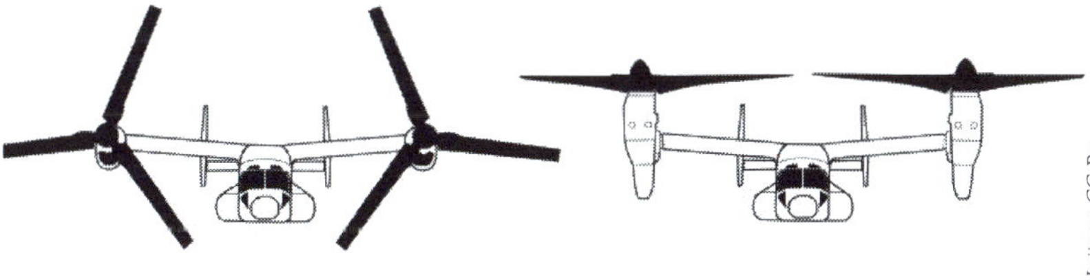

Jetijones. CC-By.

V-22 *Osprey*.

Se han construido diversos helicópteros con pretensión de poder volar como aviones, manteniendo su capacidad VTOL. La velocidad de crucero ha sido siempre la principal razón en esta búsqueda, que ha alumbrado gran número de prototipos y algunos modelos comerciales. Sirvan de muestra algunos ejemplos sobresalientes como los que aparecen a continuación.

A finales de los sesenta se consideró una buena idea crear un helicóptero de ataque muy sofisticado dotado de rotor clásico pero con el añadido de pequeñas alas y un propulsor trasero. Así nació en Lockheed AH-56 *Cheyenne*, extraña mezcla de helicóptero y avión que no pasó de ser un prototipo del que se construyeron apenas diez unidades para ensayos.

U.S. Army TACOM-RI.

Prototipo del Lockheed AH-56A *Cheyenne*.

También obra de la compañía Lockheed fue el XH-51, del que se construyeron tres unidades. Producido entre 1962 y 1964, fue utilizado por el ejército de los Estados Unidos y la NASA. Dotado de alas retráctiles y un propulsor J60 turbojet, sirvió para probar diversos aspectos del concepto híbrido de helicóptero-avión.

San Diego Air and Space Museum Archives.

Prototipo del Lockheed XH-51A.

Estos helicopteros compuestos, esto es, aeronaves con alas giratorias con rotor como un helicóptero pero con propulsión independiente del rotor que produce empuje en la dirección de desplazamiento del aparato, tienen parientes muy antiguos.

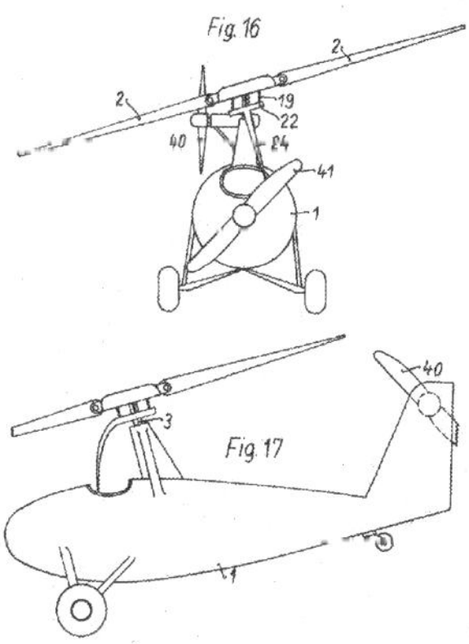

USPTO

Patente sobre el girodino de Anton Flettner, US 2.030.578, de 1933.

En 1936 el diseñador alemán Anton Flettner ensayó su Flettner Fl 185, que puede considerarse como el antecesor de toda la familia de vehículos híbridos entre helicóptero y avión. Durante la Segunda Guerra Mundial, bajo el mismo concepto, y también en Alemania, se construyeron avanzados prototipos como el Doblhoff WNF 342.

Ese mismo año fue, precisamente, cuando se presentó el que es considerado como el primer helicóptero con capacidad de control completo de la historia, el también alemán Focke-Wulf Fw 61, entre cuyos pilotos de prueba se encontró la célebre Hanna Reitsch.

Hanna Reitsch volando con el Fw 61 V2.

Tras la Segunda Guerra Mundial fueron especialmente llamativos los intentos por construir un girodino para pasajeros que llevó a cabo la compañía británica Fairey Aviation, entre los que destaca el Fairey Rotodyne, de finales de los cincuenta. A pesar de resultar ser un fracaso comercial, se trató de una nave muy avanzada para su tiempo. Poseía un rotor movido por pequeños reactores colocados en los extremos de las palas, pensado únicamente para despegues y aterrizajes verticales, así como para vuelo estacionario, o durante la fase de transición de vuelo a baja velocidad. Sus dos hélices laterales eran las que impulsaban el vehículo en el vuelo de crucero.

Fairey Rotodyne

El asombroso Fairey Rotodyne.

Desde los años sesenta se han producido diversos modelos que siguen el mismo patrón, tanto para uso militar como para transporte de pasajeros. He ahí los Bell 533, Piasecki 16H Pathfinder, Piasecki X-49, Sikorsky S-72, S-97 Raider y X2, el Eurocopter X3, el VFW-Fokker H3, el impresionante Kamov Ka-22 o ¡un híbrido basado en el C-130!

NASA

Vehículo experimental Sikorsky S-72, fotografiado en 1986.

WMC. PD.

Transporte experimental soviético Kamov Ka-22 *Vintokryl*.

HELICÓPTEROS MONSTRUOSOS

Rusia no sólo cuenta con aviones gigantes, como el Antonov An-225, sino que también es el hogar de los helicópteros más grandes del mundo. Entre 1960 y 1981 se construyeron casi mil ejemplares del asombroso Mil Mi-6, helicóptero de transporte pesado diseñado en la Unión Soviética a finales de los cincuenta, capaz de albergar hasta doce toneladas de carga.

Mil Mi-6.

En servicio hoy día, habiéndose construido casi trescientas unidades, encontramos una versión más grande del anterior, el Mil Mi-26. Es el helicóptero construido en serie más grande jamás visto y el mayor de los de tipo monorrotor construido hasta la fecha.

Mil Mi-26.

El Mi-6 dispone de un rotor principal de cinco palas movido por dos motores de más de 4.000 kW… ¡más de 5.000 HP! Pero eso no es todo, porque el Mi-26 tiene dos motores aún más potentes, de unos 8.500 kW, esto es, ¡más de 11.000 HP cada uno! Con su tamaño, el Mi-6 es multiuso, sirviendo desde grúa volante a transporte de carga pesada, transporte de tropa (de 65 a 90 personas, según se acomode la carga y su equipo) evacuación médica (41 camillas), o apagafuegos. Está dotado de alas embrionarias que, en vuelo en estacionario, no sirven más que para estorbar el flujo de aire bajo el rotor, pero en vuelo de avance son útiles para descargar de esfuerzo al rotor, pues parte del peso lo soporta el rotor y parte las alas, con su sustentación.

Si los datos del Mi-6 son impresionantes los del Mi-26 son escalofriantes. Como su hermano, por su tamaño y potencia, es todo un polivalente. Hay quien dice que tiene la capacidad de carga de un Hércules. Bien, es asombroso, pero aunque sea titánico, no es el helicóptero más grande del mundo. Sí, el Mi-6 es el más grande construido en serie, pero realmente el helicóptero más grande del mundo es otro aparato ruso de la misma factoría, el Mil V-12. Su segundo prototipo (el primero se estrelló) rompió siete marcas mundiales. Por ejemplo, levantó 31.030 kilogramos de carga útil a 2.951 metros, rompiendo el récord de máxima carga subida hasta 2.000 metros. Unos meses después batió su propia marca, con 40.204 kilogramos.

Groningen Airport-Eelde.

El imponente Mil V-12 en 1971.

HELICÓPTEROS QUE SE CONVIERTEN EN AVIONES

Los VTOL (del inglés *Vertical Take-Off and Landing*), son aviones capaces de despegar y aterrizar verticalmente. Quedan excluidos los globos, dirigibles, helicópteros y similares, pues ya cuentan con dicha capacidad de forma natural. Los casos de los aviones VTOL, como sucede con el bien conocido Harrier o de convertiplanos como el V-22, son bien conocidos. Lo que ya no es tan común es ver un helicóptero que, en vuelo, se transforma en avión, ocultando incluso sus palas. Hemos visto ya algunos ejemplos de híbridos entre esos dos mundos, vaya aquí esta segunda ración, más audaz todavía.

Comencemos un paseo por la más extraña fauna entre los híbridos de avión y helicóptero. ¿Dónde termina una función y comienza otra? Para empezar nuestro viaje, nada mejor que el Sikorsky XV-2 (o también S-57). La idea era lograr

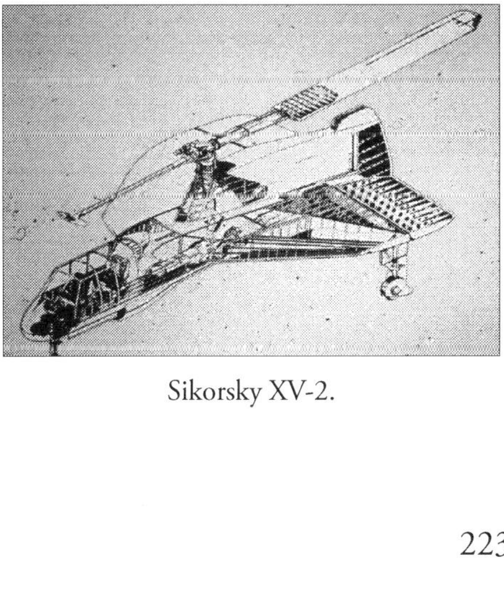

Igor I. Sikorsky Historical Archives.

Sikorsky XV-2.

una aeronave con las ventajas de vuelo en estacionario y despegue vertical de los helicópteros, pero con el crucero rápido y económico de los aviones. Era una aeronave con el ala en delta y un rotor con una sola pala. Con el ala giratoria este aparato podría despegar y permanecer en vuelo estacionario, así como acelerar la aeronave hasta una velocidad de transición superior a la velocidad de pérdida como avión. En ese momento, con el XV-2 volando como avión, el rotor sería frenado hasta ser detenido, y así situarlo sobre el fuselaje trasero, para optimizar el vuelo como avión. La aeronave no pasó de la mesa de diseño.

Un proyecto similar en cuanto a objetivo, pero muy diferente en la técnica empleada, es el DRH (Disk Rotor Helicopter). Boeing ha explorado esta vía, como también lo han hecho otros fabricantes, llegando a proyectar una nave muy interesante. De hecho, Boeing llegó a fabricar un prototipo con un 20% del tamaño real del modelo definitivo de esta aeronave que, como la anterior, sería mitad avión, mitad helicóptero, y cuyas palas del rotor serían retráctiles. El modelo definitivo está pensado como aeronave VTOL para combate y SAR.

El concepto es complejo de llevar a la práctica. La tecnología DRH fue inventada por el ingeniero danés Jacob Ellehamer. Une en una sola aeronave un ala con forma de disco, como las probadas por los alemanes en la Segunda Guerra Mundial, y también por la NASA, con un rotor de helicóptero de palas retráctiles. De esta manera, el rotor permitiría el vuelo en modo helicóptero y el ala circular proporcionaría la sustentación en modo avión, además de carenar las palas, reduciendo la resistencia aerodinámica de la aeronave al escamotearlas en modo avión. En vuelo como helicóptero, el control anti par se lograría mediante un sistema NOTAR (se prescinde del rotor de cola gracias a un chorro de aire de flujo variable).

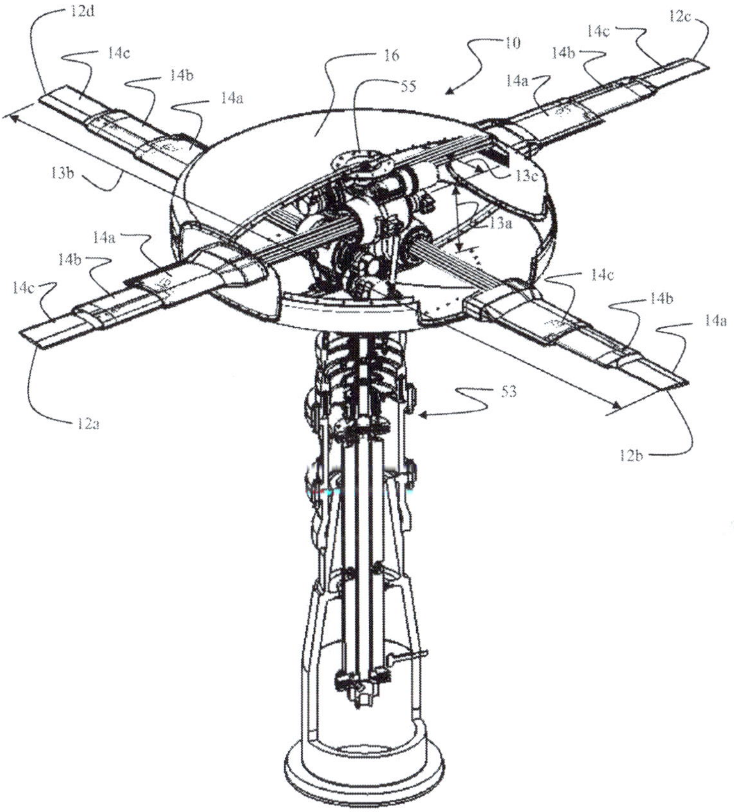

USPTO

Concepto de Disk Rotor Helicopter. Patente estadounidense US8784057 B2 otorgada a Boeing y publicada en 2014.

Boeing también exploró el mundo de los híbridos entre helicóptero y avión con el Boeing X-50 Dragonfly, un vehículo singular dotado de un par de superficies fijas y un ala-rotor. En modo avión, es ala, en modo helicóptero es rotor. Lo más atractivo se encuentra en la transición en vuelo de un modo a otro, cosa compleja de llevar a cabo y que tuvo como consecuencia diversos accidentes en las pruebas. El proyecto fue cancelado hacia 2006.

El interés por este tipo de aparatos ha alumbrado multitud de propuestas en todo el mundo. Sin ir más lejos, en España se presentó por parte del INTA (Instituto Nacional de Técnica Aeroespacial) el HADA, un aparato controlado a distancia pensado para realizar tareas de vigilancia. El HADA dispone de una hélice propulsora en cola, rotor superior y otro en cola, además de unas alas desplegables, lo que le permite volar en modo avión.

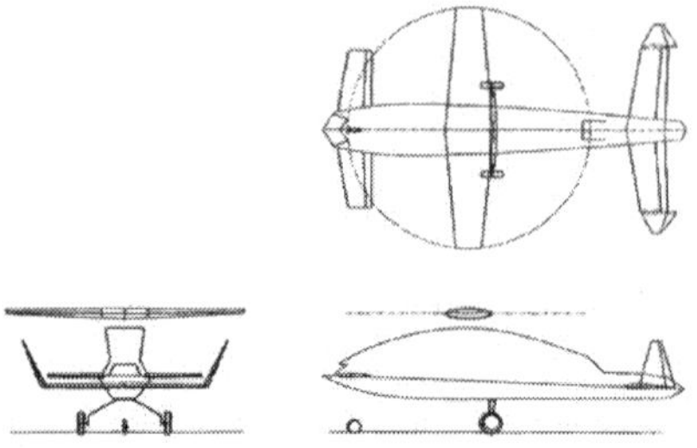

DARPA

Boeing X-50 *Dragonfly*.

Un vehículo no tripulado, como el anterior, pero más radical en cuanto a su propuesta, es el V-STAR, que vendría a ser un UAV (Unmanned Aerial Vehichle, o vehículo aéreo no tripulado) con capacidades VTOL. ¿Y qué tiene de especial? Su destino final, he ahí lo asombroso. Si alguna vez llega a fabricarse, podría dar forma a las líneas de suministro del futuro. Su función vendría a ser la de ser capaz de despegar y aterrizar en vertical desde casi cualquier lugar, para enviar pertrechos a las tropas sin arriesgar la vida de tripulantes humanos.

Otro aparato mitad avión, mitad helicóptero, con capacidad VTOL, es el Verticopter (el nombre lo dice todo, ¿no es así?). En este caso no se trata de un UAV, sino de una nave tripulada o, más bien, lo sería en caso de ver la luz en el mundo real. El concepto se parece al del V-STAR, dotado de un par de rotores contrarrotatorios montados directamente en el centro de gravedad que dan la sustentación en modo helicóptero, y alas para el modo avión. La principal diferencia con el V-Star se encuentra en que, en esta ocasión, sólo existe un motor que mueve esos rotores, que pivotan sobre un eje paralelo al eje de cabeceo del avión para pasar de configuración helicóptero a modo avión.

Elytron Aircraft Inc.

Elytron 2S, evolución del concepto de Verticopter.

Otro miembro de la familia de los helicópteros que se convierten en avión es el X-Hawk, o más bien sería algo en medio del camino entre ambos mundos. Emplea un par de rotores para la sustentación y otros dos para impulsarse. Bien, no es realmente un convertible avión helicóptero, se trata de un bicho raro conocido como Girodino, esto es, una aeronave de alas rotatorias en las que la sustentación la proporcionan unas palas rotatorias tipo helicóptero. En el caso del X-Hawk emplea dos palas contrarrotatorias, consiguiendo la fuerza de empuje a través de otro medio propulsor.

Buscando algo un poco más convencional (recuerda lejanamente el modo de vuelo del convertiplano Osprey V-22 pero con el tamaño de un utilitario) encontramos el FALX. Este aparato combina la tecnología de los aviones VTOL de rotores basculantes (tilt rotor) con un motor híbrido, explosión-eléctrico, alimentando la parte eléctrica con células solares. Sus rotores basculan junto con parte de la sección alar, al contrario que en el Osprey, en el que el ala permanece fija y basculan sólo los rotores.

Sandglass Patrol.

Vanguard 2C, todo un vetusto VTOL de 1959, antecesor de muchos proyectos actuales. Podríamos considerarlo algo así como un helicóptero bi-rotor lado-a-lado (más propiamente dicho es un girodino). Con los rotores carenados dentro de las alas, de tal forma que para vuelo estacionario y despegue se utilizan los rotores (contrarrotatorios para eliminar la necesidad de un antipar) y para vuelo de avance la hélice impulsora y las alas, para conseguir sustentación. Resumiendo, es un avión VTOL basado en un motor para dar empuje y un ala para volar en modo avión y unos rotores de sustentación para despegue y aterrizaje.

¡Un momento! Todo esto suena demasiado complicado, ¿realmente se puede volar con algo parecido a lo visto en los ejemplos anteriores? No es sencillo, pero en este extraño mundo a medio camino entre los helicópteros y los aviones, brilla especialmente el Carter Copter. Su demostrador tecnológico ya ha volado y funciona, así que no se trata de una fantasía dibujada sobre un papel. El concepto básico de esta aeronave es el SR/C (Slowed Rotor Compound o conjunto de rotor ralentizado). ¿Qué es esto? Hasta ahora hemos visto cómo se intenta, o bien un rotor escamoteable con alas de geometría variable, o un ala fija circular bajo el que escamotear el rotor, rotores contrarrotatorios dentro del fuselaje para dar sustentación y que pivotan para permitir el vuelo horizontal, o que quedan ocultos con unas persianas mientras que una hélice normal proporciona el empuje necesario para volar en horizontal. En todos estos conceptos nos encontramos que, o vuela como avión, o como helicóptero, con complicados mecanismos que hacen que se retraiga el ala y/o el rotor. También tenemos el sistema de rotores basculantes. Otro caso diferente, no mencionado todavía, es el del Heligiro, en el que nos encontramos que, según la velocidad de vuelo, se adapta a helicóptero, autogiro o bien avión biplano, con un mecanismo que debe detener el giro de las palas, plegarlas hacia atrás y hacer que una de ellas gire 180º sobre su eje de cambio de paso, para después extenderlas y volar como un avión biplano.

Entonces llega el Carter Copter y nos descoloca de nuevo. En este caso, simplemente se ha decidido no retraer las palas. El despegue es vertical y el vuelo se produce en modo avión. Pero las palas no se escamotean, simplemente se reduce su velocidad de giro. He ahí el concepto SR/C. El ala fija proporciona buena sustentación salvo en vuelo lento, y las alas rotatorias funcionan muy bien en vuelo lento, pero su resistencia se incrementa demasiado a medida que aumenta la velocidad del aparato. Así pues, se diseña un ala pequeña, optimizada para el vuelo a altas velocidades, y un rotor que proporciona sustentación a baja velocidad y cuya velocidad de giro se minimiza según aumenta la velocidad de vuelo, proporcionando la sustentación el ala en lugar del rotor. A esto hay que añadirle un diseño especial para las puntas de pala del rotor y de la hélice impulsora. ¡Y todo en un solo aparato!

Habrá quien piense que, por no existir mecanismos de plegado, es un avión más fácil de diseñar, pero realmente parece una apuesta aún más difícil que las anteriores. De hecho, es el primer avión en el que la velocidad de punta de pala es igual a la de vuelo. Esto tiene su miga. Veamos, cuando nos acercamos a la velocidad del sonido el perfil alar funciona muy mal. En un helicóptero esto se produce rápidamente en las puntas de las palas, pues la velocidad de vuelo se suma a la velocidad que tiene la pala por estar rotando, acercándose peligrosamente a la velocidad del sonido. Para evitar esto, se recurre a geometrías especiales en la punta de la pala, como en este caso, o como en las palas BERP del helicóptero Lynx. Por otro lado, la composición de velocidades hace que exista una parte de la pala que retrocede en la que el aire incide por el borde de salida, en lugar de por el borde de ataque, es el problema del flujo inverso en las palas. De esto que, diseñar un bicho como este, se convierta en una tarea realmente compleja.

¿Tiene toda esta compleja tecnología verdadero futuro en el mundo de la aviación? Visto lo intrincado que resulta crear naves que se comporten como helicóptero o como avión, según las condiciones de vuelo, ¿para qué tanta molestia? En realidad, por ejemplo en el plano militar, sus ventajas serían realmente interesantes. Desde la introducción del helicóptero en los ejércitos, éste se ha convertido en algo indispensable por su versatilidad. No son tan rápidos como los aviones, cierto, consumen más combustible y son más difíciles de mantener. Pero esa capacidad de volar a punto fijo, junto con su maniobrabilidad y capacidad para aterrizar virtualmente en cualquier lugar, los ha convertido en indispensables como ambulancias, enlaces, naves de reconocimiento, ataque o entrega de suministros. Veamos un reflejo de lo que puede ser el futuro en este sentido. Hasta ahora, el ejército estadounidense ha estado actualizando y mejorando viejos diseños que han demostrado ser probadamente fiables. Pero ya se han "estirado" todo lo que podían dar de sí, y toca pensar en su reemplazo. Y eso, a ser posible, deberá hacerse con un diseño que solvente todos o algunos de esos problemas clásicos de los helicópteros, en especial los referentes a consumo y velocidad de crucero. Para lograr esto, se lanzó el programa JMR (Joint Multi-Role), hoy convertido en FLV (Future Vertical Lift), para dar forma a los futuros helicópteros del ejército de los Estados Unidos. En la primera fase se seleccionarían dos o tres ganadores en una ronda de concurso (al final fueron cuatro). Como requisitos, se pedía un helicóptero que pudiera realizar misiones utilitarias o de ataque, una velocidad de crucero superior a 230 nudos, poder volar a punto fijo a 6000 pies sobre el nivel del suelo a 90 ºF (32 ºC), así como bajos niveles de ruido. Para la segunda fase se desarrollaría el software de misión, común para las configuraciones de ataque y de transporte (como ya se hizo exitosamente para los UH-1Y/AH-1Z).

Los cuatro finalistas se dividieron en dos grupos: un convertiplano (como el V-22 *Osprey*) o un helicóptero híbrido (como el AH-56 *Cheyenne*), pero de rotores coaxiales. Entre los primeros podemos encontrar el Bell V-280 *Valor* y el Karem TR36TD

(Abe Karem es el padre del *Predator* o del A160 *Hummingbird*), con su concepto optimum-speed tiltrotor (OSTR). Entre los segundos están el AVX JMR/FVL y el Sikorsky-Boeing SB-1 *Defiant* (que cuenta con la ventaja del desarrollo del Sikorsky S-97). Piasecki presentó su X-49, basado en un SH-60 *Seahawk*, pero no fue seleccionado para el JMR-TD al no superar los 180 nudos en las pruebas. Los helicópteros de rotor coaxial, por su diseño compacto, se adaptan mejor como vehículos navales. Los convertiplanos son mejores para altas velocidades de crucero, pero el rotor basculante añade problemas de diseño y de mantenimiento.

Bell Helicopter.

Bell V-280 *Valor*.

En Agosto de 2014 el ejército seleccionó los diseños de Boeing-Sikorsky y de Bell. Como parte del programa JMR-TD, el Future Vertical Lift pretende reemplazar todos los *Black Hawk*, *Apache* y *Chinook*, esto es, de 2000 a 4000 helicópteros. Se busca un helicóptero que reemplace tanto modelos de transporte, como de ataque. Esta combinación de partes comunes le funcionó bastante bien a los marines en su programa UH-1Y/ AH-1Z, y a los rusos con su Mi 24 Hind. Para reemplazar al Kiowa,

Sikorsky ofreció su S-97 y AVX una transformación del Kiowa a helicóptero con rotor coaxial y hélices entubadas en cola. Los recortes presupuestarios o los problemas con el nuevo motor, del que dependen los dos aparatos seleccionados, podrían dar al traste con el ambicioso proyecto y hacer que el FVL sea un helicóptero más convencional. Al fin y al cabo, no sería la primera vez que viéramos esto (el RAH 66 *Comanche* fue una buena prueba de algo similar).

Y, en el ámbito civil, también se están moviendo las posiciones. He ahí, por ejemplo, el caso del reciente Proyecto Zero, el VTOL eléctrico de Augusta Westland con rotores basculantes o Tilt-Rotor. La casa Augusta Westland no es precisamente una recién llegada a estos desarrollos, pues lleva mucho luchado con el AW609. La principal novedad del Proyecto Zero radica en el uso de motores eléctricos.

La aeronave tiene dos rotores lado-a-lado, uno en cada ala, que pueden rotar 90 grados para permitir el despegue en vertical, así como el vuelo a punto fijo. Los motores eléctricos están alimentados por baterías recargables y el control de la aeronave se consigue mediante los timones en la cola (*ruddervators* suelen ser llamados, en inglés, por combinar en una sola superficie el timón horizontal y el vertical) y alerones en las alas, movidos también por el sistema eléctrico, como el tren de aterrizaje. En la configuración actual, con motor eléctrico, la aeronave puede operar en ambientes muy pobres en oxígeno, como los contaminados. Además, elimina todo ruido del motor, siendo casi el único ruido que genera el aerodinámico de los rotores girando, además de poseer una firma calórica casi insignificante. Augusta Westland contempla nuevas motorizaciones híbridas con motor diésel que mueva generadores eléctricos, como el helicóptero diésel-eléctrico que presentó EADS en 2010. Los motores eléctricos van instalados directamente en los rotores, ahorrando el peso de la transmisión, y los rotores carecen de los platos oscilantes típicos de los rotores de los helicópteros para el paso cíclico. Durante el vuelo en modo avión, las alas proporcionan la mayor parte de la sustentación. Esto quiere decir que los rotores han de situarse con cierto ángulo respecto a la dirección de vuelo para no proporcionar sólo tracción, sino también sustentación. El fuselaje también añade algo de sustentación en vuelo como avión.

Augusta Westland Project Zero (París, 2013).

Este proyecto se desarrolló en instalaciones secretas en menos de seis meses y ha volado en Cascina Costa (Italia) en numerosas ocasiones desde junio de 2011, aunque Augusta Westland no lo dio a a conocer hasta marzo de 2013.

Otro fascinante desarrollo, también muy reciente, que parece ser un atisbo del futuro es el Elytron, el triplano que quiere revolucionar el mundo de los VTOL. Un avión que pueda aterrizar en cualquier lugar, como un helicóptero, pero que pueda volar rápido sin las limitaciones de velocidad impuestas por los rotores de los helicópteros. Es el sueño de siempre, pero sin consumir tanto como un Harrier, por supuesto, además de no ser tan complejo como un Osprey. Además, ya puestos a solucionar problemas, debería lograr que, en caso de fallo, pueda aterrizar como un avión sin problemas. La empresa Elytron (antes Garrow Aircrafts) lleva varios años intentando lograr ese VTOL perfecto. Ya lo intentó con los ensayos del mencionado Verticopter. El Elytron es un avión con un fuselaje de tubo convencional, junto a un par de alas fijas unidas por sus bordes marginales y unas pequeñas alas pivotantes con los motores en su porción distal. Las hélices, montadas sobre los extremos de este pequeña ala pivotante, casi embrionaria, son las encargadas de propulsar el aparato en vuelo de crucero, y también de lograr el despegue y aterrizaje verticales. El tener un diámetro normal, no como las del Osprey o el AW 609, permite a la aeronave aterrizar como un avión convencional en caso de necesidad. Sin embargo, precisamente por ese pequeño diámetro de las hélices, no puede volar a punto fijo durante períodos prolongados. En caso de fallo de motor, sus alas le permiten planear, eliminando la necesidad de autorrotación que tienen los convertiplanos como el Osprey. Con esta configuración, esperan poder operar desde lugares tradicionalmente reservados a helicópteros, pero dos o tres veces más rápido que éstos y con mayor alcance. Sería una revolución para los servicios de aerotaxi, aviación ejecutiva, servicios médicos o servicio a plataformas petrolíferas, entre otros. Elytron ha construido un demostrador biplaza para ensayos, pero espera construir y comercializar versiones más grandes, para 4 y 10 personas.

LOS VTOL *TAIL-SITTER* MÁS EXTRAÑOS

Antes de abandonar el reino de las máquinas que despegan o aterrizan verticalmente, no podemos olvidar a los más extraños de esta familia de singulares inventos volantes. A lo largo de los años se han probado toda clase de combinaciones y técnicas para lograr el VTOL perfecto o, al menos, el más adecuado para ciertas aplicaciones. Además del Bachem Ba 349 *Natter*, que mencionamos también en este libro, he aquí los más raros de entre los aviones VTOL: los *tail-sitter*, esto es, aquellos que estaban pensados para despegar y aterrizar de cola, para luego bascular en su vuelo nominal.

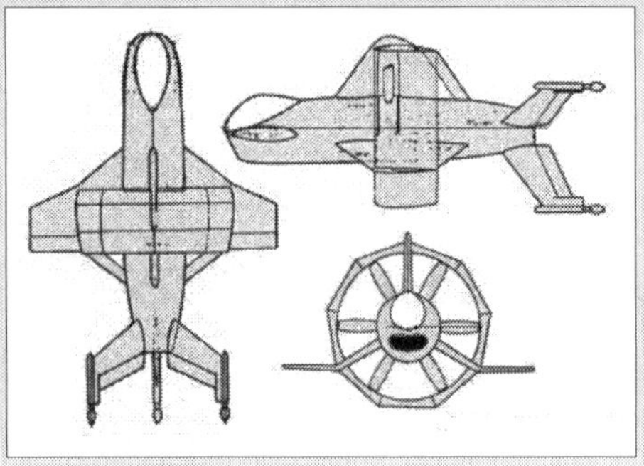
Harriman PD.

Heinkel *Wespe* (avispa), desarrollo alemán de la Segunda Guerra Mundial que no pasó del estado de modelo a escala real. Se trataba de un caza VTOL con ala circular alimentado por turbohélice.

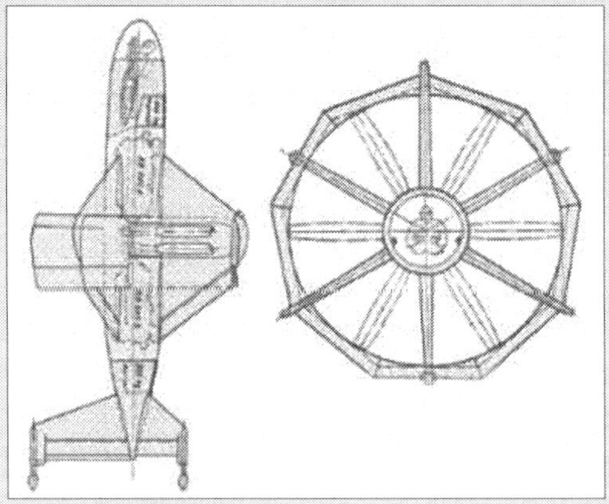
Harriman PD.

El Heinkel *Lerche* (alondra), otro proyecto alemán de la misma época que el Wespe. Concebido al final de la guerra como avión VTOL de ataque a tierra y caza. No superó la fase de diseño.

U.S. Navy

Tras la Segunda Guerra Mundial la Marina de los Estados Unidos estudió la posibiliad de equipar diversos buques con cazas de protección tail-sitter. Las propuestas más conocidas de entre las ensayadas fueron el Lockheed XFV y el Convair XVY-1. En el camino quedó el osado Northrop N-63 *Convoy Fighter*. Arriba, el Lockheed XFV, cuyo único prototipo construido se empleó para demostrar su capacidad como caza VTOL para protección de convoys. Su rendimiento no alcanzó lo esperado y el proyecto fue cancelado en apenas un año, en 1955.

U.S. Navy.

La intención tras el Convair XFY-1 *Pogo* fue la misma que con el Lockheed XFV. El Pogo, cuyo único ejemplar completo se construyó en 1954, terminó igual que su homólogo de Lockheed, como proyecto fracasado. El complicado control de estas naves y su penoso rendimiento, hizo que de esos ensayos no se derivara ningún modelo viable.

SDASM.

Dos prototipos fueron construidos en 1955 del Ryan X-13 *Vertijet* para ensayar la capacidad de un vehículo VTOL capaz de volar horizontalmente para la USAF. A pesar de haber demostrado ciertas habilidades positivas en sus ensayos, el proyecto fue cancelado ante su falta de utilidad en operaciones militares.

U.S. Navy Naval Aviation News octubre de 1959.

En 1959 voló el tail-sitter francés SNECMA C.450 *Coléoptère*. El único prototipo de esta singular nave dotada de un curioso carenado anular fue destruido durante uno de sus vuelos de ensayo. Tras el accidente, que casi termina con la vida de su piloto, Auguste Morel, el proyecto fue cancelado.

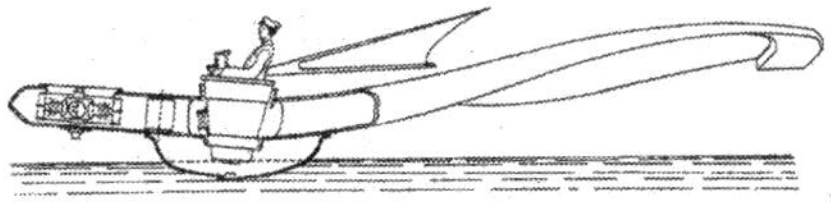

El monocóptero de Papin y Rouilly

Naves aéreas en las que la fuerza de sustentación se logra por medio de alas rotatorias, se han construido muchas a lo largo de la historia. Todo el mundo conoce los helicópteros o bien, aunque no los haya visto, sí tiene en mente qué es un autogiro, en el que el rotor va girando como consecuencia del propio movimiento del aparato.

Hasta ahí el concepto clásico, del que se han dado cientos de ejemplos, pero cuando la idea de las alas rotatorias se lleva a ciertos extremos, nacen aparatos que asombran incluso al más osado de los pilotos.

Un avión con un ala es conocido como monoplano. Si cuenta con dos alas será un biplano pero, ¿y si vuela con una sola pala? Tendrá el nombre de monocóptero. Más allá de cómo pueda denominarse, fue presentado por la Universidad de Maryland en 2009 un curioso vehículo miniaturizado robótico ideado siguiendo el modelo de una semilla volante de arce (lo llaman *Samarai Monocopter*, idea que también ha explorado la casa Lockheed). Se trataba de un minúsculo aparato controlable a distancia que volaba por autorotación, del mismo modo que las semillas de *acer diabolicum blume*. Este ingenio rotatorio recoge cierta tradición que a principios del siglo XX tuvo algunos seguidores: ¿se podrá volar con una sola pala rotatoria?

El motor del pequeño robot no está ahí para evitar que gire, y que vuele recto, sino para permitir que la "semilla" no sólo descienda, sino que también pueda permanecer en vuelo estacionario. Es decir, impulsa a la semilla en su giro para obtener sustentación.

Mucho tiempo antes, e inspirado en una idea con cierto parecido a la que iluminó la creación del mecionado robot, fue llevado a la vida uno de los aparatos volantes más extraños jamás vistos. He aquí esta cosa inclasificable.

Old Machine Press.

Monocóptero de Alphonse Papin y Didier Rouilly.

Este aparato no desentonaría ni lo más mínimo en una película de ciencia ficción *steampunk*. Se trata de un monocóptero ideado por Alphonse Papin y Didier Rouilly en Francia hacia 1914, aunque no pudieron probar el prototipo hasta pasada la Gran Guerra. Sucedió en 1915, en un lago del departamento francés de Côte-d'Or. Como puede verse en las imágenes, contenía un flotador, un espacio para el piloto en el centro de gravedad de la máquina y una gran pala, que gira en torno al aparato. He aquí un extracto de la patente estadounidense 1.133.660 concedida por su "helicóptero" a Papin y Rouilly, en marzo de 1915.

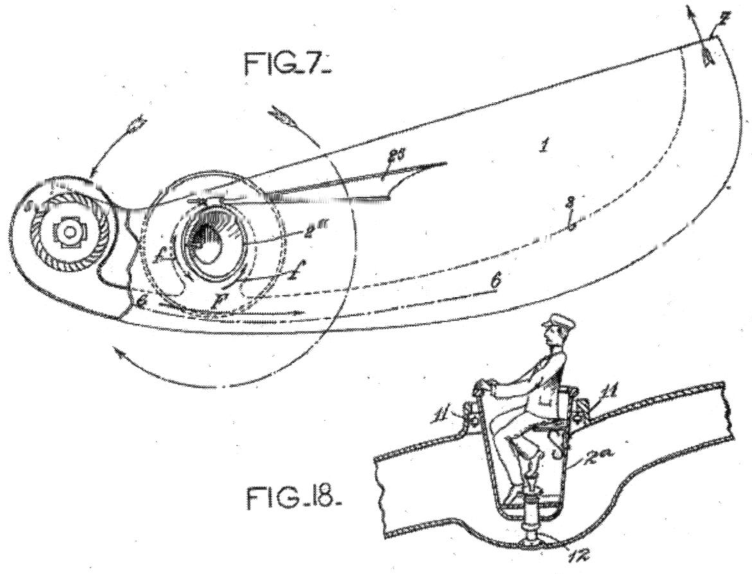

USPTO.

El giróptero pesaba cerca de media tonelada y estaba dotado de una sola gran pala movida por un motor en estrella de 80 CV. que, a su vez, introducía aire en una boca posterior que ejercía de contrapeso.

Se trataba de algo muy original, ahora bien, ¿podría volar? En la prueba, aunque logró desplazarse y volar sobre la superficie del lago, se mostró como un aparato muy difícil de controlar, por lo que el piloto tuvo que abandonar la nave, que se hundió. Y ahí terminó la historia, al menos hasta ahora. La idea del monocóptero se basó desde un primer momento en el vuelo que hacen los frutos de tipo sámara y es algo que hoy día no se ha olvidado. De hecho, con los sistemas de control electrónicos actuales, se está empezando a aplicar a algunos UAV experimentales como el mencionado al principio de este capítulo. Cabe suponer que si Alphonse Papin y Didier Rouilly hubieran contado con la tecnología de control de superficies actual, muy posiblemente su osado aparato hubiera tenido otro final distinto y más venturoso.

Université de Caen Basse-Normandie.

El monocóptero de Papin y Rouilly en construcción, hacia 1915.

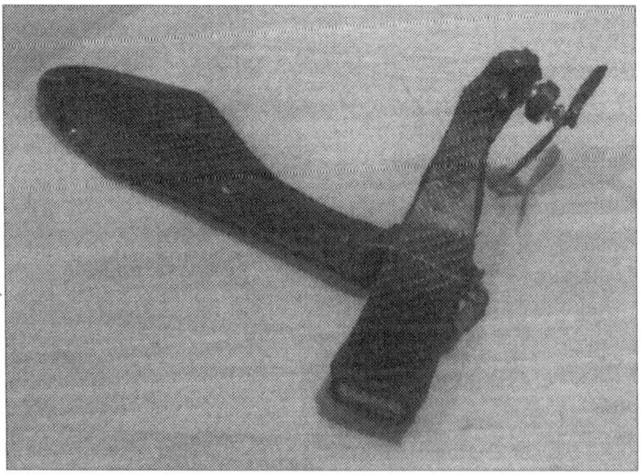
Evan R. Ulrich. CC-By-SA.

Prototipo de UAV monocóptero *RoboSeed*, diseñado por Evan R. Ulrich.

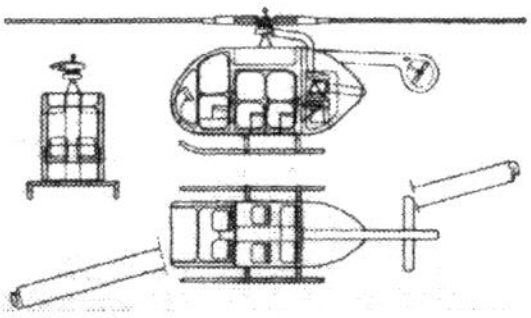

FIAT 7002, el "armario" volante

Permítasenos la licencia, pero cada vez que lo vemos no podemos dejar de pensar en un armario empotrado, o en una cabina telefónica o en un teleférico, porque guarda cierto parecido con esos objetos. Y, quede claro, no es algo para tomárselo mal, porque por muy extraño que parezca este bicho volador, nos encanta, sobre todo por el aspecto retrofuturista que tiene. Lástima que sólo se construyera el prototipo inicial, imaginamos que hubiera sido todo un espectáculo ver volar sobre una ciudad un sistema de transporte urbano aéreo de este tipo. Se trata del FIAT 7002, uno de los helicópteros más extraños que se hayan diseñado.

Este helicóptero multipropósito fue creado en 1961 por Fiat Aviazione tras un encargo del gobierno italiano de finales de los cincuenta. El objetivo consistía en crear una nave versátil capaz de transportar a dos tripulantes y hasta cinco pasajeros de forma rápida y cómoda. Lo más característico del aparato era, además de la curiosa forma de su cabina de aleación ligera, el sistema de propulsión. Una turbina de gas Fiat 4700 generaba un potente flujo de aire comprimido que se dirigía a lo largo de las palas y se expulsaba en sus extremos de forma simétrica.

Flightglobal, 1958.

El FIAT 7002 en vuelo de pruebas. El flujo de aire sale por los extremos de las palas *(tip jet)* para que puedan rotar.

FIG. 1.

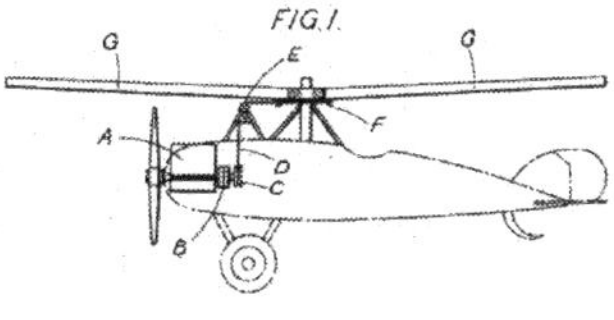

Alas rotatorias singulares

Los modernos helicópteros han aprendido mucho del autogiro, cuyo rotor articulado sigue vigente de forma mejorada. Aunque los primeros autogiros incluían unas pequeñas alas para el control de vuelo, los modelos perfeccionados contaron con mandos directos de control sobre el rotor articulado que las hicieron innecesarias. Además, en los autogiros más modernos se podía acortar la carrera de despegue al mínimo pues se podía mover el rotor de forma activa con la fuerza del motor, llegando a lograrse despegues casi verticales o "saltos".

La historia del autogiro de Juan de la Cierva no tiene cabida en estas páginas, pues además de ser muy conocida, el autogiro poco tiene de "avión bizarro", ahora bien, el ingenio presente en este tipo de aparatos ha alimentado ciertas mentes inquietas para ir más allá de lo usual.

¿Qué pensar, por ejemplo, del autogiro remolcado por un submarino? El autogiro, como aeronave de alas rotatorias que no lleva un motor acoplado a su rotor, fue inventado para lograr lo que debía ser la aeronave más segura del mundo, pues puede aterrizar en pocos metros aun sin motor. Esta particularidad de la aeronave, la de que el motor no mueva directamente sus palas, sino que se encuentren en autorrotación, fue aprovechada por los alemanes durante la Segunda Guerra Mundial para crear una especie de cometa de alas rotatorias, todo un autogiro remolcado, creado para que los submarinos emergidos pudieran ampliar su campo de visión.

En esa época, los submarinos eran aún más barcos sumergibles que navios submarinos propiamente dichos. Navegaban más tiempo emergidos que sumergidos y, además, debían salir a superficie cada cierto tiempo para recargar las baterías, renovar el aire del interior, o recibir suministros desde un barco de superficie. Debido a su bajo perfil, el alcance visual desde su vela era más bien reducido. De esto surgió la idea de tener una torre de vigía elevada en forma de autogiro remolcado.

Así, el autogiro alemán Focke-Achgelis Fa 330 se guardaba desmontado en el interior de un submarino. Tenía un rotor de tres palas plegables, un asiento para el tripulante, y un fuselaje tubular. El autogiro era remolcado por el submarino con un cable de entre 60 y 150 metros de longitud. Cuando el submarino emergía, se montaba el autogiro y se lanzaba desde su cubierta para realizar labores de vigilancia. Si el piloto detectaba algo, llamaba al submarino gracias al cable que mantenía conectado el autogiro con el submarino. Tan sólo se dio un caso, que se sepa, de un hundimiento tras localizarse un blanco por parte del el Fa 330: el vapor griego *Efthalia Mari* el 6 de agosto de 1943, interceptado por el submarino U-177.

Los aliados se hicieron con el primer Fa 330 al capturar el U-852. Sin embargo, el rápido desarrollo de los helicópteros hizo que, tras algunos ensayos, no se prestara más atención al autogiro para este tipo de tareas. El Fa 330 fue, seguramente, la primera aeronave de alas rotatoria que se utilizó en servicio activo con una armada. Los alemanes intentarían posteriormente dotar a sus barcos del helicóptero de palas contrarrotatorias de giro entrelazado Flettner Fl 282 *Kolibri*, un vehículo monoplaza pensado para observación y escolta. Fue empleado por la Luftwaffe y la Kriegsmarine alemanas desde 1940 y es considerado como el primer helicóptero producido en serie de la historia.

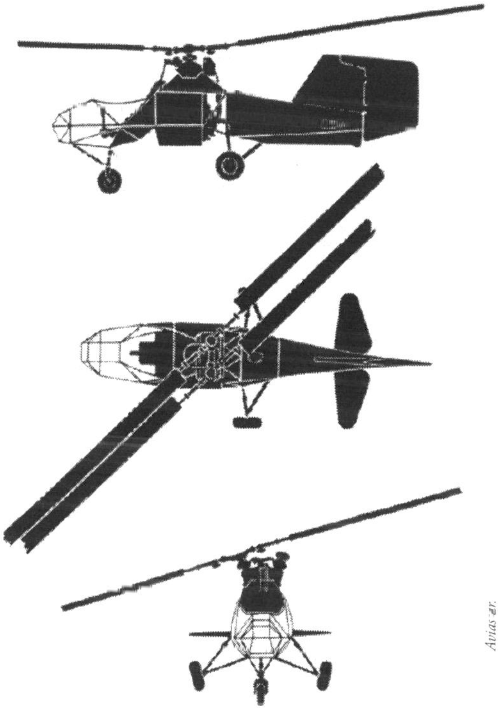

Flettner Fl 282 *Kolibri*.

No hemos abandonado todavía el camino más convencional. La estampa de un autogiro volando, y de su pariente posterior, el helicóptero, ha dado lugar a cientos de variantes que, independientemente de su tamaño y función siguen recordando a los primeros prototipos de este tipo. Ahora bien, ¿por qué no llevar la idea original al límite? Forzando conceptos suelen nacer verdaderas pesadillas volantes aunque, eso sí, muy atractivas.

De un salto, con un poco de equilibrio, viajemos al siglo XIX. Pongamos que, por ejemplo, hemos llegado a Berlín hacia 1860. Dando una vuelta por la universidad, caeremos por azar en las aulas de ciencias. ¿Quién está ahí, parlamentando con sus alumnos con especial entusiamo? Con rostro contundente y expresión solemne, un hombre de blancos cabellos desordenados maneja algún tipo de aparato eléctrico que descansa sobre una mesa de madera. A su alrededor, estudiantes y curiosos observan cómo el profesor lleva a cabo diversos experimentos. El protagonista de esta escena se llamaba Heinrich Gustav Magnus, magnífico docente que mostraba tal pasión en sus clases, y también en sus viajes de estudio para visitar todo tipo de industrias, que no sólo estaba rodeado siempre por sus alumnos, sino que gentes de toda condición acudían a escuchar sus explicaciones e, incluso, formó una especie de tertulia científica y técnica en su propia casa. Como profesor de física en la universidad berlinesa no tenía precio y, como investigador, alumbró importantes descubrimientos en química y física durante décadas. Naturalmente, poco sonará este nombre a muchos, quizá lejanamente recordará a algunos cierto efecto físico que ha sido llamado Magnus en su honor, puesto que el profesor alemán fue el primero en describirlo.

¿Qué es el efecto Magnus? Imaginemos un objeto lanzado al aire. Surcando este fluido gaseoso, el objeto mostrará cierta trayectoria que, debido a que se encuentra rotando, se verá modificada por ello. Cualquier cosa que gire sobre sí misma al surcar los cielos, tendrá un comportamiento diferente comparado con un objeto similar que no esté rotando. Cuando el objeto rota, genera una corriente de aire a su alrededor, que será más rápida cuando circula a favor del movimiento general del cuerpo y más lenta en el lado opuesto, formándose así una diferencia de presion entre los extremos del objeto en rotación que crea una fuerza perpendicular a la corriente de aire generada. Esa fuerza es la que modifica la trayectoria original del objeto.

Aunque no nos demos cuenta, el efecto Magnus se manifiesta en muchas situaciones. Véanse, como muestra, los comportamientos de las pelotas lanzadas “con efecto”, que tantas veces hemos contemplado en múltiples deportes y que consiguen tan curiosos movimientos gracias a diversos fenómenos físicos, estando el efecto Magnus entre ellos. Desde el diseño de armas a la aeronáutica, el estudio de este efecto ha encontrado múltiples campos de aplicación. He aquí, siendo un poco radicales, lo que puede suceder si queremos aprovechar al máximo el efecto Magnus en el diseño de alas para aviones. Tómense unas alas y, siguiendo su eje longitudinal, instálese en su interior cilindros rotatorios movidos por la energía de un motor a gran velocidad.

Experimentos con el efecto Magnus en las alas del 921-V, 1930.

San Diego Air and Space Museum.

¿Qué se consigue con semejante artilugio? Vendría a ser una forma de conseguir una aeronave con capacidad de despegue vertical, o cercano a ello, pues se logra sustentación desde el mismo momento en que el ala gira. No se puede decir que la idea haya tenido mucho éxito, pero se ha intentado probar en numerosas ocasiones, aunque sólo de forma experimental. Por ejemplo, se intentó con el avión conocido como 921-V, de 1930, fabricado en Estados Unidos, que no terminó muy bien sus días.

Cuando uno se interesa en lo que es la aerodinámica, le cuentan que la forma del ala permite al avión volar porque el aire de "arriba" va más rápido que el de "abajo", y esto hace que aparezcan unas fuerzas que son las que sostienen el avión en el aire. Pero antes de esto, te mencionan otros asuntos, hablándote de puntos de remanso, capa límite, circulación y otros similares.

Por supuesto, la sustentación depende de esa circulación, la densidad del fluido y la velocidad relativa a éste. Tradicionalmente se utiliza el ejemplo de un cilindro introducido en una corriente de un fluido que se mueve, con y sin viscosidad. Si el cilindro está quieto no pasa nada. Pero si gira sobre su eje hace que el fluido que pasa por un lado circule más rápido, el que se mueve a favor del giro, y que el del otro lado se mueva más lento, haciendo aparecer esa fuerza tan útil para volar conocida como sustentación. Bien, ha quedado claro pero, ¿realmente sirve para algo eso del cilindro girando que aproveche el efecto Magnus? Si aviones como el 921-V no lograron ir muy lejos, ¿por qué seguir intentando aprovecharlo? Los tiempos cambian, y la tecnología mejora. Además, la idea es demasiado seductora como para ser olvidada por completo.

Ahí es donde entra, por ejemplo, el asombroso Sky Truck, construido por FanWing hacia 2010, todo un pequeño avión

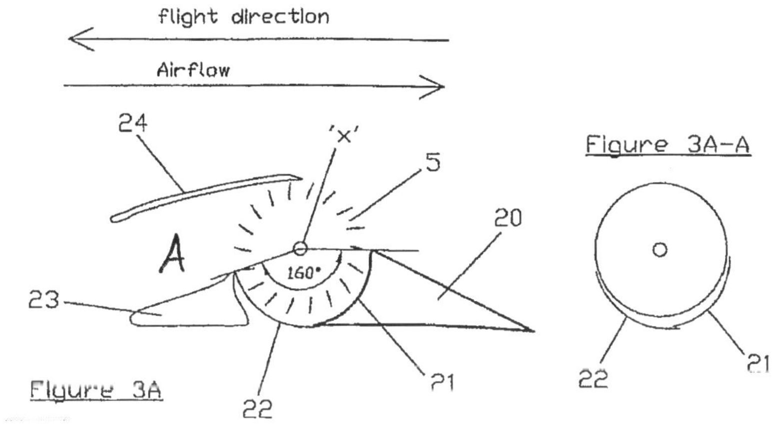

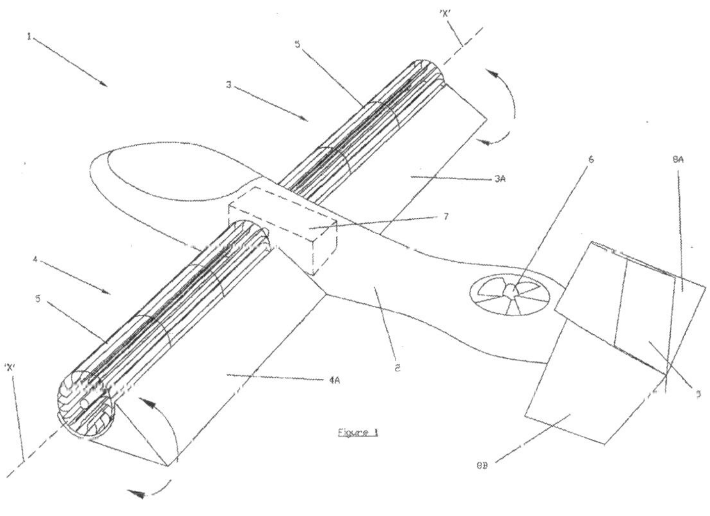

USPTO.

Gráficos de la patente estadounidense Véase la patente de Patrick Peebles, precursora de los modelos de Fan Wing (patente US 20110101173 A1 publicada en 2011).

de transporte de carga, controlado a distancia, que da una nueva vuelta de tuerca a la idea de "ala en rodillo".

Al menos en teoría, una nave propulsada con este sistema podría llegar a ser más silenciosa, estable, maniobrable y capaz de sorprendentes habilidades V/STOL. Pero claro, mientras sólo haya a la vista algún pequeño UAV de pruebas, todo queda en promesas. Restan todavía grandes retos técnicos para poder ver un gran avión con "ala en rodillo", una solución que plantea el empleo de un remedo de turbina cilíndrica colocada siguiendo el eje del ala, que no sólo parece mejorar la sustentación sino que ejerce como propulsor.

Recordemos de nuevo que un avión vuela porque el aire que circula sobre el *extradós* lo hace más rápido que el aire que circula por el *intradós*. Para eso el motor, sea con hélice o a chorro, mueve al avión. Así, el ala se mueve a través del aire y se produce una "circulación", moviéndose el aire de la parte superior más rápido que el de la parte inferior, y la diferencia de presiones que hace que el avión vuele.

Hay algunos medios hipersustentadores que lo que hacen es controlar la capa limite. La succionan o la soplan, haciendo que el aire se pegue más al perfil, haciendo que no se desprenda, retrasando el punto de pérdida. Por eso en Fan Wing se preguntaron: ¿y si además de pegar el aire al perfil, lo aceleramos?

La respuesta a esta pregunta tiene forma de ala ranurada. Dentro del ala aparecen unos ventiladores, que hacen que el aire circule en torno al perfil, acelerando el aire del *extradós* y de este modo consigue la sustentación.

Una aeronave de estas características es ideal para operaciones VSTOL, además de poseer una maniobrabilidad increíble para modelos radiocontrolados.

La portada del número correspondiente al mes de noviembre de 1934 de la revista *Popular Science*, soñaba con un futuro lleno de aviones con alas que, a primera vista, parecen similares.

Sin embargo, aquí el concepto es diferente. En el FanWing se acelera el aire con paletas, pero aquí las alas rotan, no para acelerar el aire, sino para realizar la función de un ala normal y conseguir sustentación al desplazarse con cierto angulo de ataque en el aire.

Popular Science, 1934.

No fue una propuesta aislada, en esa época se presentaron varias patentes que explotaban el concepto de vuelo con propulsión cicloidal, nombre con el que se conoció esta tecnología ideada con la intención de crear aeronaves muy estables. Como mucho, se realizaron pruebas con maquetas, a falta de un verdadero prototipo, pero la impresión que se tiene nada más ver ese juego de alas giratorias es bastante inquietante. No cabe duda de que los aviones cicloidales pueden considerarse como una de las apuestas más arriesgadas y extrañas de la historia de las máquinas voladoras. Sin alas fijas y, esto es lo más curioso, sin hélices, las naves cicloidales pensadas por el profesor de la Universidad de Washington F. K. Kirsten eran, al menos en teoría, un prodigio a la hora de lograr sustentación y propulsión gracias al movimiento de una serie de alas orientables giratorias que, a decir de su creador, estaban inspiradas en el vuelo de las aves. Los ciclocópteros, como fueron llamados en ocasiones, estaban llamados a revolucionar la industria de la aviación o, al menos, eso soñó Kirsten. Ya sabemos que se trató de un camino que no se aprovechó, pero durante un tiempo la promesa de aviones muy estables, rápidos y capaces de operar con gran seguridad gracias a sus alas giratorias, estuvo dando vueltas alrededor de la cabeza de un considerable número de ingenieros.

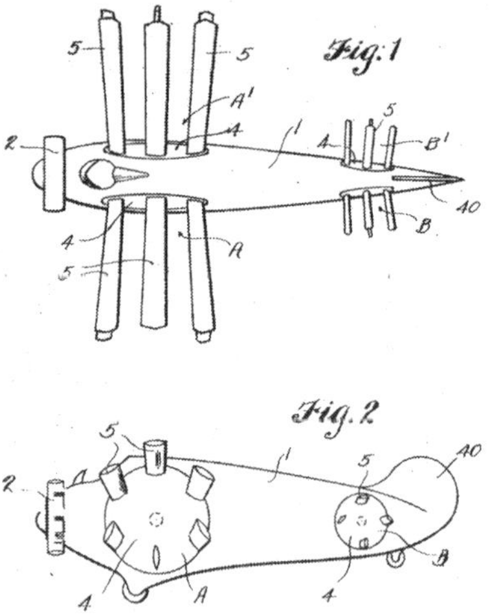

USPTO.

Patente estadounidense 2.090.052, de K. Kirsten
(20 de agosto de 1934).

Jan. 1, 1952 H. M. HEUVER **2,580,428**

CYCLOIDAL ROTOR FOR AIRCRAFT

Filed July 10, 1945 6 Sheets-Sheet 2

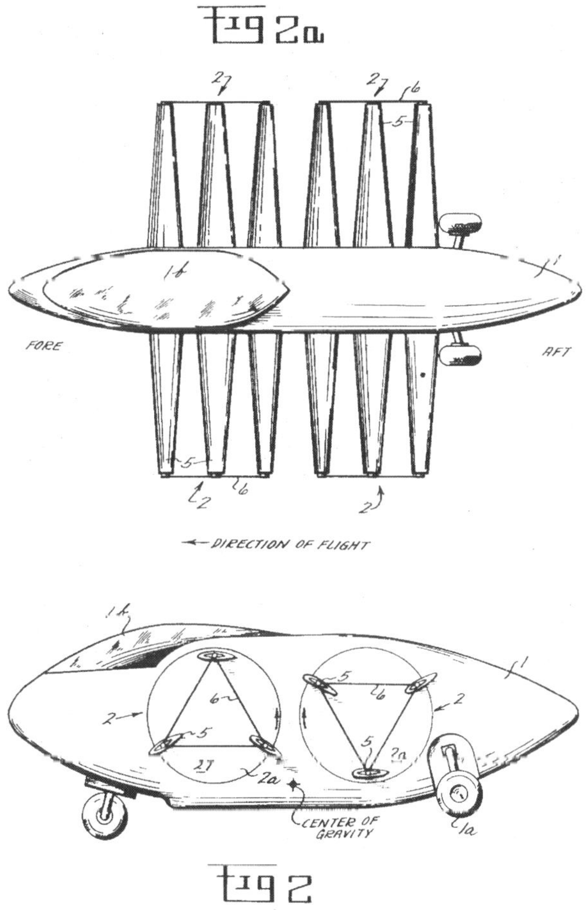

USPTO.

Gráfico de la patente estadounidense 2.580.428, "Rotor cicloidal para avión" otorgada a H. M. Heuver.

La propuesta de Fan Wing y la de los aviones cicloidales de los años cincuenta se parecen estéticamente, pero su planteamiento de vuelo es diferente. El caso de los modelos cicloidales parece haber sido olvidado, pero no por completo. Recientemente se presentó un curioso proyecto, Air Elf, en el que las alas, en vez de parecer paletas de un barco de vapor del Mississipi, serían giratorias como en una cadena de un vehículo oruga. La estructura del ala debería encerrar una cadena de pequeñas alas, que producirían sustentación y tracción al moverse. En el caso del ala que avanza, el perfil alar al desplazarse hacia adelante genera sustentación. Se tata de una idea arriesgada y compleja que todavía debe superar muchos obstáculos para mostrar su utilidad real. Este vehículo contendría una pila de hidrógeno, mandos que podrían configurarse en el lado izquierdo o el derecho de forma sencilla, y un sistema de eyección para poder escapar en caso de fallo.

El caso del Air Elf es sólo uno de los últimos intentos por materializar algún tipo de aparato relacionado con las "alas en tonel".

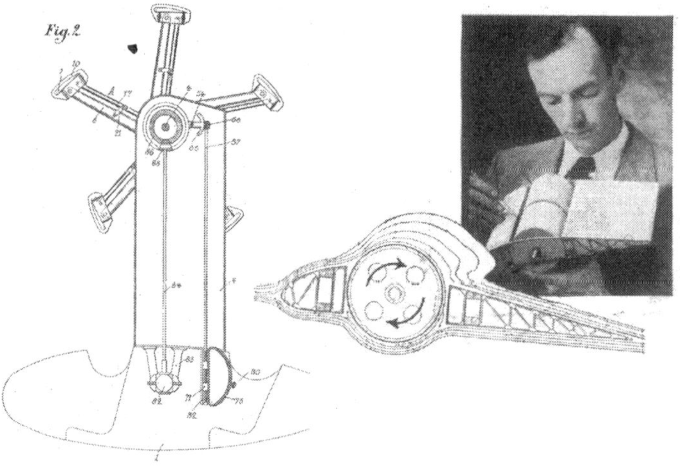

USPTO y *Popular Mechanics*, febrero de 1932.

A la derecha, propuesta de cilindro rotatorio para mejora de condiciones de vuelo propuesta por Ray Thompson. A la izquierda, gráfico de la patente US 1.639.908 A, de 1927, para un "rodillo volante", de Carl Bruno Strandgren.

PROPULSIÓN EXÓTICA

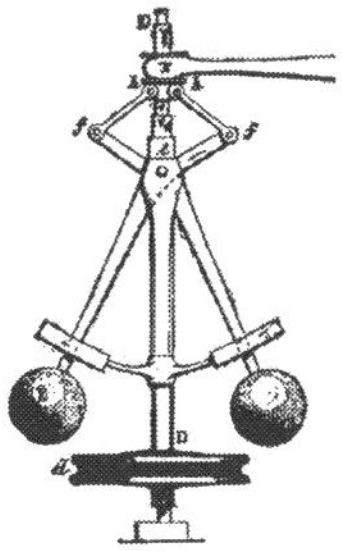

¡A todo vapor!

En todo avión debe existir un "corazón" que le permita propulsarse y, salvo que hablemos de un planeador, al buscar ese lugar de origen de la fuerza que lo mueve, encontraremos invariablemente un motor. Pero hay motores, y motores, porque aunque lo más típico es tratar con clásicos motores de pistones, ya sea configurados en línea, en oposición, rotativos, radiales, o en V, y con turbinas de gas, en forma de turborreactores, turbohélices, o turbofán, entre otros, también existe una abigarrada fauna aeronáutica poblada por todo tipo de aparatos que han volado gracias a algo un poco más exótico.

Comencemos por ciertos ejemplares muy poco usuales: los aviones a vapor. En una máquina de vapor clásica, se genera vapor de agua en una caldera a través de calor. Este vapor, a través de diversos tipos de mecanismo, como una biela, puede utilizarse para generar movimiento rotatorio, como sucede en las máquinas de los primeros tiempos del ferrocarril. Bien, es una tecnología relativamente sencilla y bien conocida pero, hacer que un avión vuele con una máquina de vapor no es lo mismo que mover una locomotora[*].

---

[*] La relacion peso/potencia de los motores a vapor es muy mala, por eso se considera tradicionalmente que quien dio "alas" a los aviones fue el motor de gasolina.

El uso del vapor de agua como fuente de energía es algo conocido desde la antigüedad. La revolución industrial se llevó a cabo gracias a esta tecnología y, precisamente por su ubicuidad, se pensó que la mejor manera de proporcionar energía a un avión sería dotarlo de un motor en forma de máquina de vapor.

Antes del célebre vuelo de los hermanos Wright, con el que se abrió el camino a la aviación con motores de combustión interna, fueron muchos los pioneros que realizaron tentativas de vuelo a vapor.

Según la patente inglesa número 9478, de 1842, otorgada a William Samuel Henson y a John Stringfellow, fue pretendida la construcción de una nave aérea a vapor con la que se iba a abrir una nueva era en el transporte. Estos dos osados inventores soñaban con establecer líneas de transporte de pasajeros gracias a aviones de vapor. Fueron unos visionarios, sin duda, aunque sus experimentos no fueron más allá de ciertas pruebas con modelos a escala. Sus esfuerzos constituyeron uno de los primeros ensayos sistemáticos encaminados a pasar de simples "juguetes" a lograr aviones modernos.

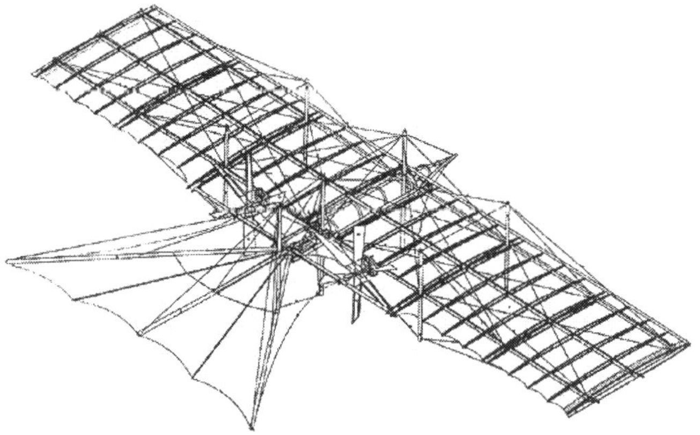

Early Aviation Archive.

Gráfico procedente de la patente para un avión a vapor de 1842.

Dr. Russell Naughton.

Modelo experimental de monoplano diseñado por John Stringfellow en 1848.

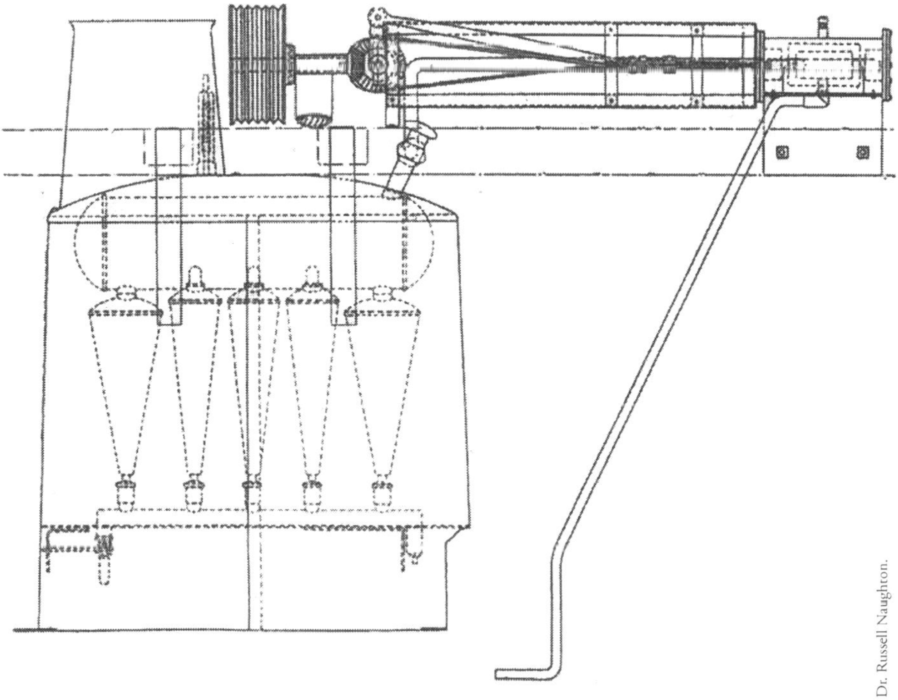

Dr. Russell Naughton.

Esquema de la pequeña máquina de vapor construida por John Stringfellow en 1848, destinada a sus aviones de pruebas. El combustible con el que se generaba el calor para formar vapor estaba compuesto por una mezcla de nafta y alcohol.

William Samuel Henson y John Stringfellow estaban tan seguros de hallarse en el buen camino, que dieron los primeros pasos para crear la primera empresa destinada a crear líneas aéreas de pasajeros capaces de dar servicio a todo el Imperio Británico. Antes de eso debían construir un avión de gran tamaño, propulsado por hélices movidas por pequeñas pero eficientes máquinas de vapor. Junto con otros socios formaron en 1843 la Aerial Transit Company, empresa con la que pretendían obtener los fondos necesarios para dar vida a este primer avión. Los experimentos se desplegaron a lo largo de varios años, hasta 1849, pero el ingenio no llegó a levantar el vuelo.

Curiosamente, la fama de Henson llegó tan alto, que el gran Edgar Allan Poe utilizó su figura como uno de los pasajeros del que fuera el primer globo capaz de cruzar el Atlántico. Naturalmente, aquello nunca sucedió, sino que se trató de una ficción en forma de reportajes periodísticos imaginarios, que creó Poe en 1844, y que muchos tomaron como información certera.

Puede parecer demasiado fantástico, pero aquellos dos audaces inventores ingleses no iban por mal camino. Pocos años más tarde, en 1852, el ingeniero francés Henri Giffard construyó un nuevo tipo de nave: el primer dirigible. A diferencia de los globos aerostáticos de su época, fue el primer vehículo aéreo cuyo vuelo podía ser controlado utilizando timones y, claro está, para su propulsión utilizaba un motor a vapor.

El pequeño motor a vapor de tres caballos con el que Giffard dotó a su nave, cambió la historia de las máquinas volantes. ¿Sería posible hacer lo mismo con un avión? El éxito del primer dirigible animó al polifacético arqueólogo, numismático y matemático francés Gustave Ponton d´Amécourt a idear otro ingenio pionero. El que fuera amigo de Julio Verne creó el primer helicóptero, es más, inventó esa palabra partiendo del griego *helikos*, o hélice, y *pteron*, ala. Varias patentes de 1861 y 1862 concedidas al curioso numismático muestran de qué era capaz su ingenio. No se detuvo en dibujar su idea, sino que, junto al marino y periodista Guillaume Joseph Gabriel de La Landelle, construyó un pequeño prototipo dotado de máquina de vapor. Verne afirmó que parte de la inspiración de su obra *Robur el Conquistador*, procedía de las experiencias con este primigenio helicóptero.

Bibliothèque Nationale de France.

Fotografía realizada por el pionero de la fotografía Nadar (Gaspard-Félix Tournachon), sobre el modelo de "helicóptero" (*chère hélice*) creado por Gustave Ponton d'Amécourt. Cabe señalar que la caldera de este modelo estaba construida con aluminio, por entonces un metal muy costoso de producir.

También quedó fascinado por los vuelos y el vapor el igualmente francés Félix du Temple, militar e inventor que es recordado por haber logrado construir y volar el primer avión a motor de la historia. Intentando imitar el vuelo de la aves, patentó en 1857 cierta nave que asombra por estar tan adelantada a su tiempo. Contaba incluso con tren de aterrizaje retráctil. De aquellos planos pronto pasó a la práctica: construyó junto a un hermano varios modelos de avión de pequeño tamaño. El primero de ellos estaba impulsado por un resorte de relojería, mientras que los siguientes intentos estarían propulsados por hélices movidas gracias a máquinas de vapor en miniatura. Cada nuevo intento era mejor que el anterior y, así, llegamos hasta 1874, año en el que con un planeador de gran tamaño, pues tenía doce metros de envergadura, construido con aluminio y dotado de hélice con motor de vapor, se logró el que, posiblemete, fuera el primer vuelo autopropulsado de la historia. Se cuenta que la nave estaba pilotada, o más bien ocupada, por un voluntario. Ciertamente, parece que el *Monoplane*, como fue llamado, logró dar un pequeño salto en el aire, recorriendo un pequeño trecho, hasta volver al suelo.

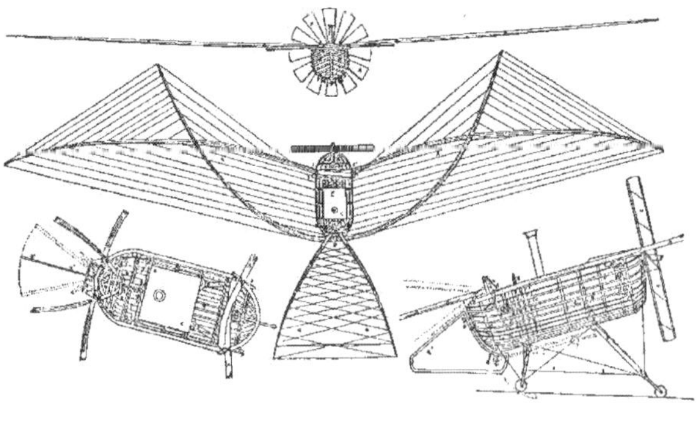

USPTO.

Gráficos de la patente de 1857 de Félix Du Temple.

En 1905 fue probada la primera embarcación dotada de hidroala, fruto del ingenio del italiano Enrico Forlanini, que en 1900 había patentado esta idea. Quien fuera uno de los principales pioneros de la aviación en Italia, hacía mucho que venía experientando con todo tipo de ideas novedosas. Una de ellas fue cierto helicóptero dotado de máquina de vapor, del que construyó un modelo funcional hacia 1877.

Por ese tiempo, el marino ruso Aleksandr Fiódorovich Mozhaiski estaba buscando la forma de construir un aparato más pesado que el aire que fuera capaz de volar con un piloto. Surgió así su avión dotado de propulsión a vapor que, al parecer, también fue capaz de ralizar un corto salto en el aire. La nave, con una envergadura de veinticuatro metros, fue probada entre 1882 y 1885.

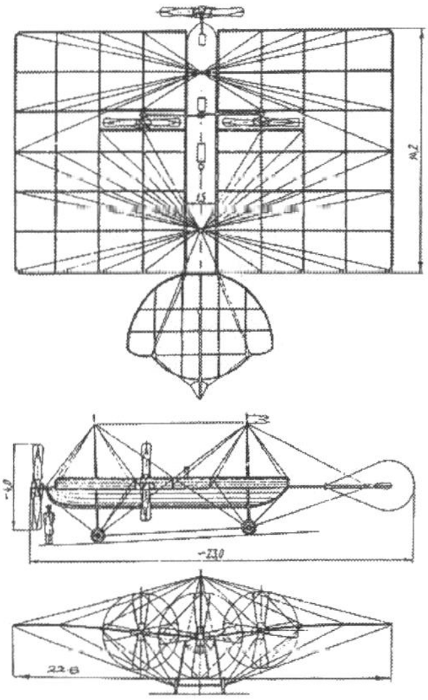

USFTO.

Monoplano de Mozhaiski.

Acercándonos a toda velocidad al prometedor siglo XX, podemos encontrar a varios pioneros que ya han aparecido en las páginas de este libro. Clément Ader logró dar algunos saltos con su monoplano con aspecto de murciélago hacia 1890 empleando propulsión a vapor. Intentos posteriores fueron igualmente poco fructíferos. Mediada esa década encontraremos también al insistente Hiram Maxim, empeñado en hacer volar un inmenso y pesado aparato a vapor.

Hiram Maxim con parte del mecanismo de su sistema de propulsión a vapor.

El astrónomo y físico estadounidense Samuel Pierpont Langley llevó a cabo en 1896 varios ensayos con modelos propulsados con pequeñas máquinas de vapor y, al año siguiente, se inició el desarrollo de la nave a vapor de Carl Richard Nyberg. Detengámonos un momento ante este industrial sueco. Hay que reconocer que, en una vida exitosa desde el punto de vista empresarial, no tuvo tanta suerte con sus inventos aéreos. A Nyberg le fascinaban las máquinas de vapor y, por ello, se empeñó durante décadas en hacer volar un avión de este tipo. Los resultados de sus múltiples experimentos no pasaron de algunos saltos y poco más, pero hay que reconocer su empeño en lograr volar.

Cuando el vuelo de los hermanos Wright desató la fiebre de los aviones, aparecieron ciertos personajes que afirmaron haber volado con éxito en aviones propulsados a motor mucho tiempo antes. No lograron demostrarlo, pero algunos fueron muy perseverantes a la hora de intentar hacerse con el gran premio de ser recordados por la historia. Uno de esos excéntricos personajes fue Gustave Whitehead, nacido Gustav Weisskopf, inventor de origen alemán emigrado a los Estados Unidos. Desde que era joven, había intentado volar con planeadores e incluso experimentó con un rudimentario paracaídas. Según sus afirmaciones, entre 1899 y 1901 logró volar con un avión a vapor, después de muchos intentos anteriores. Sus afirmaciones acerca del éxito de aquellos aparatos dotados de diversos medios de propulsión no han sido aceptadas y, hasta hoy, su nombre permanece en la oscuridad. Después del vuelo de los Wright, no cesó en su empeño de volar, construyendo nuevos aparatos y fabricando diversos tipos de motor de combustión interna.

Similar empeño puso el californiano Lyman Wiswell Gilmore. En un incendio en 1935 se destruyó su aparato experimental a vapor y, con él, desaparecieron las posibles pruebas de su gesta. Al parecer, Lyman había estado experimentando con planeadores desde finales del siglo XIX y, hacia 1902, afirmó haber volado con un gran monoplano a vapor. No hay certeza acerca de la realidad de estas afirmaciones.

Con este curioso personaje parece terminar la aventura de los aviones a vapor, pues el triunfo de los hermanos Wright certificó que los motores de combustion interna eran una opción más adecuada. ¿Terminó así esta aventura?

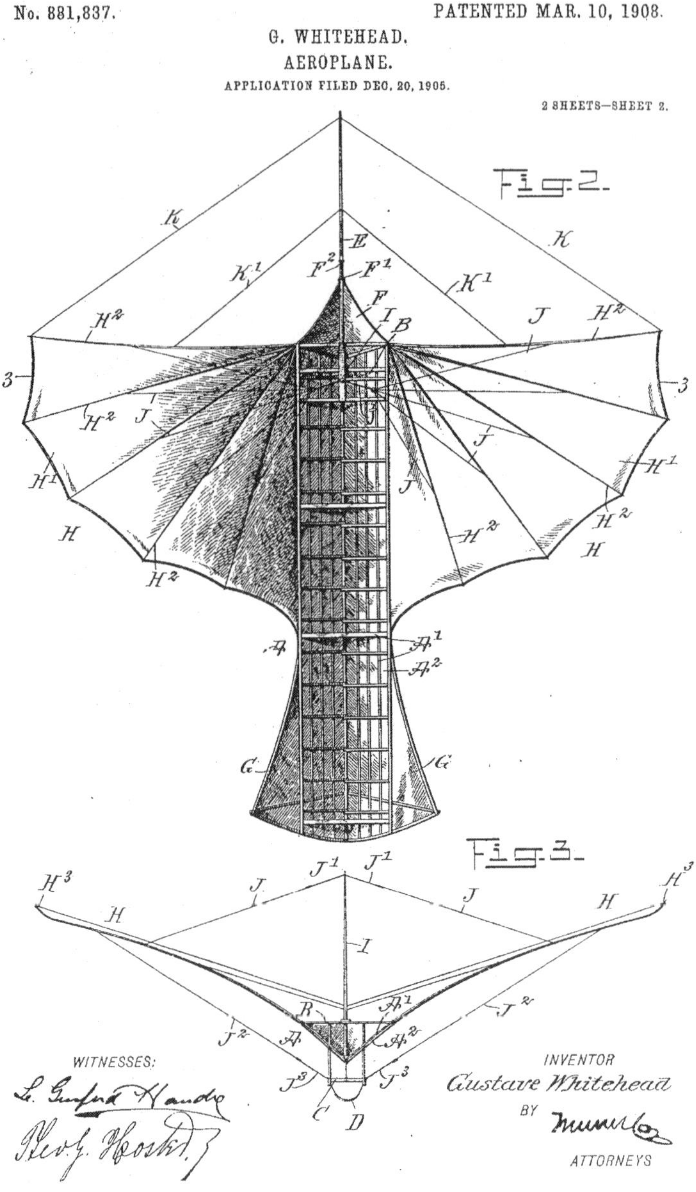

USPTO.

Gráficos de la patente estadounidense US881837, solicitada en 1905 por Gustave Whitehead.

No, la aventura no había terminado, ni mucho menos. En plena era de los aeroplanos comerciales la compañía británica Bristol Aeroplane Company pensó en crear una variante del Bristol Pullman propulsada a vapor. Diseñado por Frank Barnwell, nació el Bristol Tramp, del que se construyeron dos prototipos, uno de ellos tenía capacidades como hidroavión. Sucedió en 1920, cuando utilizar vapor en aviación parecía una idea ya completamente olvidada. En este caso la propulsión estaba en manos de potentes turbinas de vapor de tipo Ljungstrøm que, resultaron tan potentes y complicadas de manejar, que finalmente hubo que abandonar la idea ante los esfuerzos que sufría el fuselaje, así como por los problemas para acomodar y optimizar el circuito cerrado de vapor y los condensadores. Los dos prototipos fueron motorizados temporalmente con propulsores convencionales, a la espera de recibir su complejo sistema de vapor, que nunca fue instalado.

Y, con esta idea moribunda, llegamos a algo sorprendente. En 1933 el avión a vapor resucitó, o más bien nació realmente, porque todos los anteriores intentos no habían llegado a buen puerto.

Los hermanos estadounidenses George D. y William J.Besler, hijos de un magnate de los ferrocarriles, tuvieron la ocurrencia de comprar numerosos motores y patentes a la compañía Doble Steam Motors. Como si fueran juguetes caros, los hermanos adaptaron esos avanzados motores a vapor para mover automóviles, cierto aparato similar a un modelo de tren y, cómo no, un avión. Los Besler se distinguieron en los años treinta por su empeño en intentar que renaciera la tecnología de vapor, en una época en que la electricidad y los motores de combustión interna ya reinaban. Aunque la era del vapor había terminado, los hermanos Besler pensaron que todavía podía haber una oportunidad para esta tecnología si se enfocaba de una forma novedosa. Ahora ya no se trataba de contar con una reserva de carbón, que se quemaría en una caldera para calentar el agua que, pasando a ser vapor, moviera un motor. La novedad partía de combustible convencional líquido, como petróleo, pero en vez de usarlo en un motor de explosión, se quemaría en una minúscula caldera que, de la forma más eficiente posible, calentaría agua circulante en un serpentín rodeando la caldera y, convertido ya en vapor, accionaría un motor con dos pistones en V, para pasar finalmente a un condesador y vuelta a empezar. En definitiva, se trataba de incorporar una serie de mejoras a la tecnología de vapor clásica, pasando del carbón a los combustibles líquidos, con un motor pequeño y eficiente.

Popular Science, junio de 1933.

Los hermanos Besler junto a su avión experimental a vapor.

Aplicado en automóviles y otros vehículos terrestres sí parecía tener cierto futuro la idea, pero pocos apostaban por ver un avión volando con propulsión a vapor. Todo cambió en 12 de abril de 1933, cuando un biplano Travel Air 2000, aparentemente igual a todos sus hermanos de modelo, despegó en Oakland, California. Lo novedoso del pájaro estaba en su propulsión, llevaba en su interior el sistema Besler al completo, con su minicaldera, el motor de dos cilindros y condensadores. Los testigos quedaron asombrados, el avión voló sin problemas, suavemente y, además, era silencioso en comparación con el rugido de los motores a los que estaban acostumbrados. Los hermanos Besler alegaron que su sistema permitía construir aviones más eficientes a bajas velocidades, con menores vibraciones y muy silenciosos.

Popular Science, junio de 1933.

El avión a vapor de los hermanos Besler en un vuelo de pruebas.

Aunque negociaron con algunas compañías aeronáuticas, no se interesaron realmente por el invento, porque si se aplicaba a grandes aviones no podía competir con los propulsores convencionales en cuanto a potencia y velocidad.

Popular Science, junio de 1933.

William Besler con una unidad de producción de vapor.

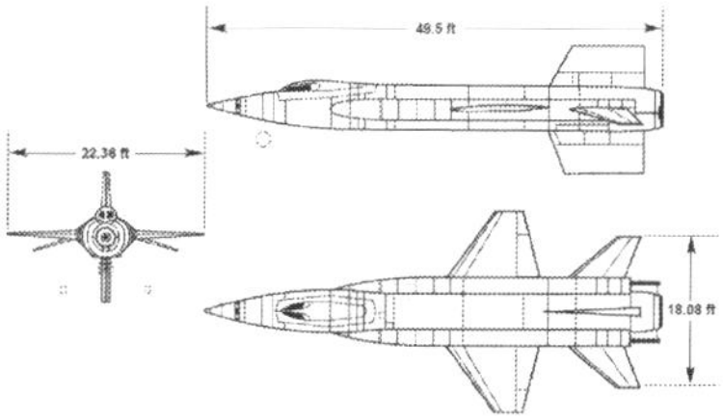

Aviones cohete

Unir aviones y cohetes puede parecer una idea peligrosa, pero en ciertos momentos de la historia de la aviación, se trató de algo que no sólo era factible, sino que se contempló como solución a necesidades urgentes.

La utilización de cohetes en aviones ha sido vista por los ingenieros desde múltiples puntos de vista. Aquí nos ocuparemos de ciertas naves que empleaban cohetes como propulsión principal, o al menos como algo integral en su modo de obtener energía para volar.

Dejando de lado el uso en tecnología espacial, los problemas derivados de integrar cohetes y aviones han sido múltiples y, en muchos casos, insalvables, lo que ha dado lugar a prototipos singulares pero que no pasaron a producción, salvo en casos desesperados en los que era necesario un interceptor rápido a costa de cualquier otra consideración, como sucedió en la Alemania de la Segunda Guerra Mundial.

En teoría, la potencia "instantánea" que proporciona un cohete, puede ser muy útil en ciertas ocasiones. He ahí, por ejemplo, los sistemas de despegue asistido por cohetes (RATO)*.

* El motor cohete es el motor a reacción más sencillo (con gases expulsados a alta velocidad que empujan al vehículo en el sentido opuesto). En este caso, no existe toma de aire para producir la combustión. Tanto el combustible como el comburente (el oxidante) van almacenados en el vehículo y se suministran al motor. La no dependencia del oxígeno del aire para producir la combustión, los convierten en únicos para los viajes espaciales. Es un motor relativamente simple, contando en principio sólo con la cámara de combustión y la salida de gases.

Se trataba de asistir el despegue de aviones de combate por medio de cohetes. La nave se colocaba sobre una rampa o plataforma, de tal forma que unos cohetes conectados al avión proporcionaban toda la energía necesaria para el despegue, eliminando así la necesidad de contar con una pista de despegue y, además, colocando al aparato en posición de entrar en acción de forma muy rápida. La mayor parte de estos experimentos tuvieron lugar en los albores de la guerra fría y, aunque no tuvieron un desarrollo posterior muy dilatado, sirvieron para sentar algunas de las bases técnicas empleadas en aviones capaces de despegar y aterrizar en pistas cortas o en naves con posibilidad de hacerlo verticalmente.

National Museum of the U.S. Air Force.

Experimento de despegue asistido por cohetes en los años cincuenta.
Se puede observar un F-100 *Super Sabre* situado sobre una rampa de despegue de distancia cero en pleno proceso de ignición.

La tecnología empleada en aquellas experiencias partía parcialmente del estudio realizado sobre armas obtenidas de los alemanes tras la Segunda Guerra Mundial, sobre todo las V2, el Me163 y los cohetes auxiliares del 323.

USAF Historical Research Agency.

Fotografía tomada durante una de las pruebas realizadas en 1944 con un modelo de Republic-Ford JB-2, copia estadounidense de las bombas volantes V1 alemanas.

United States Air Force.

Martin MGM-1 *Matador*, desarrollo avanzado de misil de crucero estadounidense basado en las V1, en servicio entre 1952 y 1962.

MGM-13 *Mace*, postrero desarrollo del *Matador*, fue un misil táctico de crucero que llegó a estar operativo hasta finales de los años setenta.

Si miramos a la forma en que se explotó la tecnología de las bombas volantes V2, que sirvieron de semilla para la tecnología espacial y de misiles de las dos grandes potencias triunfantes del conflicto mundial, podemos encontrar aparatos asombrosos, como uno de los primeros derivados norteamericanos de las V2: el SM-64 *Navaho*. Fue una nave que tenía un diseño atrevido pero un planteamiento tecnológico algo difícil de ser llevado a la práctica. Al pensar inicialmente que los misiles balísticos no serían viables, el ejército de los Estados Unidos apostó por desarrollar un misil de crucero intercontinental supersónico.

La idea no fructificó, porque pese a partir de motores mejorados de las V2, se demostró finalmente que sería mucho más sencillo apostar por los misiles balísticos. Sin embargo, lo que fue un relativo fracaso desde el punto de vista del armamento, se convirtió en un experimento de gran utilidad para el desarrollo de la tecnología espacial gracias, por ejemplo, al impulso que los Navaho dieron al desarrollo de sistemas de navegación inercial avanzada, entre otros.

NASA Marshall Space Flight Center.

Prototipo de misil de crucero *Navaho*, capaz de volar a velocidades superiores a Mach 3 utilizando tres motores cohete de combustible líquido herederos de los utilizados en las V2.

Toda esta aventura viene de lejos, y al centrarnos en lo que a aviones tripulados se refiere, cabe rendir homenaje a alguien que ya ha visitado estas páginas, el ingeniero alemán Alexander Lippisch. Suyo fue el diseño del primer avión impulsado por cohetes de la historia, el Lippisch Ente. Con una planta motriz compuesta por dos cohetes de pólvora negra, este curioso planeador voló por primera vez en el verano de 1928.

El testigo del vuelo con cohetes fue recogido por el intrépido Fritz von Opel, nieto de Adam Opel quien, a mediados del siglo XIX, fundó una factoría de máquinas de coser y, más tarde, de bicicletas que, andando el tiempo, se convertiría en el imperio automovilístico alemán Opel. El padre de Fritz, Wilhelm von Opel, se encargó, junto con uno de sus hermanos, de transformar la vieja fábrica de Adam en una empresa dedicada al mundo de los coches a motor cuando alboreaba el siglo XX. No es raro que, viendo estos antecedentes, Fritz viviera desde niño entre máquinas y acción, haciendo que en su interior naciera la pasión por la velocidad. Es ésta una querencia que nunca abandonó, pero lejos de ajustarse a lo típico de la época y correr en primitivos bólidos, decidió ir un poco más allá.

Nacido en 1899, Fritz von Opel sintió desde temprano que los motores de explosión poco podían hacer si lo que se deseaba era ir más allá, más rápido que cualquier cosa imaginada. Con el tiempo fue conocido como *Fritz el Cohete*. Mezcla de aventurero, empresario y artista, el alemán, que se formó como ingeniero, siempre tenía en la cabeza una loca idea que terminaba por llevar a la práctica. Se preguntó si podrían romperse marcas de velocidad dotando con cohetes a todo tipo de vehículos. La idea no consistía en salir volando, sino en controlar la bestia y romper los límites de velocidad, saliendo vivo del juego, claro está.

Con tenacidad, el 15 de marzo de 1928 probó su primer diseño de coche impulsado por cohetes, el RAK-1. Bien, no puede decirse que el resultado fuera una maravilla, porque la máquina alcanzó una velocidad máxima de unos 75 kilómetros por hora, pero la prueba sirvió para demostrar que podía hacerse y, más importante, que se podría continuar por aquel camino sin problemas porque el piloto, el propio Fritz, sobrevivió. Había que superarse, así que pocas semanas más tarde, el ingeniero decidió acoplar veinticuatro pequeños cohetes a su segundo prototipo, el RAK-2. Esta vez a punto estuvo de salir volando como un avión, dado que el vehículo cohete alcanzó la nada desdeñable velocidad de 230 kilómetros por hora. Más adelante, en otras pruebas, logró superar los 250 kilómetros por hora.

Letec Magazine, 1929.

Fritz von Opel, en el centro de la imagen, dando instrucciones durante la construcción de uno de sus prototipos.

En vista de su éxito y de la popularidad que alcanzó con estas pruebas, Fritz decidió poner cohetes en todas partes. Empezó con un planeador a cohete. El experimento fue un éxito, aunque pocas semanas antes su primer prototipo había explotado en tierra, no se arredró y continuó con su proyecto. Motocicletas y otros artilugios, fueron convertidos por Fritz en cohetes rodantes, pero la crisis del 29 terminó cerrando el grifo de su financiación, la Opel pasó más tarde a manos de General Motors y se acabó el tiempo para las aventuras arriesgadas, aunque Fritz continuó maquinando todo tipo de audacias durante décadas, hasta que falleció en Suiza en 1971.

Aquel primer avión-cohete de Opel, al que también llamó RAK-1, como su coche experimental, fue construido en 1929. Con ayuda del experto en pirotecnia Friedrich Sander y el entusiasta de los cohetes Max Valier, fue transformado un planeador comprado a Alexander Lippisch, aquel que ya había sido utilizado como primer avión cohete experimental. Dañado en el accidente mencionado, fue reconstruido y mejorado. Opel pilotó aquella peligrosa nave durante más de un minuto a lo largo de kilómetro y medio de rugiente recorrido. La nave se dañó nuevamente tras aterrizar.

Visto lo peligroso de aquellas aventuras, apenas nadie se molestó en seguir por la senda de los aviones cohete, hasta que en la Alemania previa a la Segunda Guerra Mundial se retomó el asunto con un tinte mucho menos lúdico.

La casa Heinkel comenzó en 1936 el desarrollo del primer avión propulsado por cohetes pensado para ser fabricado en serie. El resultado fue el He 176, un aparato de aspecto futurista para su tiempo, diseñado por el equipo de Walter Künzel, pensado para llevar un piloto en el frontal acristalado.

Las pruebas secretas realizadas a lo largo de 1939 en la base de Peenemünde, pese a su espectacularidad, no llamaron la atención de los mandatarios nazis, por fortuna. Se dio la orden de no continuar con su desarrollo, cancelándose el proyecto. La mayor parte de la documentación acerca de aquellas experiencias con propulsión a cohetes de combustible líquido, posiblemente con peróxido de hidrógeno como comburente, se perdieron durante el conflicto mundial. Se sabe que la nave llegó a acercarse a los 750 kilómetros por hora de velocidad, pero poco más. Como tantos otros proyectos secretos de su tiempo, los datos que nos han llegado son escasos y de difícil comprobación.

San Diego Air and Space Museum.

Recreación del He 176.

Los nazis cambiaron de opinión hacia el final de la guerra, cuando decidieron apostar por cualquier clase de tecnología que fuera capaz de alumbrar "armas milagrosas" con las que poder superar a sus enemigos. Entre esas armas estaban los aviones propulsados por cohetes. El Messerschmitt Me 163 *Komet*, que vio la luz en 1944 de la mano del diseñador alemán Alexander Lippisch, ya nos visitó anteriormente en las páginas de este libro. Su aventura fue asombrosa, se convirtió en el primer avión-cohete producido en serie, destinado a restaurar la supremacía aérea alemana ante los aliados. Ciertamente, su velocidad era más alta que la de sus competidores, pero la escasez de pilotos experimentados hacía que no fuera muy efectivo. Tras los escasos minutos que duraba la "carga" de sus cohetes, se convertía en un planeador sencillo de abatir (uno de los combustibles que empleaba era tan corrosivo que el piloto volaba con un traje especial contra ácidos).

Messerschmitt Me 163 *Komet* capturado por tropas británicas y enviado posteriormente a Australia.

Entre todos aquellos desesperados intentos alemanes por lograr rápidos aviones de combate en los últimos tiempos de la guerra, posiblemente el más extraño y asombroso fuera el Bachem Ba 349 *Natter*. Como caza interceptor era más un misil que un avión, a pesar de estar pilotado. La Luftwaffe necesitaba derribar bombarderos aliados de cualquier forma que fuera posible, por lo que la idea de un misil tripulado se tomó muy en serio. El *Natter* (víbora), del que se fabricaron apenas una decena de aparatos, voló por primera vez con piloto en marzo de 1945, apenas unas semanas antes del fin de la guerra en Europa. Lo más particular de esta nave estaba en su forma de despegar: lo hacía verticalmente, propulsado por cuatro cohetes de combustible sólido. En vuelo de crucero, otro motor cohete se encargaba de encontrar el camino al objetivo. Todo era demasiado teórico y, por desgracia para el piloto de pruebas, Lothar Siebert, el resultado del vuelo inicial, tras varios intentos con maquetas, fue toda una desgracia, falleciendo al caer el aparato en picado.

Aircraft of the Fighting Powers Vol VII. 1946.

Bachem Ba 349.

El aparato era lanzado verticalmente mediante los cuatro cohetes ubicados en parejas a cada lado del fuselaje, los cuales después de haber proporcionado el empuje total suficiente (2.000 kg), al cabo de 10 segundos, eran eyectados. El piloto, al llegar a tiro de los bombarderos, podía escoger una presa y disparar su batería de misiles contra ella. Posteriormente, ya sin combustible, podía utilizar la energía cinética restante para trepar aún más y picar hasta situarse a la popa de otra presa y embestirla. Poco antes de la colisión el piloto accionaba un mecanismo para separar la parte frontal del fuselaje de la parte trasera con el motor cohete. Ambas secciones eran recuperadas mediante paracaidas.

Una idea similar, pero mucho más radical, fue puesta en práctica por los japoneses en aquellos meses. Ya no se trataba de algo sofisticado capaz de despegar verticalmente, pero el objetivo era el mismo, con una excepción: el piloto no iba a sobrevivir nunca. El Yokosuka MXY-7 *Ohka* fue diseñado como avión-misil suicida, pilotado por un *kamikaze*, pensado para atacar de forma directa al enemigo. Con una asombrosa producción que superó los ocho centenares de unidades, cada MXY-7, a modo de bomba tripulada, era transportada y lanzada por un bombardero en las cercanías del objetivo a destruir. La mecánica una vez liberado el aparato era relativamente sencilla: el piloto suicida elegía el blanco, conectaba el motor cohete y se esforzaba por estrellarse contra él a gran velocidad.

Australian War Memorial.

Avión *kamikaze* MXY-7 localizado intacto al final de la guerra en el Pacífico.

Algunos modelos se podían lanzar desde tierra o incluso podían partir de submarinos, aunque este último modo de uso no fue probado en combate. Pensados inicialmente para destruir la flota de los Estados Unidos en el Pacífico, tuvieron poco éxito, siendo fácilmente localizables sus aviones nodriza, que solían ser destruidos en vuelo antes de poder soltar su carga mortal.

No fue sólo cosa de alemanes y japoneses el pensar en aviones cohete empleados para la guerra. La necesidad animó igualmente a los soviéticos a desarrollar el avión propulsado por cohetes Bereznyak-Isayev BI-1. No pasó de la fase de ensayos, incluyendo un accidente mortal en el que pereció el piloto de pruebas. Tras la guerra, la experiencia acumulada con este aparato dio como resultado un interceptor-cohete mejorado, el Mikoyan-Gurevich I-270, que tampoco superó la fase de ensayos, terminando destruidos sus dos prototipos.

En los Estados Unidos también interesaban los cohetes para propulsar aviones aunque el enfoque fue mucho más convencional. A modo de ejemplo, cabe recordar la adaptación de varios P-51D Mustang para ser auxiliados con cohetes a la hora de necesitar un rendimiento por encima del usual. Terminada la guerra, con material asombroso procedente de Alemania, los norteamericanos apostaron por los cohetes dando vida a toda una serie de naves destinadas a romper todo tipo de límites. Entramos aquí en un terreno a medio camino entre la aviación y la tecnología espacial, por lo que sólo mencionaremos algunos de los primeros desarrollos de esta serie de vehículos experimentales, cuando todavía se trataba de aviones propiamente dichos.

En primer lugar cabe recordar el Bell X-1, primer avión capaz de superar oficialmente la velocidad del sonido en vuelo horizontal en 1947. A partir de ahí se construyeron toda una serie de aviones "X", esto es, experimentales, pensados para probar todo tipo de nuevas tecnologías aeronáuticas y, muchos de ellos, propulsados por cohetes.

Destacó entre estas naves experimentales el North American X-15, avión cohete empleado por la USAF, la Armada de los Espados Unidos y la NASA para realizar ensayos de alta velocidad. Considerado uno de los aparatos más asombrosos de todos los tiempos, el X-15 llegó a volar en sus ensayos de los años sesenta hasta el límite entre la atmósfera y el espacio (tradicionalmente conocido como línea de Kármán, en torno a los 100 kilómetros sobre el nivel del mar), acumulando datos vitales a la hora de diseñar posteriores naves espaciales y aviones de alta velocidad.

NASA.

El avión experimental North American X-15 hacia 1960, capaz de volar a velocidades hipersónicas, llegando a alcanzar 6,72 Mach.

Vista posterior del North American X-15.

Neil Armstrong, primer ser humano en pisar la Luna en 1969, como piloto de X-15. Fotografía de la NASA tomada en 1960.

Sin abandonar la serie "X" de aviones experimentales estadounidenses, merecen ser recordados los aviones-cohete Martin Marietta X-24A, empleada entre 1963 y 1975 como demostrador de los conocidos como "cuerpos sustentadores", todo un campo de pruebas de lo que iba a ser tiempo más tarde el sistema de retorno a tierra del transbordador espacial. El Martin Marietta X-24B se utilizó para fines similares. Northrop también apostó por participar en los programas de aviones "X" con su HL-10, pensado para estudiar, junto con otros modelos similares, la técnica de las reentradas en la atmósfera de naves espaciales.

USAF Museum.

Martin Marietta X-24A.

NASA.

Martin Marietta X-24B.

NASA/DFRC.

Diversos cuerpos sustentadores experimentales.
(X-24A, M2-F3, HL-10). Imagen de 1969.

NASA.

Instrumental de vuelo del Martin Marietta X-24B.

NASA.

El piloto R. Gentry ante el Northrop HL-10 en 1968.

Todos estos aviones, casi naves espaciales, sirvieron para desarrollar todo tipo de nuevas tecnologías que han sido aplicadas en múltiples campos en años posteriores. Los cohetes, siempre presentes en ellos, también encontraron otro tipo de aplicación, más modesta pero igualmente espectacular, en otros aviones que debemos recordar brevemente.

En plena Segunda Guerra Mundial, en 1942, Northrop ideó el increíble XP-79, nave de la que sólo se construyó una unidad experimental, pero que se pensó como caza de alta velocidad de tipo ala volante que sería producida en serie. Inicialmente se pensó en un cohete para ser propulsado. La naturaleza tóxica y corrosiva de los compuestos que iban a emplearse como combustible y comburente del cohete hicieron que el fuselaje fuera armado con una aleación especial de magnesio con piezas soladadas, no remachadas. Por desgracia, las pruebas del cohete no fueron exitosas y se optó por modificar finalmente el aparato para albergar una turbina de gas. El vuelo de pruebas definitivo fue desastroso, muriendo el piloto*.

National Museu ■ of the U.S. Air Force.

Ala volante Northrop XP-79B en 1945.

* En este aparato, el piloto se disponía totalmente tumbado para reducir el problema con las "G", algo adoptado por ejemplo en el F16, donde el piloto vuela inclinado hacia atrás. Aunque al XP-79 se le conoce como "ariete volante", es falso que se diseñara para derribar aviones haciendo TARAN (chocando con el enemigo), se trata de una leyenda urbana.

Como el control de aviones de propulsión a cohete pura no parecía algo viable, se pensó en múltiples ocasiones utilizar lo mejor de dos mundos: por una parte se acudiría a aviones convencionales propulsados por turbina de gas, o incluso motores de pistones, mientras que para ocasiones en las que se necesitara más rendimiento, se auxiliarían por cohetes dispuestos al efecto*.

Ya hemos comentado la idea del despegue con distancia cero. Menos radical, pero más práctico para aviones de cierta entidad, ha sido el uso del despegue asistido por cohetes.

National Museum of the U.S. Air Force.

Un Boeing B-47B despegando asistido por cohetes en 1954.

* Se pueden considerar dos grandes tipos de cohetes: de combustible sólido y de combustible líquido. Los de combustible sólido sólo se pueden encender, pero no apagar. En los de combustible líquido se puede controlar el encendido y el apagado. A cambio, los cohetes de combustible sólido son mas estables y fáciles de utilizar sin que exploten, mientras que en los de combustible liquido encontramos la problemática de almacenar el combustible y el comburente, y que no se mezclen a destiempo, sobre todo en un aparato militar que puede recibir balas o metralla de un misil.

Cuando lo que se buscaba era impulso adicional durante el vuelo, no para despegar, se acudió a aviones con propulsión mixta. No hay muchos ejemplos de este tipo de aparatos, que son ciertamente curiosos. Si acaso, el más espectacular fue, sin duda, el Lockheed NF-104A, una versión vitaminada del interceptor supersónico F-104 *Starfighter*. A su turborreactor de serie (un General Electric J79-GE-3B) se le unió un sistema de cohete que le permitía alcanzar grandes altitudes. Este avión estaba pensado para el entrenamiento especial de pilotos que luego volarían en naves de la serie "X" estadounidense y que, en muchos casos, terminaron siendo astronautas de la NASA.

U.S. Air Force.

Chuck Yeager, que nos vistará en las próximas páginas, aparece aquí pilotando un NF-104, en 1963.

Dos fueron los prototipos de avión interceptor de punto desarrollado por Saunders-Roe para la Royal Air Force. No prosperó, pues el desarrollo de los misiles antiaéreos hizo que este tipo de aparatos se convirtieran rápidamente en algo obsoleto. Este avión de propulsión mixta, turborreactor-cohete, denominado Saunders-Roe SR.53, realizó su primer vuelo en 1957. El proyecto fue abandonado al poco tiempo. Se estudió implementar una versión mejorada, el Saunders-Roe SR.177, que no pasó de la mesa de diseño.

Años antes, al otro lado del Atlántico, se planteó la misma solución a través del Republic XF-91 *Thunderceptor*, avión interceptor de propulsión mixta que también fue cancelado tras fabricarse sólo dos prototipos.

USAF.

Uno de los dos prototipos de Republic XF-91 en vuelo.

Los pretendientes del primer estampido sónico

Detengámonos unos momentos en un episodio clave de la historia de la aviación, muy relacionado con el asunto de los aviones-cohete. En la historia de la tecnología se repiten muy a menudo esos emocionantes instantes en los que, precisamente por el avance de una técnica determinada, aparecen muchos afortunados capaces de lograr algo excepcional, aunque sólo uno de ellos puede llevarse la gloria. Con el primer avión que superó la barrera del sonido sucede eso, demasiados pretendientes y sólo un aventurero reconocido oficialmente. A lo largo de los años cuarenta la tecnología maduró lo bastante como para alumbrar los primeros aviones a reacción, un camino que no tardaría en llevar a un ser humano más allá de la barrera del sonido.

Oficialmente corresponde a Chuck Yeager el honor de haberse convertido en la primera persona en volar más rápido que el sonido. El osado Chuck entró en la historia de la aviación el 14 de octubre de 1947. La mejor forma de imaginar la situación es viendo *Elegidos para la gloria* (*The Right Stuff*, 1983) una película que retrata bastante bien la aventura de Yeager. No vamos a entrar en detalles, porque sobre ello se ha escrito hasta el aburrimiento, pero no está de más recordar que oficialmente aquel día fue la primera vez que un avión superó la barrera del sonido. Claro que, llamar avión al X-1 que pilotó Yeager es simplificar demasiado. En realidad podría decirse que era un misil-cohete (o, mejor dicho, es un misil, porque el aparato todavía existe y puede contemplarse en el *Smithsonian*) con un hombre dentro y había que tener narices para decidir pilotar un monstruo así. Y no, la exageración aquí no tiene cabida porque aunque a lo largo de muchos años superó todo tipo de marcas y, además, voló en combate superando peligros sorprendentes, fue aquel día de 1947 cuando demostró que poseía lo que un buen piloto de pruebas debe tener.

USAF.

Yeager posa ante el Bell X-1 *Glamorous Glennis*.

Cuando otros se volvieron atrás, o pidieron sumas de dinero astronómicas por volar en aquella cosa que a duras penas se podía manejar, la obstinación de Yeager le llevó a romper en medio de un estampido la mítica barrera del sonido sin que casi nadie supiera que apenas si podía mantenerse erguido. Siendo piloto de la NACA, la antecesora de la NASA, probó y mejoró los sistemas de vuelo de alta velocidad y realmente sentía que su destino se hallaba en romper la gran barrera. Pero he aquí que Chuck siempre ha sido un obstinado cabezota y, antes de volar en el vientre del cohete a casi 14.000 metros de altitud para convertirse en una celebridad, cometió una imprudencia que a punto estuvo de hacerle abandonar su sueño.

Apenas dos días antes Yeager había tenido un accidente cuando montaba a caballo y sufrió diversas fracturas. Con las costillas dañadas, y con el dolor que eso supone se presentó Chuck a la gran prueba. Ayudado por una especie de arnés o faja improvisada que un amigo le proporcionó, el piloto penetró en la angosta cabina del *Glamorous Glennis*, el X-1 bautizado así en honor a su mujer (el mismo nombre que habían llevado todos sus P-51), casi sin poder mover el brazo derecho. Desde luego, sus superiores no tenían ni idea de que iba a pilotar la nave con terribles dolores y dos costillas rotas porque, por supuesto, no le hubieran dejado ni acercarse al B-29 que ejercía las funciones de avión nodriza. Por fortuna, todo salió bien, y Chuck Yeager se convirtió en el primer ser humano en superar la barrera del sonido en vue lo horizontal. El dato oficial es ese, pero hubo otros pilotos que reclamaron ser protagonistas de la misma hazaña aunque, por desgracia para ellos, lo hicieron en condiciones que impedían la verificación del logro. Recordemos brevemente esos casos, mencionando a sus protagonistas y a las máquinas que pilotaban.

Se cuentan muchas historias acerca de pilotos que, en vuelo picado sobre todo, se acercaron peligrosamente al límite posible de rendimiento de sus aviones (por ejemplo George Welch con un *Sabre*, uno de los dos pilotos que despegó en Pearl Harbour con su P40 ante el ataque japonés). Puede que alguno de ellos superara la velocidad del sonido, entra dentro de lo posible, pero ninguno sobrevivió para contarlo. Sucedió sobre todo en combate, sin tratarse de un intento premeditado o estudiado, en medio de situaciones desesperadas en los cielos de Europa, cuando los novísimos reactores y aviones cohete de la Luftwaffe trataban de frenar los ataques aliados. Ningún avión de la época contaba con un diseño adecuado para superar la barrera del sonido. El X-1 era un avión experimental, más parecido a un proyectil cohete con cierto margen de maniobra que a un aparato convencional. La bombas volantes V-2 habían demostrado que, desde el punto de vista físico, una nave podía superar sin problemas la barrera pero, ¿podría un humano sobrevivir en una experiencia similar? Aunque muchos lo dudaban, Yeager demostró que era algo completamente factible. Eso sí, tiempo antes, en Alemania, posiblemente alguien logró sentir lo mismo que Chuck, solo que la historia no recuerda su nombre con letras doradas.

Ningún avión a hélice podía enfrentarse a la barrera del sonido sin romperse en pedazos, pero en Alemania se vieron, sobre todo hacia el final de la Segunda Guerra Mundial, ciertos aparatos que, al menos en teoría, podrían haber osado reclamar el protagonismo de esta aventura. El genial diseñador Alexander Lippisch dio vida a una de aquellas asombrosas máquinas. Se trataba del singular Messerschmitt Me-163 *Komet*, el planeador impulsado por cohete ya mencionado anteriormente. Al igual que sucedió con Yeager, había que ser un temerario para querer volar con uno de aquellos ingenios volantes.

El *Komet* no estaba diseñado como avión supersónico aunque, teniendo en cuenta que la velocidad del sonido disminuye con la altitud, y siendo la velocidad máxima de este avión de unos 950 km/h, hubiera sido posible, al menos en principio, que superara la barrera haciendo un picado. El 6 de julio de 1944, el piloto de pruebas alemán Heini Dittmar, a los mandos de un avión cohete *Komet* afirmó haber superado la velocidad del sonido, logrando 1.130 kilómetros por hora de velocidad*. Sin embargo, el caso de Dittmar no fue único, pues al menos otro piloto alemán afirmó también haber roto la barrera. No hubo confirmación. Sucedió el 9 de abril de 1945, cuando Hans Guido Mutke, piloto de combate de la Luftwaffe volaba en una misión a los mandos de un novísimo reactor Me-262 (la velocidad máxima de este avión era de 870 km/h, con lo que en picado podría acercarse a la velocidad del sonido a gran altitud). El diseño del aparato no permitía resistir las fuerzas que sufre una nave cuando se acerca a velocidades tan altas. Sin embargo, Mutke afirmó que, volando a más de 12.000 metros de altitud, forzó su máquina al máximo y descendió como el rayo para ayudar a un compañero de escuadrilla que estaba siendo atacado por un P-51 *Mustang* americano. Lo que sucedió entonces queda para la leyenda: el avión reaccionó como un monstruo enfadado, los dos reactores llegaron al límite de su rendimiento y comenzaron a lanzar llamaradas, poco faltó para que las alas saltaran de sus anclajes y, la aguja del indicador de velodidad, quedó clavada en el límite de su escala. Repentinamente, como si hubiera penetrado en otro mundo, lo que era un infierno se convirtió en calma, el avión parecía haber entrado

* La velocidad del sonido es de 1.224 kilómetros por hora a nivel del mar, debe tenerse en cuenta que esta cifra cambia con la altitud, por ejemplo a 50.000 pies la velocidad baja a tan "sólo" 1.062,25 km/h.

en otro universo o, al menos, el piloto así lo afirmó. Tras reducir la velocidad y volver a sufrir nuevamente grandes vibraciones, pudo finalmente regresar a su base, eso sí, con bastantes remaches menos de los que el avión tenía en su partida. No se sabe si Mutke logró superar la barrera, pero su descripción de la aventura concuerda con lo que Yeager vivió a bordo del X-1 pues, cuando pudo finalmente romper la barrera del sonido, su nave pasó de ser un caballo enloquecido a convertirse prácticamente en una alfombra voladora. Superada la barrera, las vibraciones desaparecían.

Me-262.

Finalmente, para completar este pequeño repaso, cabe recordar que otro piloto reclamó para sí el mismo mérito, sólo que, como en el resto de los casos, nunca ha sido reconocido oficialmente porque los instrumentos de medida empleados en su aventura no eran adecuados. Queda pues la marca de Yeager a salvo, pero no por ello hay que olvidarse de este otro pretendiente del estampido sónico, George Welch, piloto estadounidense que protagonizó dos vuelos extraordinarios a los mandos de un avión que marcó una época, el F-86 *Sabre*. En concreto, el avión pilotado por Welch era una versión experimental, XP86, que dos semanas antes del vuelo de Yeager y en otro vuelo apenas media hora antes de que el X-1 hiciera historia, "superó" la barrera del sonido. En esas dos ocasiones, siempre según Welch, la nave voló en picado con su turboreactor al máximo, logrando romper la barrera. El problema está en que nadie le hizo caso. Veamos, Welch no contaba con permiso para forzar su aparato y, para colmo, el X-1 era su vecino en la base californiana de Muroc, que con el tiempo pasó a llamarse Base Edwards. Cuentan las malas lenguas que Welch "apostó" que podía superar a Yeager y su cohete, que podría romper la barrera antes que el X-1 y, en su opinión, logró hacerlo en las dos ocasiones mencionadas. Luego, siempre según esa "teoría", fue silenciado porque, a fin de cuentas, no se podía hacer público que un avión de combate, por muy experimental que fuera, hubiera conseguido derrotar al carísimo cohete X-1 en su propia casa. Se trata sólo de especulaciones que no van más allá, porque nunca hubo pruebas de que Welch pudiera conseguir su sueño por lo que, apenas media hora después de su último intento, fue Yeager quien hizo resonar los cielos a los mandos de un extraño avión-cohete anaranjado con nombre de mujer.

FIESELER Fi 103R *REICHENBERG*, PILOTANDO UNA BOMBA VOLANTE V1

¿Alguien ha mencionado algo de "pilotar" una V1? Suena demencial, y lo era, pero se llevó a cabo. Alemania 1944, Segunda Guerra Mundial, todo marcha mal para los nazis, que están desesperados por conseguir armas milagrosas que les permitan sobrevivir.

Una de esas armas fue el Fieseler Fi 103R, versión tripulada de las V1. Realmente, lo de "tripular" es un decir, pues la capacidad de control de uno de esos monstruos era escasa. El escuadrón encargado de pilotar semejante locura era poco menos que un grupo suicida porque, aunque en teoría el piloto debía saltar y salvarse, los desastrosos resultados de las pruebas de vuelo, en los que se demostró que era prácticamente imposible que los pilotos escaparan a aquella aventura, terminaron por hacer que, por fortuna, el programa se cancelara.

Alan D.R. Brown.

Fieseler Fi 103R.

Propulsión nuclear

Hacia principios de la década de los cincuenta del siglo pasado, y a lo largo de casi veinte años, aparecieron por doquier toda clase de propuestas sobre máquinas "atómicas". El desarrollo de los primeros reactores nucleares de fisión había llevado a pensar que tan revolucionaria forma de obtener energía podría aplicarse a prácticamente cualquier cosa. Los submarinos atómicos fueron una realidad bien temprano, con el norteamericano *USS Nautilus* (SSN-571) como primer ejemplo, botado en 1954. En las revistas, en la radio y en la novísima televisión, entre el pánico a la destrucción mutua entre superpotencias se deslizaba cierta esperanza por esta nueva tecnología. La ciencia ficción, e incluso los dibujos animados, dieron vida a toda clase de engendros atómicos. La compañía Ford presentó en 1958 su proyecto de coche atómico, el *Nucleon*, un coche dotado de planta motriz de fisión pensado para poseer una autonomía casi ilimitada. Imagine el lector no tener que preocuparse más que de renovar una pequeña barra de uranio enriquecido de su coche cada dos o tres décadas. Se acabó el repostar, la gasolina y, claro está, la tranquilidad, porque pronto surgieron los problemas que se derivaban del uso de reactores de fisión en ingeniería civil.

Una autopista repleta de coches atómicos sería algo realmente inquietante pero, más allá de ese intento de Ford que no pasó de ser una maqueta, se llegó a pensar en la construcción de grandes barcos mercantes nucleares y, de hecho, se construyó alguno. En el caso de los submarinos, portaaviones y rompehielos, la utilidad de la propulsión nuclear, sobre todo por la autonomía que ofrecía, era indudable. Ahora bien, en otros ámbitos, dado lo peligroso de esta tecnología, no prosperaron las experiencias más allá de las mesas de dibujo. Todavía a finales de los años setenta, en 1979, hubo espacio para cierta serie de televisión de la NBC llamada *Supertrain*. El protagonista principal, como no podía ser de otro modo, era un tren nuclear capaz de recorrer en poco más de un día la distancia entre Nueva York y Los Ángeles. Por ese tiempo la conciencia acerca de los peligros de la energía nuclear y el auge de los moviemientos ecologistas hizo que, poco a poco, el sueño utópico de un mundo lleno de reactores de fisión se quedara en lo que finalmente es hoy, una tecnología centrada en el mundo médico, de la investigación, la energía y, claro está, el uso militar.

U.S. Navy / Idaho National Laboratory.

Núcleo del reactor de fisión del submarino *USS Nautilus* (SSN-571).

Con todos estos precedentes, no extrañará que el uso de energía nuclear, sobre todo pensando en la autonomía que podía ofrecer, se posicionara como una de las más prometedoras tecnologías de la aviación del futuro. Empeño en llevar a cabo ese sueño hubo, y mucho, pero finalmente la puesta en práctica fue bastante más compleja y costosa de lo esperado.

Un avión nuclear, que no debe confundirse con un aparato con capacidad nuclear, esto es, pensado para transportar y utilizar armamento atómico, no sería más que un avión que obtiene su energía de un reactor de fisión. Cierto es que se ha hablado mucho de pequeños reactores de fusión nuclear, ideales para su uso en naves espaciales y aviones, pero esa tecnología todavía no está a nuestra disposición y muy probablemente no lo esté en muchas décadas. Por ello, al hablar de aviones nucleares, nos referiremos únicamente a los intentos que durante la Guerra Fría se llevaron a cabo para construir aviones nucleares con la tecnología disponible: los reactores de fisión basados en la reacción en cadena producida al romper, o fisionar, átomos de uranio o de plutonio. Los Estados Unidos y la Unión Soviética, en medio de la carrera de armamento atómico, comenzaron diversos proyectos de aeronaves nucleares.

Del lado estadounidense la experimentación en este sentido comenzó muy temprano. Ya Enrico Fermi, uno de los padres de la bomba atómica en el marco del proyecto *Manhattan*, había propuesto una primera idea a este respecto en 1942, cuando los reactores de fisión se encontraban en su estadio más primitivo. Sin embargo, la promesa de una energía "ilimitada", era demasiado tentadora como para olvidar la cuestión. Básicamente, lo que provee un reactor de fisión es calor, una ingente cantidad de calor. Lo que los ingenieros debían solucionar era cómo crear un reactor de fisión nuclear controlada de pequeño tamaño, capaz de ser instalado en un bombardero, lidiando con el problema de apantallar la radiación, pensando cómo podía afectar a la aviónica, a los materiales y, claro está, a la tripulación. La gran cantidad de retos a superar para llevar aquel sueño a la realidad era tal, que pronto se pensó que no sería factible. En 1947 todo cambió, la US Air Force decidió entonces crear un programa para pasar de los cálculos y la fantasía a un avión real. El programa recibió una abultada financiación de partida y, así, entre 1948 y 1951 se pasó a investigar con toda seriedad cómo construir un reactor adecuado y cómo transferir la energía de éste al sistema de propulsión del aparato.

Las propuestas diseñadas fueron múltiples, pero para simplificar un primer desarrollo se apostó por un avión con un único reactor nuclear. Bien, el mayor problema no consistía en diseñar una planta de potencia de fisión pequeña, cuestión hasta cierto punto ya superada por entonces, sino cómo transferir de forma adecuada potencia a los propulsores de la nave. Ahí se encontraba el mayor problema del programa, pues la transferencia de energía se contemplaba como un reto especialmente complejo.

En 1949 el programa estadounidense llevó a cabo las primeras pruebas reales del concepto, en lo que se dio en llamar como Reactor Experimental de Transferencia de Calor (HTRE). Aquellas pruebas partían de tres tipos diferentes de planta motriz, para determinar cuál era susceptible de ofrecer mejor rendimiento en la transferencia de energía desde el reactor. Finalmente, el modelo HTRE-3 fue el sistema de transferencia elegido. Se trataba de una configuración de ciclo directo, o lo que es igual, un método en el que el aire se introduce en el propulsor a través de compresión similar a la propia de un turborreactor, pasando a continuación a una cámara especial en la que entraría en contacto con el núcleo del reactor de fisión.

Reactores experimentales del programa norteamericano de aviones nucleares. A la izquierda el HTRE-3, evolución del HTRE-2. A la derecha el HTRE-1. Idaho National Laboratory.

La idea tenía sus ventajas, pues el aire se sobrecalentaba prácticamente al instante y servía como medio de refrigeración para el núcleo del reactor cuando el avión se encontraba en funcionamiento. Superada la etapa de contacto del aire con el núcleo, éste era dirigido a las turbinas propulsoras y, finalmente, al escape. El avión propuesto, podía iniciar su vuelo con energía química tradicional, pudiendo pasar a propulsión nuclear en cuanto alcanzara cierta altitud y rango de temperatura óptima en el reactor de fisión. El despegue y aterrizaje con medios convencionales hacía, además, que la propuesta se considerase bastante segura.

Se mantenía el problema del contacto entre el aire y el núcleo del reactor, con la posible transferencia de radiactividad que eso conllevaba. Por ello, se pensó como opción el uso de un ciclo indirecto, en el que el aire exterior no entraba en contacto con el núcleo del reactor, sino con un mecanismo intermedio de intercambio de calor. Este intercambiador de calor podía ser un circuito cerrado de agua a alta presión o bien de metal líquido.

Claro, un ciclo indirecto era más seguro, pero también más caro, por lo que los directores del programa decidieron apostar por lo más rápido, sencillo y económico: el ciclo directo.

Ya se tenía el diseño preliminar del reactor de fisión y el método de transferencia de calor, ahora era necesario averiguar cómo proteger al propio avión y sus sistemas, así como a la tripulación, de la radiación. Se pensó crear pantallas protectoras de diverso tipo, empleando cadmio, placas de acero, óxido de berilio e incluso parafina. Una idea sencilla, se blindaba el reactor y todo quedaba asegurado. Por desgracia, la realidad mostró que no era tan buen planteamiento con el avión funcionado y con una corriente de aire "radiactivo" circulando por gran parte del aparato. Un escudo como aquel sería además muy pesado y complejo de instalar. La solución que se eligió fue la de crear una pantalla más sencilla en el reactor y otra a modo de "sombra" en la cabina de la tripulación, para proteger al personal y la aviónica. Así, se reducía el peso que tendría un escudo integral en el núcleo, y se centraría la protección adicional en cabina.

Con todo esto ya se tenía un modelo inicial para el proyecto, había llegado la hora de diseñar un avión nuclear de verdad. Hacia 1951 se planteó la necesidad de contar con un avión convencional para ser convertido en uno nuclear. Teniendo en cuenta la complejidad, el tamaño y el peso del reactor y el sistema de transferencia de calor, se determinó que el aparato más adecuado para la conversión sería un bombardero Convair B-36 Peacemaker, que por entonces era la plataforma con capacidad nuclear más empleada por el Comando Aéreo Estratégico (SAC) de los Estados Unidos. Se trataba de un avión inmenso incluso para los estándares actuales, por lo que podía acomodar con cierta facilidad la planta nuclear. Convertir un B-36 convencional en un avión nuclear experimental no fue tarea sencilla. Toda la proa fue rediseñada para contener un pesado blindaje que incluía placas de plomo y de goma. Fueron instalados en la sección trasera diversos contenedores de agua, pensados para absorber radiación. Así nació en Convair NB-36H *Crusader*, un vehículo experimental que tuvo que sacrificar su espacio dedicado al armamento para contener las grandes máquinas que formaban parte del sistema de propulsión nuclear.

USAF.

El avión nuclear experimental Convair NB-36H.

USAF.

Comparación de tamaño entre un B-29 (izda) y un B-36 (dch).
Imagen de 1948.

Xplanes - La propulsion nucléaire aéronautique.

Conjunto de transferencia directa de calor del reactor del NB-36H, localizado en la bahía de armamento del bombardero reconvertido.

Diversos aspectos del proyecto Convair X-6, que terminó por materializarse en el avión experimental NB-36H.

Xplanes - La propulsion nucléaire aéronautique.

El gran bombardero pasó a lucir un inquietante símbolo de radiactividad en empenaje vertical, cosa que dejaba clara la presencia en sus entrañas de algo muy especial. Su alma estaba compuesta por un reactor nuclear único refrigerado por sodio líquido. La estructura que contenía el reactor en el avión estaba pensada para que éste fuera retirado después de cada vuelo con fines experimentales. Así, los técnicos del programa podían estudiar el desempeño y los problemas surgidos en el reactor sin tener que realizar manipulaciones en el escaso espacio del interior del avión.

Inicialmente, el avión estaba propulsado por seis motores radiales de pistones y cuatro *turbojets*. Ahora que el avión ya tenía una planta nuclear en su interior, la propulsión se dejó en manos de cuatro turborreactores General Electric J47 convertidos en propulsores nucleares de ciclo directo y cuatro *turbojets* convencionales adicionales. Tal y como estaba previsto, la nave podría despegar por medio de propulsión convencional y, a cierta altura, cuando se alcanzara la temperatura óptima del reactor de fisión, se pasaría a propulsión nuclear. En el aterrizaje el proceso sería el contrario, considerándose que todo esto convertía a este aparato en algo mucho más seguro.

Entre 1955 y 1957 el NB-36H llevó a cabo cuarenta y siete vuelos de prueba, pero siempre propulsado de forma convencional. El reactor fue encendido en vuelo en diversas ocasiones y se recogieron todo tipo de datos acerca de su comportamiento en vuelo y de la viabilidad del sistema directo de transferencia de calor. Todo parecía ir por buen camino y no se encontró ningún contratiempo insalvable. A pesar de todo ello, la tecnología estaba avanzando en otros campos y el avión nuclear terminó por ser considerado algo obsoleto incluso antes de entrar en sus

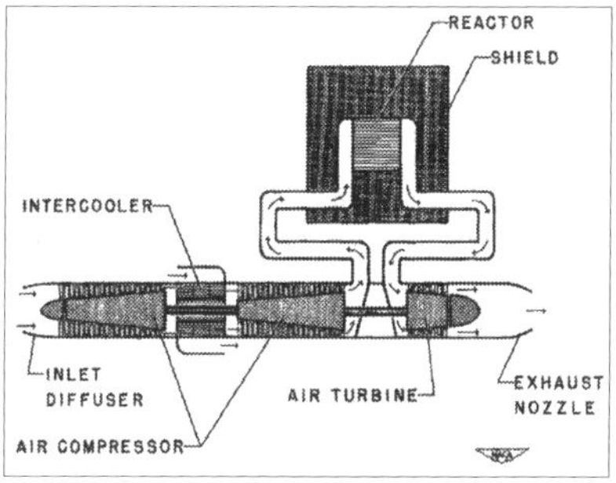

Ciclo directo.

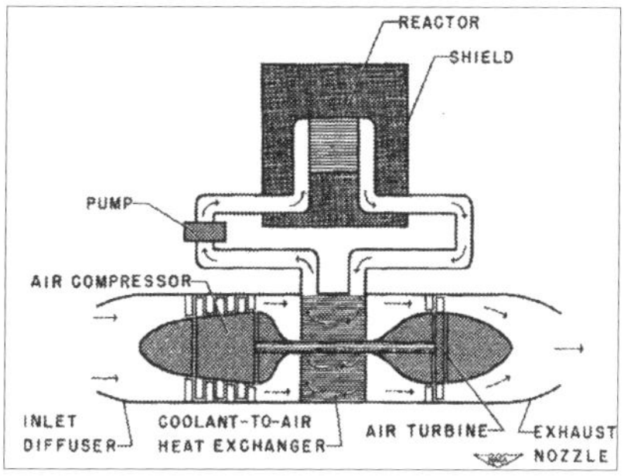

Ciclo con intercambiador de metal líquido.

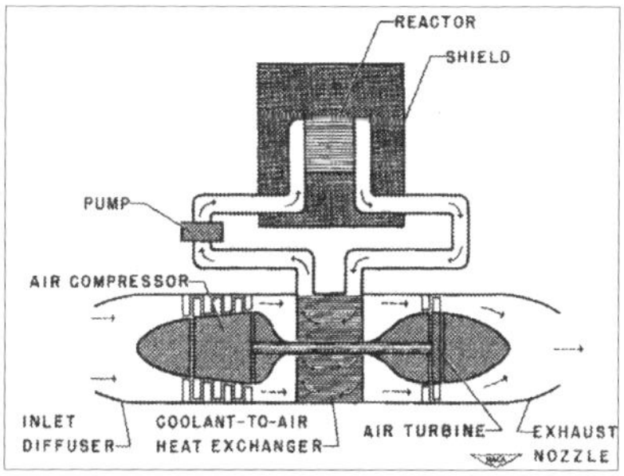

NASA.

Ciclo con intercambiador de helio.

Diversas propuestas para la transferencia de energía desde un reactor nuclear a los propulsores aeronáuticos procedentes de: NASA / NACA-RM-E50H24. 1950. *Preliminary analysis of three cycles for nuclear propulsion of aircraft.*

pruebas finales. Los avances en el uso de nuevos misiles nucleares y las mejoras en los bombarderos convencionales, hicieron que a finales de los sesenta la Fuerza Aérea de los Estados Unidos, tras gastar una gran cantidad de dinero en su desarrollo, decidiera aparcar definitivamente al NB-36H.

¿Qué sucedía mientras tanto en el lado soviético? Como podía esperarse, también allí se pensó en la posibilidad de construir un bombardero propulsado por energía nuclear. Ígor Kurchátov, quien fuera líder del programa nuclear soviético en sus primeros tiempos, pensó al igual que sus homólogos occidentales en una flota de aviones nucleares. En el verano de 1955 se crearon los primeros grupos de investigación oficiales en ese sentido en la

Unión Soviética. Se encargó a las oficinas de diseño de Tupolev y Myasishchev el estudio de las diversas modalidades de propulsión nuclear susceptibles de ser factibles. Por otro lado, las oficinas de diseño de Kuznetsov y Lyulka fueron las destinadas al desarrollo del motor nuclear. Al igual que en los Estados Unidos, por cuestión económica, de rapidez, fiabilidad y eficacia, se decidió apostar por el sistema de transferencia de energía de ciclo directo.

Tras numerosas pruebas, se diseño un sistema de turborreactor de ciclo directo muy similar al norteamericano y, también, se pensó en un escudo contra la radiación distribuido entre el reactor y la cabina del avión. Los obstáculos a los que tuvo que enfrentarse la ingeniería soviética ante este reto fueron muy similares a los vistos en América, pues crear un reactor pequeño, fiable y con un escudo lo suficientemente ligero, eran problemas de gran complejidad. A pesar de que, según los cálculos iniciales de los soviéticos, podrían tardar hasta dos décadas en tener un modelo plenamente funcional, se decidió pasar a la acción con un aparato experimental. En este caso, el laboratorio de ensayos nucleares volante seleccionado fue el más lógico desde el punto de vista soviético: un Tupolev TU-95, renombrado como Tu-95LAL. Hacia 1958 se realizaron las primeras pruebas en tierra con el reactor instalado en el avión. En 1961 se pasó a los ensayos en el aire, con treinta y cuatro vuelos de prueba. El reactor fue encendido en el aire en escasas ocasiones, pero quedó claro que la prueba de concepto era válida y que la radiación medida en cabina, que estaba protegida por una serie de gruesos paneles de parafina, acero, cadmio y óxido de berilio, era aceptablemente baja.

Aquella nave de pruebas estaba pensada para ensayar el reactor y el sistema de blindaje contra la radiación, pero no se instaló ningún tipo de propulsión nuclear propiamente dicha. Para ensayar el sistema de transferencia directa de calor, se acudió a otro avión experimental, otro Tu-95 modificado. En este caso, dos de sus cuatro reactores internos fueron sustituidos por unidades de propulsión nuclear por transferencia de calor con el reactor a través de un ingenioso intercambiador. Los propulsores exteriores eran convencionales. El complejo proyecto no abandonó la mesa de diseño y nunca vio la luz. Los soviéticos continuaron durante varios años diseñando diversas modalidades de avión nuclear, algunas de ellas incluso supersónicas, pero el éxito de la tecnología de los misiles balísticos intercontinentales (ICBM), como ya había sucedido en los Estados Unidos, terminó por hacer que se cancelaran aquellos esfuerzos.

Xplanes - La propulsion nucléaire aéronautique.

Imagen del Tu-95LAL.

Cabe recordar, finalmente, que desde el lado de la industria estadounidense se ha continuado con el desarrollo de ideas al respecto de la propulsión nuclear, aunque más como algo teórico a futuro que como algo práctico en el momento actual.

Por ejemplo, Boeing ha patentado un nuevo concepto de motor a reacción nuclear. La idea es "sencilla": al menos un láser incide sobre un material fisible, produce una reacción nuclear, y ésta genera gases a alta temperatura que son dirigidos hacia una tobera de escape para producir empuje. El refrigerante del sistema se movería en un circuito cerrado, y al atravesar una turbina produciría la energía eléctrica necesaria para alimentar el láser. El combustible del motor sería el material fisible, y con pequeñas cantidades se podría tener un motor con una gran autonomía.

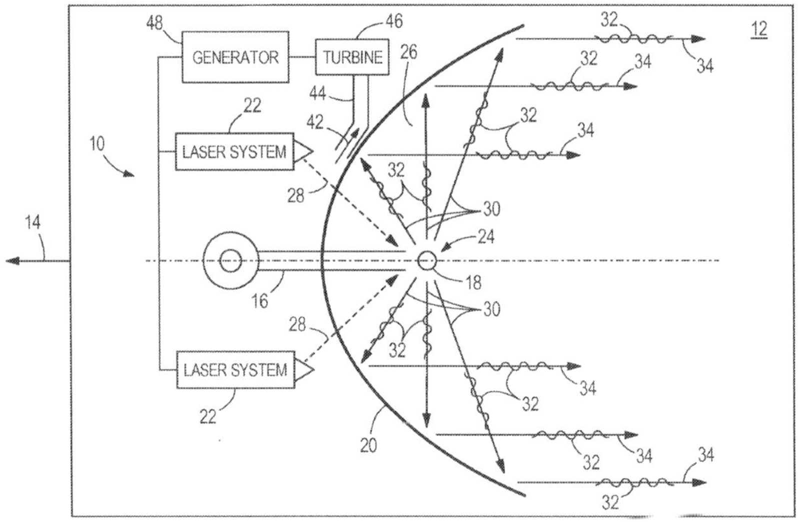

Gráfico de la patente US9068562 concedida a Boeing en 2015.

USPTO.

Por supuesto, el que lo hayan patentado no significa que la tecnología esté ya lista, ni que se pueda aplicar a la aviación comercial, habría que ver qué ocurre con la radiación, tal vez sería más aplicable a naves espaciales o misiles.

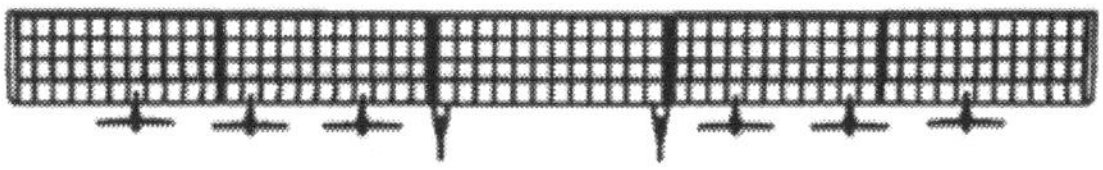

Aviones eléctricos

No es muy común escuchar noticias acerca de aviones cuya propulsión es eléctrica y, sin embargo, tal y como sucede en el mundo de los automóviles con los modelos eléctricos de la casa norteamericana Tesla, puede decirse que el avión eléctrico es hoy día una tendencia en lo que a propuesta de futuro se refiere.

Por muy experimental que sea, hay que reconocer el reciente éxito de aventuras como la del *Solar Impulse*, proyecto mayoritariamente suizo que pretendía demostrar que un avión alimentado por energía solar fotovoltaica puede volar tanto en horas diurnas como por la noche. Este avión cuenta con un conjunto de células solares que cubren sus alas, recargando su sistema de baterías mientras reciban luz. Con la energía acumulada, los propulsores eléctricos pueden ofrecer una amplia autonomía a la nave.

El modelo HD-SIB de *Solar Impulse* ha conseguido gran cobertura en los medios de comunicación de todo el planeta al lograr circunnavegar el globo terrestre en julio de 2016 en diecisiete etapas, recorriendo en total una distancia de más de cuarenta mil kilómetros en unas quinientas horas de vuelo.

No está nada mal para un extraño aparato ideado para tener un consumo muy pequeño. Todo en este avión está pensado para reducir su peso y optimizar cualquiera de los procesos a bordo. Su gran envergadura alar, de más de sesenta y cuatro metros, capaz de albergar una ingente cantidad de células fotovoltaicas, se une a una estructura muy ligera, que apenas supera la tonelada y media de peso, algo así como un automóvil de tamaño medio. Impulsado por cuatro motores eléctricos de 7,5 kW de potencia, que mueven sendas hélices, alimentados por baterías de alta tecnología, puede volar también aprovechando sus excelentes capacidades de planeo, lo que hace descender enormemente el consumo de energía.

El segundo modelo del proyecto *Solar Impulse*, en una imagen tomada en 2014 durante las pruebas de vuelo llevadas a cabo por el piloto Bertrand Piccard.

El éxito del *Solar Impulse* no debe hacer olvidar que, al menos de momento, la propulsión eléctrica es algo testimonial en el mundo de la aviación, más allá de lo que es su amplio uso en drones o como motorización auxiliar en algunos planeadores, por ejemplo. Un intento también reciente de explorar el campo de la propulsión eléctrica en aviones es el Airbus E-Fan. Este aparato nació fruto del esfuerzo de Airbus y otras empresas como Aéro Composites Saintonge (ACS) o Daher. Se trata de un avión ligero, propulsado por motores eléctricos alimentados por baterías de litio. Se anunció que entraría en producción un modelo biplaza y otro con capacidad para cuatro plazas, empleando éste último un sistema híbrido de motor de combustión interna y motor eléc-

ELÉCTRICOS POR TODAS PARTES

Los aviones eléctricos han llegado para quedarse, como lo demuestran algunos ejemplos sobresalientes. El avión acrobático Extra 330LE, de Siemens, con motor eléctrico de 260 kW y apenas 50 kg de peso que lo dota de una increíblemente alta relación peso-potencia, es todo un portento.

No es un caso único. Otros prototipos eléctricos están equipados con motores similares, como el biplaza ULM conocido como eFusion, o el aparato de cuatro plazas Pipistrel Panthera, con motor híbrido también de Siemens.

Ejemplos curiosos se encuentran por doquier, como el asombroso FlyNano, un anfibio ultraligero de origen finlandés (no hace falta licencia de piloto para volarlo), o el impresionante Long-ESA *(Electric, Speed and Altitude)*. Se trata de una modificación del Long-EZ de Rutan, que sirve de banco de pruebas para las baterías con las que se pretende cruzar el Atlántico. Está pensado para batir los records de velocidad (ha superado ya los 326 km/h) y altitud en aviones eléctricos.

Chip Yates, el primer piloto en superar las 200 MPH en un avión eléctrico.

trico. Uno de los aspectos más característicos del E-Fan son sus dos ventiladores, cuyas palas son de paso variable, alimentados por motores eléctricos dotados de 60 kW de potencia total.

En 2015 Airbus y Daher anunciaron la apertura de una fábrica para el E-Fan, la primera de esta clase destinada a producir aviones eléctricos, donde se fabricaría una versión biplaza (2.0) como entrenador y una versión cuatriplaza (4.0), con intención de comercializar ambas. Por desgracia, recientemente Airbus ha dejado claro que no se dedicará a producir este tipo de aviones y que, finalmente, el E-Fan 4.0 no se producirá. El que sí se fabricará será el biplaza E-Fan 2.0, pero no de forma masiva, sino como una serie limitada. La fábrica, en el sur de Francia, servirá para que Voltair, subsidiaria de Airbus, y otras compañías involucradas en la investigacion de la aviación electrica junto con Airbus, como Siemens, ensayen y lleven a la práctica a pequeña escala lo que sería la producción de un avión totalmente distinto a los actuales, con otro tipo de motorización. El E-Fan 2.0 ha entrado ya en la fase de diseño de detalle.

Prototipo de avión eléctrico E-Fan 2.0 fotografiado en 2014.

Curiosamente, el sofisticado E-Fan no ha sido la primera incursión de Airbus en el mundo de los aviones eléctricos. En el año 2010 la compañía europea (por entonces conocida como EADS) se animó a dar vida a un pequeñín con carácter.

Tradicionalmente se conoce al Colomban Cri-Cri por ser un minúsculo avión de construcción amateur que nos ha sorprendido por sus sorprendentes acrobacias. Además, ha sido motorizado tanto con motores de motosierra como con motores de radiocontrol, ya fueran turbinas o motores de pistón. El Grupo Airbus venía por entonces investigando cómo minimizar emisiones contaminantes y consumos, por medio de estudios sobre biocombustibles basados en algas y similares. Su propuesta más audaz en ese sentido fue presentada en asociación con ACS en el Green Aviation Show en Le Bourget: un aparato con cero emisiones, el Green-Cri-Cri, el primer avión eléctrico cuatrimotor con capacidades acrobáticas. Este avión incorporaba numerosas tecnologías innovadoras, tales como estructuras de materiales compuestos para reducir el peso de la estructura y compensar así el peso adicional de las baterías de litio de alta densidad y los cuatro motores eléctricos sin escobillas. El minúsculo y añejo Colomban Cri-Cri de los años setenta motorizado con cuatro motores eléctricos era capaz de ofrecer una autonomía de vuelo de treinta minutos a 110 km/h ó 15 minutos en vuelo acrobático a 250 km/h. No ha sido ésta la única ocasión en la que un Cri-Cri se ha transformado en avión eléctrico. También en 2010 se desveló el Hugues Duval MC15E Cri-Cri *Cristaline*, pensado para romper marcas de velocidad. El 5 de septiembre de ese año, el piloto Hugues Duval estableció un nuevo récord de velocidad para un avión eléctrico con un este Cri-Cri bimotor, alcanzando los 262 km/h. Un año más tarde superó su propia marca, con 283 km/h*.

Hugues Duval pilotando su Cri-Cri eléctrico.

*Actualmente el récord de velocidad en avión eléctrico lo tiene Chip Yates con el Long-ESA, establecido en 204.4 MPH (unos 327km/h).

Todos estos aviones experimentales que exploran las posibilidades de la propulsión eléctrica o la eléctrico-solar son sólo ejemplos de toda una serie de esfuerzos que van creciendo poco a poco. No tardarán en verse más naves de este tipo, como por ejemplo planeadores con propulsión eléctrica avanzada del tipo E-Genius, diseñado en Alemania y cuyo primer vuelo data de 2011.

El planeador alemán E-Genius, con propulsión eléctrica auxiliar, volando sobre los Alpes en 2015.

También alemán es el Elektra One, avión eléctrico desarrollado por Calin Gologan, que realizó su primer vuelo el sábado 19 de marzo de 2011 en el aeropuerto de Ausburgo. Despegó "a puerta cerrada" con Jon Karkow a los mandos. El 23 de marzo repetiría el vuelo, esta vez de forma oficial. Realizó un vuelo de media hora, durante el cual trepó hasta una altitud de 500 metros con su motor de 16 kW y logró una velocidad ascensional de 400 ft/min. En vuelo se mostró especialmente silencioso[*].

---

*Recientemente, investigadores de la Universidad Carlos III de Madrid y la empresa AXTER Aerospace presentaron un desarrollo de sistema eléctrico de propulsión para ser instalado en avionetas con motor de explosión, para dotar a los aparatos de potencia y autonomía en caso de emergencia. El objetivo del proyecto se encuentra en mejorar la seguridad en la aviación privada y deportiva.

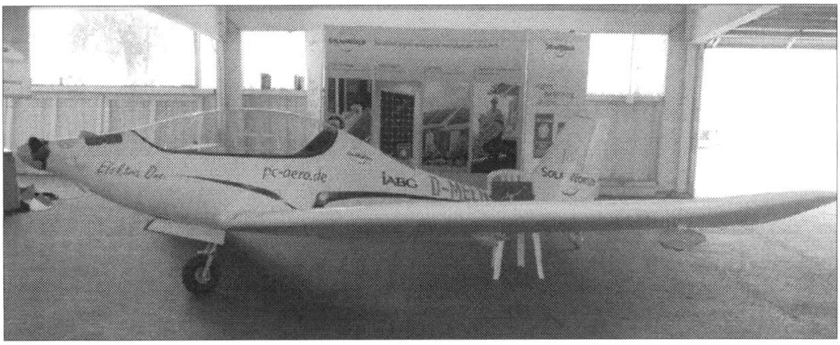

Prototipo del PC-Aero Elektra One
en el verano de 2011.

De los modelos de avión eléctrico que han saltado al mundo comercial, cabe destacar el pionero modelo chino Yuneec E430. Se trata de un biplaza de construcción ligera en materiales compuestos. Su motor se recarga conectado a la red eléctrica doméstica, a 220V en tres horas. Este avión hizo su vuelo inaugural pilotado por Shun Xun, el doce de junio de 2009 en la factoría de Yunec, cerca de Shangai. El piloto informó que era muy silencioso y sin vibraciones. Ha sido diseñado para ser sencillo en su manejo y de bajo mantenimiento.

Si pasamos de lo más usual a algo más fantasioso, la cuestión ya termina por desbordarse. En 2013 EADS (actual Grupo Airbus) y Rolls Royce presentaron su proyecto para un avión de aerolínca híbrido turbina-motor eléctrico. Aunque de los aviones con motor híbrido nos ocuparemos en páginas siguientes, queremos abrir el apetito sobre ellos con esta arriesgada propuesta.

Utilizar motores eléctricos alimentados por baterías en aviones de uso recreativo pequeños, como el Yuneec E430 o el Elektra One es relativamente sencillo, pues con baterías de litio y motores eléctricos se puede conseguir la misma autonomía que con los motores de combustión interna de las aeronaves similares, pongamos tipo Tecnam. Incluso algunos fabricantes están desarrollando ya aviones de más capacidad y alcance, como el Elektro Six, de PC Aero. Tampoco es descabellado el empleo de baterías y motores eléctricos en aviones acrobáticos: mucha potencia para poco tiempo de uso, quién sabe, tal vez en breve los aviones de categoría *Ilimitada* sean capaces de realizar acrobacias disparatadas del estilo de las que hacen los aviones de radiocontrol *indoor* de espuma y con motor eléctrico.

Pero encontrar cómo sustituir los motores a reacción en las aeronaves de pasajeros es algo más complejo. Hasta el momento se ha propuesto sustituir el queroseno por biocombustibles, lo que tendría la gran ventaja de no necesitarse ningún cambio en la logística actual de suministro de combustibles a los aviones, ni de tecnología de motor, ni de formación de personal en nuevos motores. También se ha hablado de nuevos motores, como los Geared Turbofan o el Leap-X a corto plazo, y los motores de rotor abierto tipo *propfan* a más largo plazo.

Los *propfan* fueron propuestos durante la crisis del petróleo de los años setenta como alternativa para ahorrar combustible. Se trata de una variación del clásico *turbofan* que contiene una hélice exterior al motor solidaria con el eje de la propia turbina.

Por su lado, EADS y Rolls Royce presentaron en Le Bourget una propuesta novedosa. Un avión híbrido, con una turbina de gas que generaría electricidad para mover varios motores eléctricos con fanes entubados, que proporcionarían el empuje. Se trata del eConcept.

No era la primera vez que EADS presentaba una solución híbrida con un motor de explosión para generar electricidad y motores eléctricos propulsores. Ya en 2010 había propuesto su helicóptero diesel-eléctrico. Aunque este concepto no elimina el problema del consumo de hidrocarburos (bien sean combustibles fósiles o biocombustibles) y la liberación de dióxido de carbono a la atmósfera, sí permite optimizar el consumo de los mismos y reducir las emisiones de CO^2.

El eConcept llevaría una turbina situada en la popa, encargada de generar energía eléctrica para mover seis motores eléctricos y seis ventiladores entubados situados en el encastre del ala, en la zona del borde de salida. La idea de EADS era optimizar al máximo el rendimiento termodinámico de la turbina, orientada única y exclusivamente a la generación de electricidad y, por otro lado, mejorar el rendimiento de los ventiladores entubados, que proporcionarían el empuje a la aeronave. Estos motores reducirían el ruido en cabina por un lado y, por otro, el apantallamiento que contendrían minimizaría la huella sonora global del avión. La posición de la turbina favorecería el energizar la capa límite del fuselaje en la zona trasera, reduciendo así su desprendimiento y, por tanto, la resistencia.

Tangopaso. PD.

Modelo del futuro avión experimental eConcept.
Imagen tomada en París en 2013.

Los seis ventiladores entubados y la turbina tendrían un índice de derivación combinado de más de 20 a 1, más del doble que cualquier *turbofan* actual. El eConcept iría equipado con baterías de Litio que proporcionarían energía junto con la turbina en el momento del despegue y ascenso, y serían recargadas por ésta en las fases de crucero y descenso, cuando la turbina se colocaría en modo "generador eólico". En caso de fallo de turbina, las baterías suministrarían la energía suficiente para permitir que el eConcept aterrizara en el aeropuerto más cercano.

La clave para el desarrollo del eConcept son los materiales superconductores. La turbina mueve un generador con superconductores, refrigerado gracias al fluido que circularía a través de los álabes fijos de la turbina.

NASA.

Proyecto *Puffin*.

Como propuesta para un avión de línea ideal para un futuro relativamente cercano no está nada mal, ahora bien, ¿qué hay de los transportes aéreos personales? A ese concepto le ha dado una vuelta de tuerca la NASA con su proyecto *Puffin*. Se trata de un vehículo con capacidad VTOL (despegue y aterrizaje verticales), pensado para una sola persona. Podría volar a velocidades cercanas a los 250 km/h con una autonomía de hasta ochenta kilómetros. Todo ello propulsado por motores eléctricos alimentados por baterías de gran capacidad. ¿Veremos alguna vez un modelo similar surcar los cielos de nuestras ciudades?

Son sueños que posiblemente se cumplan algún día, y no son precisamente ensoñaciones recientes. La idea de volar con medios eléctricos hinca sus raíces en propuestas que tienen más de un siglo de existencia. Hemos abierto este capítulo mencionando el éxito del Solar Impulse, que no es más que el último de una saga de aviones eléctricos que obtienen su energía a través de células fotovoltaicas. Atrás quedaron aventuras extraordinarias del mismo tipo, con aviones eléctrico-solares, como los NASA Pathfinder, NASA Pathfinder Plus y Helios, aviones tipo UAV dotados de placas fotovoltaicas que asombraron al mundo a finales de los noventa y comienzos del nuevo siglo XXI*.

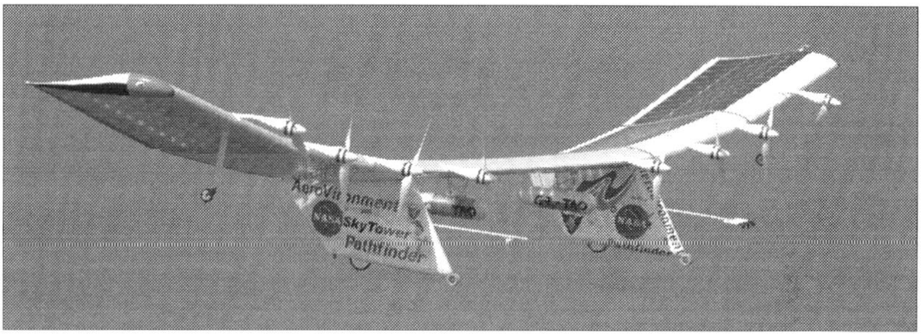

NASA.

El avión UAV eléctrico solar Pathfinder Plus de la NASA, en vuelo sobre el Pacífico durante el verano de 2002.

* Actualmente lo más avanzado en cuanto a drones eléctrico-solares se centra en lograr aviones muy ligereos, con alas alargadas y resistencia reducida al mínimo. El objetivo principal de estos ingenios consiste en poder volar sobre las rutas comerciales, aterrizando muy poco, siguiendo un perfil de vuelo que va desde los quince a los veinte mil metros, ascendiendo y descendiendo según sea de día o de noche. Por el día se recargan las baterías y se aprovecha el excedente de energía para trepar. De noche el motor funcionaría al mínimo, planeando el mayor tiempo posible. Entre las aplicaciones de este tipo de aparatos se encuentran los pseudosatélites (más baratos que los satélites tradicionales y, además, reparables o actualizables en tierra).

Al igual que sucedió con los motores de combustión interna en los automóviles, a finales del siglo XIX se veía como mucho más factible el uso de motores eléctricos que sus equivalentes animados por combustibles fósiles. Por eso fueron fabricados muchos modelos de coche eléctrico antes de que la mejora en la tecnología de los motores de combustión interna terminara por relegarlos a un segundo plano, hasta nuestros días. En la aviación también encontramos ejemplos adelantados a su tiempo en el uso de electricidad como sistema de propulsión.

Como antecesor de todos ellos podemos contar con el químico y meteorólogo francés Gaston Tissandier, que ya en fecha tan temprana como 1883 logró volar con su dirigible propulsado por un motor eléctrico Siemens.

Library of Congress.

Dirigible de propulsión eléctrica de Gaston Tissandier.

El helicóptero "cautivo" PKZ-2.

Posteriormente otros dirigibles también fueron equipados con propulsión eléctrica. Habrá que saltar al final de la Primera Guerra Mundial para encontrar el primer verdadero desarrollo de una aeronave más pesada que el aire propulsada por electricidad. Oberstlt Stephan von Petróczy, Theodore von Kármán y Vilém Žurovec, ingenieros húngaros y checo, respectivamente, trabajaron en 1918 con una arriesgada propuesta. Se trataba de sustituir los globos de observación por helicópteros unidos a tierra con cables. Esta idea, con cerca de un siglo de existencia, sigue viva hoy día con los drones cautivos. De aquel proyecto surgió el helicóptero eléctrico PKZ-1, alimentado desde tierra por energía eléctrica a través de un cable y probado con éxito en la primavera de 1918. Al poco fue probado el modelo PKZ-2, con motor de combustión interna, un aparato que resultó bastante problemático para ser controlado adecuadamente.

Los helicópteros eléctricos tienen un encanto especial, por eso no extrañará que cada poco aparezcan propuestas para traer a la vida un nuevo ejemplar de ese tipo. Por ejemplo, en 2012 la empresa japonesa Hirobo, fabricante de helicópteros de radiocontrol, causó sensación en la International Aerospace Exhibition en Nagoya de ese año al presentar un helicóptero eléctrico monoplaza, el HX-1, capaz de volar a 100 km/h durante 30 minutos con una carga completa de su batería. En su desarrollo se partió de una hoja en blanco, al contrario de lo que hizo la casa Sikorsky con su helicóptero eléctrico, que modificó un modelo ya existente. La apariencia del modelo es de un helicóptero radiocontrol gigante. El presidente de la compañía, Kotaro Matsuzaka, afirmó que este helicóptero estaba pensado para emergencias y desastres. El silencioso motor debería permitir al piloto escuchar las voces de aquellos que gritan pidiendo ayuda. También comentó que los problemas a solventar para llevar a cabo el proyecto son más de carácter legal que de carácter técnico, pues en su configuración inicial sería ilegal su uso tanto en Japón como USA. A pesar de ello también están diseñando una versión biplaza.

Ya existe algún helicóptero monoplaza de dimensiones muy reducidas, como el GEN H-4, más barato que este nuevo concepto, pero con motor de explosión. Tampoco podemos olvidar que Kamov, en la época soviética, creó un helicóptero plegable y portátil, para que los pilotos que habían caído tras las líneas pudiesen "auto rescatarse".

Retomando el mencionado caso de Sikorsky, se desveló en 2010 que su helicóptero eléctrico *Firefly*, contaría con un motor eléctrico de 150 kW (200 CV). Está basado en el helicóptero S-300 con motor de pistones. La versión eléctrica monta un motor de alto rendimiento y un control de potencia digital, de US Hybrid, así como unas baterías de iones de litio de Gaia Power Technologies. La conversión del helicóptero fue llevada a cabo por Eagle Aviation Technologies. Toda la información sobre la el aparato, recogida por los diversos sensores, es presentada en cabina a través de una pantalla LCD. El objetivo de este helicóptero consistía en demostrar la viabilidad de las aeronaves de alas rotatorias eléctricas.

Híbridos e hidrógeno

Al igual que sucede en el mundo de los automóviles, la ingeniería aeronáutica ha venido explorando en las últimas décadas todo tipo de propuestas destinadas a utilizar métodos de propulsión alternativos, generalmente por motivos tanto económicos como ecológicos. Y, también al igual que viene sucediendo con nuestros coches, el uso de propulsión híbrida, por ejemplo diésel-eléctrica, se ha convertido es una estrella en ascenso.

Las apuestas en este sentido van desde lo más experimental a ideas que se podrían comercializar en breve. Como apuesta arriesgada, el helicóptero diésel-eléctrico que presentaron EADS-Eurocopter (ahora Airbus) en ILA 2010, que pretende ser un aparato más eco-amigable. Dos eficientes motores eléctricos mueven los rotores y el motor diésel reduce el consumo y las emisiones hasta en un 50%. Por eso el Dr. Jean Botti (CTO, *Chief Technical Officer*) del grupo de investigación Innovation Works Eco2Avia, de EADS (actual Airbus Group), cree que esta línea de desarrollo abre un futuro más limpio, silencioso y seguro para los helicópteros.

El principal componente de este sistema híbrido patentado es el motor-generador diésel-eléctrico, junto a un par de baterías de altas características y una unidad electrónica de gestión de energía para obtener la mejor eficiencia. El motor diésel OPOC (*Opposed Piston, Opposed Cylinder*) ofrece una economía de combustible de hasta un 30%, en comparación con los turboejes de los helicópteros actuales. La potencia del OPOC se transmite a través de sus ejes a unos generadores, cuyo peso ha sido altamente optimizado, que suministran energía a las unidades eléctricas de potencia, que a su vez gestionan la distribución de energía a los motores eléctricos del rotor principal y del rotor de cola y a las baterías, así como a otros sistemas del helicóptero.

Las cuatro fuentes de energía independientes de este sistema motor aseguran altos niveles de seguridad y eficacia. Además, muchos tipos de motores de combustión interna pueden ser integrados en este sistema.

EADS.

Modelo del helicóptero híbrido diésel-eléctrico presentado en 2010.

La arquitectura de sistema híbrido permite oscilar el rotor principal, así como su motor eléctrico, durante el vuelo de crucero, para permitir que el fuselaje mantenga el ángulo adecuado respecto a la corriente de aire, minimizando la resistencia aerodinámica y por tanto reduciendo la demanda de potencia y el consumo de combustible. Como el rotor de cola no tiene unión mecánica con el rotor principal, ni con su motor, puede ser apagado en vuelo de crucero, sustituyendo su efecto antipar por las fuerzas aerodinámicas generadas por el estabilizador de cola y el timón de dirección. La ausencia de elementos mecánicos reduce la complejidad del helicóptero y su peso.

Este es uno de los proyectos agrupados bajo el nombre de CO_2avia, del grupo de innovación de EADS. El sistema híbrido junto con la mejora de la aerodinámica de los helicópteros llevará a impresionantes mejoras en términos de consumo de combustible y emisiones.

El caso de este helicóptero es sólo una muestra de por dónde parecen marchar las nuevas tendencias en ahorro de combustibles para aviación. Ya no suena raro el hablar de coches híbridos y, posiblemente, en un futuro a corto plazo tampoco será extraño ver aviones comerciales híbridos.

El Toyota Prius se lanzó en 1997 como el primer automóvil híbrido producido en serie y comercializado. Desde entonces otras marcas se han animado a lanzar coches similares. En aviación hemos visto algún intento de eléctricos, pero los híbridos todavía no abundan. En ambos casos el problema es el mismo: el peso de las baterías. Los últimos desarrollos han permitido almacenar más energía con menos peso, algo importante en los coches, pero crítico en los aviones.

Entre esta nueva fauna de aviones híbridos cabe mencionar el modelo que Boeing y la Universidad de Cambridge llamaron *Watts Up*, un avión híbrido combustión-eléctrico. Como en el avión con pila de hidrógeno que también Boeing había presentado tiempo antes, la apuesta consistió en modificar un avión disponible comercialmente con la nueva planta motriz, compuesta de un motor Honda y un motor eléctrico, desarrollado por la mencionada universidad, ambos acoplados. En despegue y otras fases donde más potencia se require, como ascensos o algunos virajes, ambos motores funcionan a la vez para dar al avión su máxima potencia. Por otro lado, el motor eléctrico puede mover la hélice para un crucero silencioso y sin consumir combustible, o bien puede funcionar como generador, movido por el motor de combustión interna, para cargar las 16 baterias de polímero de iones de litio en vuelo.

Los responsables del proyecto afirmaban que esta configuración permitiría ahorrar hasta un 30% de combustible, siendo el primer avión híbrido capaz de recargar sus baterías en vuelo. El vuelo de pruebas se realizó en el Aeródromo de Sywell, cerca de Northampton. Como es costumbre, cuando se prueba un nuevo avión, el piloto efectuó varios "saltos" a lo largo de la pista antes de despegar y realizar un vuelo de pruebas a 1500 pies.

"Nuestra misión es no perder de vista las soluciones innovadoras y tecnologías que puedan solucionar los desafíos más difíciles a los que se enfrenta nuestra industria, y mejorar continuamente el rendimiento medioambiental" afirmó Marty Bradley, el principal investigador de Boeing en el programa. "La solución híbrida es una de muchas entre nuestras investigaciones, y aprendemos más cada día acerca de estas tecnologías, su viabilidad y cómo podrían ser utlizadas en el futuro".

Aunque este demostrador tecnológico es un paso importante en el desarrollo de nuevas tecnologías de motor, y tal vez incluso aplicable a la aviación general y deportiva, está lejos de dar con la solución para una aviación comercial eléctrica. Según la universida de Cambridge, con la tencnología actual, si un avión de aerolínea cambiara sus depósitos de combustible por baterías y sus *turbofanes* por motores eléctricos, tendría una autonomía de apenas 10 minutos.

A pesar de este dato, no dejan de aparecer proyectos innovadores que pretenden convertir al avión híbrido en algo viable. He ahí, por ejemplo el Volta Volaré GT4, presentado en 2012, un avión de negocios cuyo fuselaje de fibra de carbono recuerda mucho a algunos de los diseños de Rutan con *Canard*. Va equipado con 408 kilogramos (900 libras) de baterías de litio y dos motores eléctricos acoplados para dar 400 CV de potencia continua y 600 de máxima, además de un motor de explosión (1,5 litros, sobrealimentado) para recargar las baterías, con 105 litros de gasolina sin plomo para este motor.

Vo ta Volaré.

Volta Volaré GT4.

Dicen que puede despegar tan sólo con la potencia de las baterías y que con éstas, más la posibilidad de recargarlas en vuelo con el motor de combustión, el avión tiene un alcance de 1.000 millas náuticas (unos 1.850 km) a una velocidad de crucero de 160 nudos (unos 295 km/h).

No es, ni mucho menos, el único competidor en la carrera comercial por los aviones híbridos. La compañía Faradair presentó casi dos años más tarde su concepto BEHA (Bio-Electric-Hybrid-Aircraft), como proyecto a financiar de forma colaborativa. Un triplano con alas trapezoidales en voladizo y fuerte decalaje positivo para permitir que la luz llegue a todas las placas solares instaladas en el extradós de las mismas.

Faradair.

Concepto de avión híbrido BEHA.

En la punta de las alas lleva instalado un gran *winglet* que las une, lo que recuerda a la configuración de *boxkite* usada por algunos de los pioneros en sus biplanos. Con esta configuración parece que se busca reducir la resistencia inducida y mejorar el consumo de combustible. El empenaje es cuadrado y lleva en su interior una de las hélices impulsoras. Las otras dos son hélices entubadas situadas en la parte trasera del fuselaje.

La motorización estaría compuesta por dos motores eléctricos y uno de biodiésel, que funcionarían acoplados de la misma manera que en el *Watts Up*. Además, prometen que será un avión seguro, con un buen coeficiente de planeo y un paracaídas balístico. Por otro lado, se pretende que sea opcionalmente pilotado, no para usarlo como UAV, sino como medida de seguridad, en caso de que el piloto se viera incapacitado, para poder aterrizarlo desde el exterior. Se trata de un concepto original, un avión apto para el vuelo en ciudades por lo silencioso de sus motores eléctricos. Sin embargo, sus promotores parecen olvidar que la mayor parte del ruido es aerodinámico y procede de los flaps despegados, así como de la propia hélice al girar.

Suena bien, pero de momento hay que esperar a que este tipo de tecnología vaya madurando a su ritmo. Algo parecido le sucede a otra de esas eternas promesas en el mundo de la propulsión, ya sea para automóviles o en aviones. Se trata del hidrógeno, el combustible limpio que lleva en la cartera de desarrollo de tecnologías avanzadas muchas décadas y sigue siendo una promesa que no termina de convertirse en presente venturoso. Veamos, por ejemplo, el caso del ya citado avión de célula de combustible de Boeing.

Son las nueve de la mañana de un primaveral sábado de 2009. No es precisamente lo que uno espera de un día festivo, nos vamos al aire y ponemos rumbo a Cuatro Vientos. Entramos en el salón de actos y encontramos un nutrido grupo de pilotos y aerotrastornados, algo interesante se está "cociendo". Aparece entonces Nieves La Peña Rey, responsable de la conferencia, organizada por la Asociación de Amigos del Museo del Aire.

Para empezar hace un repaso sobre qué es una pila de hidrógeno. Realmente todas las pilas de combustible funcionan así, la diferencia es que aquí, al no usarse un hidrocarburo, no se produce CO_2 como resultado de la reacción química. El principio de funcionamiento es relativamente simple. Hasta ahora estamos acostumbrados a obtener la energía de los combustibles en forma de calor, como en los motores de explosión. Pero existe otra posibilidad: obtener la energía en forma de electricidad oxidando el combustible de otra forma. Recordemos aquellos días cuando estudiábamos química en el instituto y nos explicaban las reacciones redox. De eso se trata, combustible y comburente no arden, sino que, separados por una membrana, reaccionan para producir electricidad. Es una explicación muy simplista, pero nos sirve para comprender la idea básica.

A lo largo de la conferencia nos muestran cómo se ha aplicado este concepto a un pequeño avión experimental dotado de pila de combustible. Se ha utilizado la célula de un motovelero *Diamond*. Antes de convertirse al modelo con el nuevo motor, se realizaron pruebas adaptando el peso al peso que tendría la aeronave durante la prueba, así como limitando la potencia que desarrollaría el motor eléctrico. Tras la adaptación de la célula, fue eliminada una de las plazas, quedando hueco para un solo tripulante, las líneas de combustible por un lateral y las líneas eléctricas por el contrario, el motor eléctrico instalado, así como una batería de litio que se utiliza para conseguir potencia extra en el momento del despegue, una batería normal para suministrar energía eléctrica a los sistemas críticos, y una hélice de velocidad constante con *governor* eléctrico.

Al trabajar con pilas de combustible y motores eléctricos se encuentran varios problemas, uno vital es el peso. Se trata de una tecnología que requiere equipamiento pesado o, mejor dicho, la relación potencia suministrada-peso del motor más la pila es demasiado bajo. Por otro lado, encontramos que todo lo desarrollado en este campo es básicamente para aplicaciones terrestres, y en el aire contamos con algo que no suele suceder en tierra: el avión cabecea, alabea, vira... y su actitud cambia mucho. Esto genera problemas que nos recuerdan lejanamente aquellos pájaros de la Segunda Guerra Mundial, y anteriores, cuyo motor se paraba con gravedades negativas. Otro problema, no menos importante, es el propio manejo del peligroso hidrógeno gaseoso. Para superarlo es necesario conseguir material certificado para aplicaciones donde se necesita que no se produzcan chispas, cuidar mucho el sistema para evitar fugas, separar conducciones eléctricas y de combustible... Todas las pruebas necesarias para verificar el funcionamiento y la seguridad han sido hechas en banco, no sobre la aeronave, aplicando a la salida del motor un freno hidráulico para simular la carga que introduciría la hélice y con bancadas móviles para probar el motor en distintos ángulos.

Al final de aquella conferencia y la demostración tecnológica posterior, nos quedaron claras algunas ideas sobre esta tecnología que, al menos de momento, seguirá siendo promesa de futuro. Estos motores no podrían reemplazar a los grandes *turbofanes* empleados en aviación, pero sí podrían utilizarse en motores de pequeños aviones, motoveleros y ultraligeros, y de aviación deportiva, según se vayan perfeccionando y mejorando, así como en aeronaves no tripuladas, tal vez junto con células eléctricas que ayudasen a recargar la pila. Otra posibilidad barajada consiste en que se utilice para generar electricidad a bordo de aviones, en sustitución del actual método que es generarla a partir de los motores del avión. Ahora, tan sólo sería útil en vuelos largos, puesto que es un sistema que pesa mucho y genera agua. El peso extra del motor de pila de hidrógeno podría compensarse por tener menos necesidad de transportar agua, al ir generándose en vuelo a partir del oxígeno y del hidrógeno que mueven el motor.

Demostrador de Boeing sobre tecnologías de células de hidrógeno y motor eléctrico aplicadas en aviación.

Por supuesto, los interrogantes ante tan novedosa tecnología son muchos. Nosotros nos preguntamos, si tan crítico era en este demostrador tecnológico el peso, pues la *Diamond* a la que se reemplazó su motor de combustión interna por la pila de hidrógeno junto a un motor eléctrico, pesaba 100 kilogramos más que la original, ¿por qué no se ha prescindido del piloto? El piloto pongamos que pesa 85 kilogramos, si se elimina la tripulación, el avión hubiera despegado con sólo 15 kilogramos de sobrepeso. La pregunta es, en definitiva, ¿por qué no hacer con la *Diamond* un demostrador tecnológico de un UAV con motor de hidrógeno? Es una posibilidad realmente atractiva: flotas de aviones controlados a distandia, UAV, movidos por células de hidrógeno y motores eléctricos. He ahí uno de los principales destinos de este proyecto, el desarrollo de UAVs con célula de hidrógeno bajo la denominación *Boeing Phantom Eye.*

La complicación técnica y lo peligroso que resulta el manejo del hidrógeno hacen que, a lo largo de la historia de la aviación, no hayan sido muchos los prototipos en los que se haya elegido este combustible para realizar ensayos. Uno de esos primeros intentos lo llevó a cabo Tupolev en 1988 a través de su Tu-155, que voló experimentalmente operando con hidrógeno líquido. Este avión venía a ser un hermano del Tu-156, ideado éste para emplear como combustible gas natural o gases licuados de petróleo y que no pasó del tablero de diseño.

El Tupolev Tu-155, originalmente alimentado por hidrógeno líquido.

No se piense que el soviético Tu-155 fue un simple banco de trabajo en tierra, pues voló decenas de veces para ensayar diversos tipos de tecnologías, sobre todo aquellas relacionadas con el manejo de sus reservas de hidrógeno líquido criogénico. Se trató de un avión único en su especie que, al ser prohibitivo su mantenimiento, no pasó de fase experimental. Antes de ser abandonado su desarrollo, el Tu-155 fue modificado para emplear gas natural licuado como combustible.

Ha quedado claro que el hidrógeno siempre ha sido "el combustible del futuro", siendo las limitaciones tecnológicas todavía no superadas un serio lastre para verlo empleado extensamente en aviación. Pero dejemos de lado por un momento todos esos escollos. Hubo quien hace casi un siglo imaginó cierta nave movida por hidrógeno que llama especialmente la atención. Fue un intento imaginativo de atraer la atención sobre el uso del hidrógeno en aviones.

Antes de presentar tan increíble idea, cabe mencionar que guarda gran parecido con un desarrollo posterior, pero en este caso factible aunque la tecnología para llevarlo a cabo todavía no esté a nuestra disposición. Se trata de una nave espacial, el Bussard Ramjet, ideado en 1960 por el físico Robert W. Bussard. Esta nave alcanzó la fama entre todos los astrofanáticos gracias a Carl Sagan y su obra *Cosmos*, donde era citada. Se trata de una idea que, probablemente, nunca llegue a ser llevada a la práctica pero que en narraciones de ciencia ficción ofrece mucho juego.

El concepto detrás del Bussard Ramjet ha sido empleado en infinidad de narraciones de ciencia ficción. Por ejemplo, en las diversas series de televisión y películas que forman el universo ficticio de Star Trek, aparecen mencionadas en varias ocasiones, como si de un homenaje a Bussard se tratara, referencias a las barquillas *warp* de las naves interestelares como la Enterprise. En concreto, se citan los colectores frontales de las barquillas, a los que denominan como "colectores Bussard", que serían generadores de campos de fuerza capaces de "aspirar" átomos de hidrógeno del medio interestelar.

Vista ideal de un *Bussard Ramjet.*

Imaginemos por un momento que nos encontramos ante uno de estos Ramjet, inspeccionando su exterior, visitando sus entrañas... ¡Impresionante! Estaríamos ante una máquina casi inconcebible, gigantesca y muy compleja. Una especie de embudo frontal con cientos o miles de kilómetros de diámetro, ayudado por diversas "trampas" láser o similares, captaría los ralos átomos de hidrógeno presentes en el espacio interestelar. Una vez recolectados y empleados en un reactor de fusión nuclear, servirían para dar impulso a la nave espacial hasta alcanzar velocidades relativistas, esto es, cercanas a la de la luz. Con una nave así, aprovechando el efecto de la dilatación temporal relativista, una tripulación de osados astronautas podría recorrer la galaxia en pocos años, naturalmente midiendo el tiempo en el interior del navío, porque en el "exterior" el tiempo transcurrido pasaría a ser de siglos o milenios.

Sagan incluyó en su libro varios ejemplos de tecnología que, al menos en teoría, podrían servirnos para recorrer la galaxia sin recurrir a ningún atajo "hiperespacial", agujero de gusano o similar. Así, se menciona el Proyecto Orión, que por medio del impulso ofrecido por explosiones nucleares sobre un escudo inercial, impulsaría un navío interestelar. También aparecía en Cosmos el Proyecto Dédalo, basado en el empleo de un reactor de fusión. Ahora bien, estos dos ejemplos no eran sino juguetes al lado de la idea de Bussard.

Bien, ¿y qué tiene que ver tan asombroso navío estelar con un avión propuesto en los años veinte del siglo pasado? Aunque resulte sorprendente, en ese tiempo había quien pensaba que en la alta atmósfera atmósfera terrestre se podía encontrar una cantidad apreciable de hidrógeno susceptible de ser empleado como combustible para aviación. La idea del profesor Rondine, del departamento de aeronáutica de la Universidad de Leningrado, consistía en crear un avión que volase a unas altitudes de entre 40.000 y 48.000 metros y extrajera de la atmósfera enrarecida el hidrógeno necesario para hacer funcionar sus dos motores de pistón.

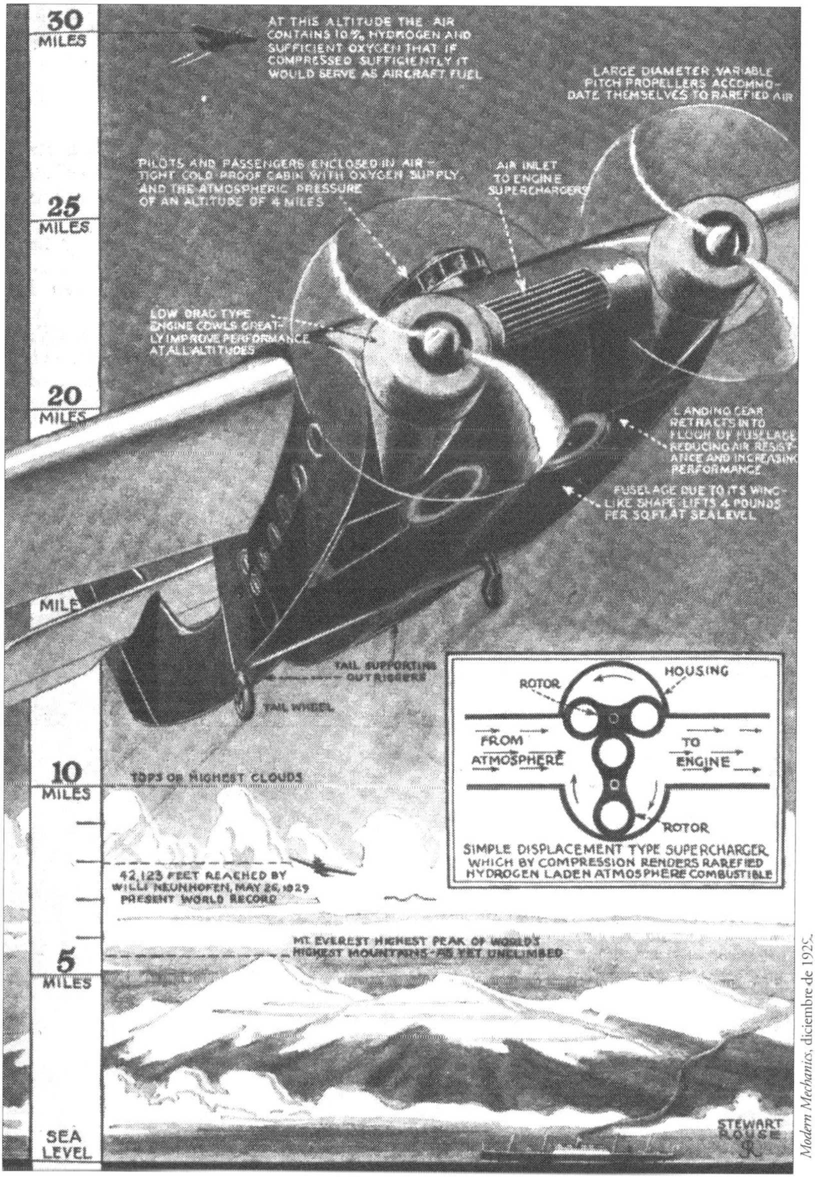

Modern Mechanics, diciembre de 1929.

Avión "recolector" de hidrógeno.

El avión, un monoplano, tendría un fuselaje sustentador y una estructura de doble cola, al estilo del P-38. El tren de aterrizaje debía ser retráctil, para reducir la resistencia aerodinámica y, tanto la cabina del pasaje como la de los pilotos, estarían presurizadas, de tal forma que tendría la presión equivalente a la propia de una montaña a 6.400 metros de altitud. Los motores irían carenados para reducir la resistencia. El proceso de captación consistía en situar un compresor mecánico simple, que comprimiera el aire de la atmósfera para extraer el hidrógeno de él y condensarlo, para usarlo como combustible en los motores.

SOPHIE BLANCHARD Y EL HIDRÓGENO

Como recordar la tragedia del dirigible Hindenburg del 6 de mayo de 1937 en Nueva Jersey es algo muy visto a cuento del tema del hidrógeno, ¿por qué no mirar un poco más atrás?

Sophie Blanchard fue la primera aeronauta profesional de la historia, llevando a cabo casi setenta vuelos con éxito. Cuenta la leyenda que su marido, Jean Pierre Blanchard, prometió cuando era un jovencito aventurero de los globos, a una aldeana de La Rochelle, que en caso de tener ésta alguna hija, se casaría con ella. Sea como fuere, Jean Pierre contrajo matrimonio con la jovencita Sophie en 1804, que fue testigo de las aventuras aéreas de su marido hasta que el dinero comenzó a escasear. Muchos volaban ya entonces, con lo que competir en circos aéreos se convertía en tarea cada vez más complicada. La solución para destacar sobre el resto de aeronautas y, de paso, ganar más que ellos, fue hacer volar a una mujer. La apuesta funcionó, porque el éxito acompañó a la pareja hasta que, en 1808, Jean Pierre sufrió graves heridas tras caer desde gran altura, falleciendo al cabo de un año. Como se dice en estos casos, *el espectáculo debe continuar*, así que la osada Sophie

Library of Congress.

siguió ofreciendo espectáculos, cada vez más arriesgados, como sus famosos vuelos nocturnos y fue invitada a volar durante grandes acontecimientos, como la boda de Napoleón con María Luisa de Austria. Puede imaginarse el lector lo que sucedió con el paso del tiempo. Los vuelos fueron cada vez más peligrosos, nunca era suficiente, cruzó Italia en globo alcanzando tal altitud que perdió el conocimiento, atravesó los Alpes y logró lo que muchos hombres que se llamaban a sí mismos aeronautas nunca soñaron, pero la historia no tuvo final feliz. Veamos, delante tenemos un gran globo repleto de hidrógeno. El aparato está pilotado por Sophie, vuela sobre los jardines de Tívoli, en París. Apacible es esta noche del 6 de julio de 1819, el público contempla el vuelo del globo con satisfacción, nada inspira temor, el viaje es tranquilo. La intención de Sophie consiste en lanzar desde la nave algunos fuegos artificiales. Bien, detengamos la escena. No habrá que pensar mucho para llegar a la siguiente conclusión: fuegos artificiales más hidrógeno igual a... Sí, en efecto, el globo se incendió, cayó con rapidez sobre un edificio y la piloto se estrelló en medio de una calle, ante el espanto de los paseantes. Dudoso honor éste de convertirse en la primera mujer víctima de un accidente aéreo.

Al igual que sucedió con el Hindenburg un siglo más tarde, las causas de tan trágico accidente nunca fueron aclaradas por completo, aunque no cabe duda de que la combinación de hidrógeno y fuegos artificiales no parece muy recomendable.

UN AVIÓN PROPULSADO POR AIRE COMPRIMIDO

Victor Tatin fue un ingeniero francés que vivió con intensidad los primeros años de la aviación. Nacido en 1843 y fallecido en 1913, soñó con ser el primer hombre en volar. Para lograr ese objetivo, diseñó en 1879 su Aéroplane, del cual construyó una asombrosa maqueta que fue capaz de despegar tras una corta carrera en tierra gracias a sus propios medios.

Lo más interesante de aquella maqueta con casi dos metros de envergadura y de menos de dos kilogramos de peso se encontraba en su original método de propulsión. Alojados en las alas se encontraban dos motores capaces de mover sus respectivas hélices gracias al aire comprimido alojado en un reservorio central.

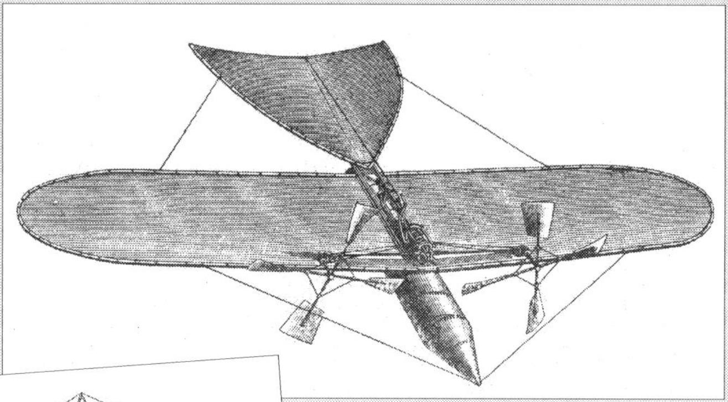

Hargrave / Dr. Russell Naughton.

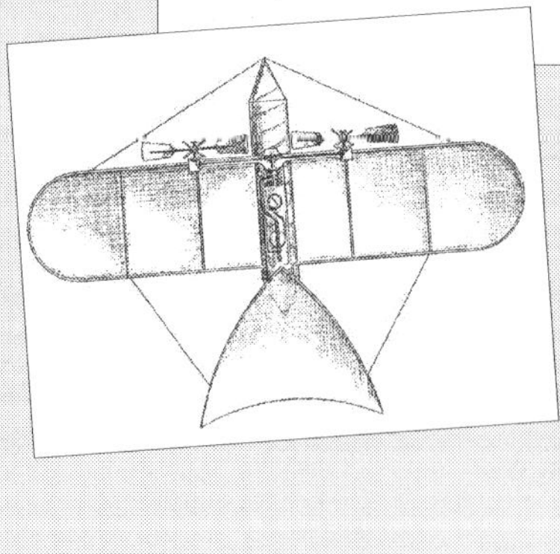

Propulsión humana

Uno de los primeros métodos ensayados para propulsar aeronaves fue la de emplear a los propios humanos como motores. Las exigentes necesidades energéticas de los aviones, por sencillos que sean, hicieron que aquellos primeros intentos de "aviones a pedales" y similares, no llegaran muy lejos.

Posiblemente la nave propulsada por un humano más famosa de los primeros tiempos de la aviación haya sido el cicloplano de Gerhardt, más que nada por lo cómico que aparecía en ciertas películas de la época. Construido en 1923, este avión a pedales fue diseñado por el ingeniero aeronáutico estadounidense Frederick Gerhardt en sus ratos libres como puro divertimento. Su objetivo fue el de crear el primer avión capaz de mantener un vuelo nivelado y sostenido con la única propulsión proporcionada por su piloto humano. Este entrañable multiplano era capaz de "saltar" pequeñas distancias, antes de regresar al suelo, pero nunca pudo volar. En cierta película se le puede

WCM. DP.

ver colapsando en torno a su fuselaje en una icónica imagen de los primeros años de la aviación.

Años más tarde, al finalizar la década de los veinte y a lo largo de los treinta, una figura se hizo famosa por sus intentos para lograr una máquina volante de propulsión humana. Se trató del intrépido ingeniero alemán Engelbert Zaschka, que además de diseñar un automóvil plegable de tres ruedas en 1929, ideó un singular avión con propulsión humana. Antes de eso, en 1927, había dado vida a un curioso aparato, propulsado con un pequeño motor, a medio camino entre el helicóptero y el autogiro al que llamó *giroplano*.

El "helicóptero" de Engelbert Zaschka en 1928.

En 1934 este ingeniero volvió a la carga con algo todavía más audaz, un gran planeador monoplano con unos veinte metros de envergadura alar pensado para despegar y volar sin más propulsión que la humana. No nos queda constancia de que lograra su objetivo.

Zaschka a los pedales de su máquina en 1934.

Antes de finalizar la década de los treinta todavía hubo quien intentó lograr la proeza de volar con un avión de este tipo, antes de que la idea cayera en un aparente olvido del que salió mucho tiempo más tarde.

En 1935 dos ingenieros alemanes de la casa Junkers probaron el HV-1 *Mufli*, algo así como un planeador con propulsión a hélice movida por pedales. El aparato logró volar de forma controlada a lo largo de varios cientos de metros, pero era necesario disponer de una catapulta para que pudiera despegar.

Dos años más tarde el equipo italiano formado por Enea Bossi, Vittorio Bonomi, y Emilio Casco dieron a conocer su nave *Pedaliante*, un avión a pedales que al parecer logró recorrer también ciertas distancias en vuelo, pero necesitando igualmente de catapulta para lograr despegar.

El HV-1 *Mufli* de 1935.

Royal Aeronautical Society.

El *Pedaliante* en construcción.

No fue hasta 1961 cuando se pudo certificar el vuelo de un avión de propulsión "muscular" capaz de despegar y aterrizar sin ayuda de catapultas ni, por supuesto, de carreras en caídas o planos inclinados como en el caso de algunos planeadores. Sucedió el 9 de noviembre de ese año, cuando el británico SUMPAC (*Southampton University Man Powered Aircraft*), de Derek Piggott, logró volar más de medio kilómetro habiendo despegado únicamente con propulsión humana.

Una semana después del éxito del SUMPAC voló el *Puffin 1*, creado por un grupo de empleados de la Havilland Aircraft Company asociados como *The Hatfield Man Powered Aircraft Club*. Fue el primero de una serie de aviones experimentales que tan curioso grupo de entusiastas llevarían a cabo a lo largo de los

El SUMPAC en vuelo.

Fotografía del *Puffin 1* en 1961.

años, siempre con éxito, como sucedió con el *Puffin 2* de 1965 o el *Liverpuffin*, una versión del anterior modelo, remodelado por la Universidad de Liverpool. Los buenos resultados de estos aviones, como reto o divertimento, animaron a muchos otros *aerotrastornados* a crear sus propias naves. Habían llegado los setenta y una auténtica fiebre por los aviones de propulsión humana se había despertado. En 1972 voló el *Jupiter*, diseñado por Chris Roper y pilotado por John Potter superando con creces la distancia del kilómetro recorrido.

Uno de los más pintorescos aviones de este tipo fue el inflable en delta *Reluctant Phoenix*, ideado por Daniel Perkins, pensado para elevarse levemente aprovechando el efecto suelo.

Royal Aeronautical Society.

El *Puffin 2*.

Royal Aeronautical Society.

El *Liverpuffin* en 1972.

Royal Aeronautical Society.

El avión de propulsión humana *Jupiter* en 1972.

Royal Aeronautical Society.

Reluctant Phoenix, avión de propulsión humana inflable.

Desde entonces se han construido y probado con éxito muchos aviones de propulsión humana en diversos países.

Muchos de esos intentos tenían como intención conseguir ciertos premios. En 1959 el industrial Henry Kremer creó los premios que llevan su nombre, destinados a los pioneros del vuelo propulsado por humanos y administrados por la británica *Royal Aeronautical Society*. En 1977 fue ganador del primer Premio Kremer en ser concedido el *Gossamer Condor*, avión diseñado por Paul MacCready y pilotado por Bryan Allen. Fue el primer avión de este tipo que pudo superar el reto del concurso, esto es, volar controladamente dibujando un trazado determinado a través de una serie de marcadores, entre otras exigencias.

El segundo ganador del Kremer fue igualmente Paul MacCready en 1979, con el increíble vuelo del *Gossamer Albatross,* diseñado por MacCready, entre Inglaterra y Francia.

El premio Kremer a la velocidad para un aparato de propulsión humana fue logrado en 1984 por el *MIT Monarch B*, logrando alcanzar los 32 kilómetros por hora. En otras modalidades son recordados aviones como el *Bionic Bat* de MacCready o los *Musculair 1* y *2* de Holger Rochelt.

Royal Aeronautical Society.

Bionic Bat. Imagen Royal Aeronautical Society.

Don Monroe.

El *Gossamer Condor*, primer ganador de un Premio Kremer en 1977.

Royal Aeronautical Society.

El *Gossamer Albatross* en su vuelo del 12 de Junio de 1979
a través del Canal de la Mancha.

Royal Aeronautical Society.

El *Chrysalis*, del MIT, que hacia 1979 demostró sus cualidades como avión de propulsión humana muy maniobrable y que, entre sus pilotos-motor, contó con la primera mujer que manejó un avión de propulsión humana.

NASA.

Uno de los aviones experimentales de la serie *Daedalus* del MIT con el que se llevaron a cabo diversos vuelos de propulsión humana en los años ochenta.

Como curiosidad cabe mencionar que el 1 de octubre de 1984 tuvo lugar el primer vuelo de un avión de propulsión muscular humana con pasajeros. Se trató del vuelo del *Musculair 1* pilotado por Holger Rochelt, que llevaba como acompañante a su hermana.

Holger Rochelt volando con su pasajera en el *Musculair 1.*

Royal Aeronautical Society.

Tal y como sucede con los aviones a propulsión humana, se han planteado también el reto de construir un helicóptero que, usualmente gracias a pedales y sistemas similares, pueda emprender el vuelo. Parece una tarea imposible, dados los requerimientos energéticos de este tipo de naves, sin embargo, el 13 de junio de 2013 el helicóptero de propulsión humana *AeroVelo Atlas* logró ascender hasta más de tres metros de altura, volando durante más de un minuto, haciéndose así con el premio de la *Igor Sikorsky Human Powered Helicopter Competition*, que desde 1980 venía lanzando tan complicado reto*. Este arriesgado aparato contaba con cuatro rotores de más de diez metros de diámetro y una dimesión máxima de más de 46 metros, alimentada por un piloto pedaleando, para levantar el aparato de 55 kilos de peso.

Los requisitos de este tipo de vuelo son similares a los del vuelo eléctrico, por eso el equipo del Gamera, que perdió la competición contra el AeroVelo, ha convertido con éxito su modelo en el primer helicóptero eléctrico solar tripulado en agosto de 2016.

* El premio Sikorsky premiaba con 250.000 dólares a quien lograra volar un helicóptero movido con potencia humana a una altura de tres metros sobre el suelo y durante un minuto y dentro de una "caja" de 10 por10 metros. El *AeroVelo Atlas* estuvo en reñida competición con el *Gamera*. El equipo del *Atlas* ha logrado ya otros retos con vehículos movidos única y exlusivamente con potencia muscular humana, como la bicicleta más rápida (116,9 km/h) o un ornitóptero (avión que vuela batiendo las alas) de propulsión humana.

ORNITÓPTEROS

Estamos tan acostumbrados a pensar en los aviones como aparatos con alas fijas que se suele olvidar una tendencia que durante mucho tiempo se consideró como la verdadera vía para crear naves volantes. La observación del vuelo de las aves animó a los antiguos a imaginar "aviones" cuyas alas tuvieran un movimiento similar al que muestran los pájaros. Ahí es donde surge la idea del ornitóptero o naves voladoras que imitan el vuelo de las aves. Ya sean movidas por propulsión humana o por motores, lo que la historia nos muestra es que, después de multitud de intentos, no es nada sencillo conseguir un ornitóptero práctico, quedando hoy día reducido su campo de expansión a ciertos tipos de *drones*.

Ahora bien, la ambición por conseguir un ornitóptero pilotable nunca se perdió, incluso a pesar de lo formidable del reto. En los años cincuenta se presentó el ornitóptero *Schwan 1*, o *Schwingenflugzeug Schwan* como lo bautizó su diseñador, Walter Filter. Este prototipo monoplaza tenía un gancho de remolque bajo el morro, y podría ser remolcado como un velero. Una vez soltado el cable, el piloto usaría la fuerza de sus piernas para operar el mecanismo que hace batir las secciones externas de las alas para retrasar así el efecto de la gravedad

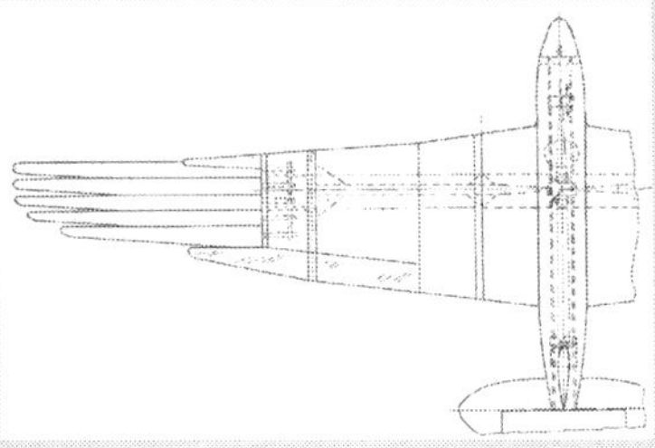

Sandglass Patrol.

La maqueta del *Schwan 1* tenía una envergadura de 13 metros y un peso en vuelo de 730 libras, 331kg. Una vez probados los principios de diseño en vuelo, se pensaba construir un biplaza, el *Schwan 2*, de 15 metros de envergadura, de 1.210 libras (549 kg), con una turbina para los despegues. El *Schwan 3* hubiera tenido seis plazas, 20 metros de envergadura, 2.980 libras (1353 kg) de peso y las secciones alares externas motorizadas, esto es, con los motores alojados en el fuselaje.

CUESTIÓN DE TAMAÑO

Los gigantes

En el momento de escribir estas líneas, agosto de 2016, acaba de volar por primera vez un gigante de los cielos conocido como Airlander 10. Por desgracia, en su segundo vuelo de pruebas realizado el 24 de agosto, la nave ha sufrido un percance que ha terminado por dañar su cabina. Esperamos que se trate de algo que no detenga su desarrollo, pues este monstruo volante es ciertamente espectacular.

Hybrid Air Vehicles.

Uno de los prototipos de *Airlander*.

El *Hybrid Air Vehicles HAV 304 - Airlander 10*, que es su compleja denominación completa, es un vehículo aéreo híbrido, no por su medio de propulsión, sino por su propia estructura. Vendría a ser un cruce entre avión y dirigible. Diseñado por la compañía británica Hybrid Air Vehicles (HAV), se trata del último de varios intentos por conseguir hacer volar de forma comercial gigantescas naves capaces de llevar a cabo labores de vigilancia, ya sea en modo UAV o tripulado, transporte de materiales pesados y acceso a lugares remotos. Su figura nos recuerda los tiempos de los grandes dirigibles, cuya época de esplendor terminó poco antes de la Segunda Guerra Mundial. El Airlander 10 está conformado por un gran cuerpo a modo de dirigible conteniendo células de aire y de helio, junto con alas y cola auxiliares, estando propulsado por cuatro grandes motores diésel*. Con una longitud de 91 metros, es hoy día la aeronave más grande que surca nuestros cielos.

Ralf Manteufel.

El Antonov An-225 transportando al transbordador espacial soviético *Buran* en el Paris Air Show en 1989.

* El Airlander está formado por un cuerpo sustentador lobulado, que recuerda al diseño desarrollado por el español Torres Quevedo a principios del siglo XX, una nave que contiene el helio, dotada con grandes timones en la popa y motores diésel.

Al lado de los inmensos dirigibles alemanes como el Hindenburg, cuya destrucción en un accidente el 6 de mayo de 1937 supuso el punto culminante de la época de los grandes dirigibles, el Airlander 10 palidece en comparación. De hecho, tanto el LZ 129 Hindenburg, como su gemelo el LZ 130 Graf Zeppelin II, fueron las naves volantes más grandes construidas hasta la fecha, con sus asombrosos 245 metros de longitud y 41 de diámetro.

Dejando de lado experimentos recientes como el mencionado vehículo híbrido entre dirigible y avión, vivimos actualmente en una época de aviones gigantescos que hubieran asombrado a cualquier constructor aeronáutico de hace no demasiado tiempo. Ahí están, por ejemplo, los éxitos del Airbus A380, que con sus 73 metros de longitud es hoy el avión comercial de línea más grande del planeta, o del inmenso carguero Antonov An-225, capaz de transportar más de 180 toneladas de mercancías.

Adrian Pingstone.

Airbus A380 de Qantas (VH-OQA) aterrizando en el londinense aeropuesto de Heathrow.

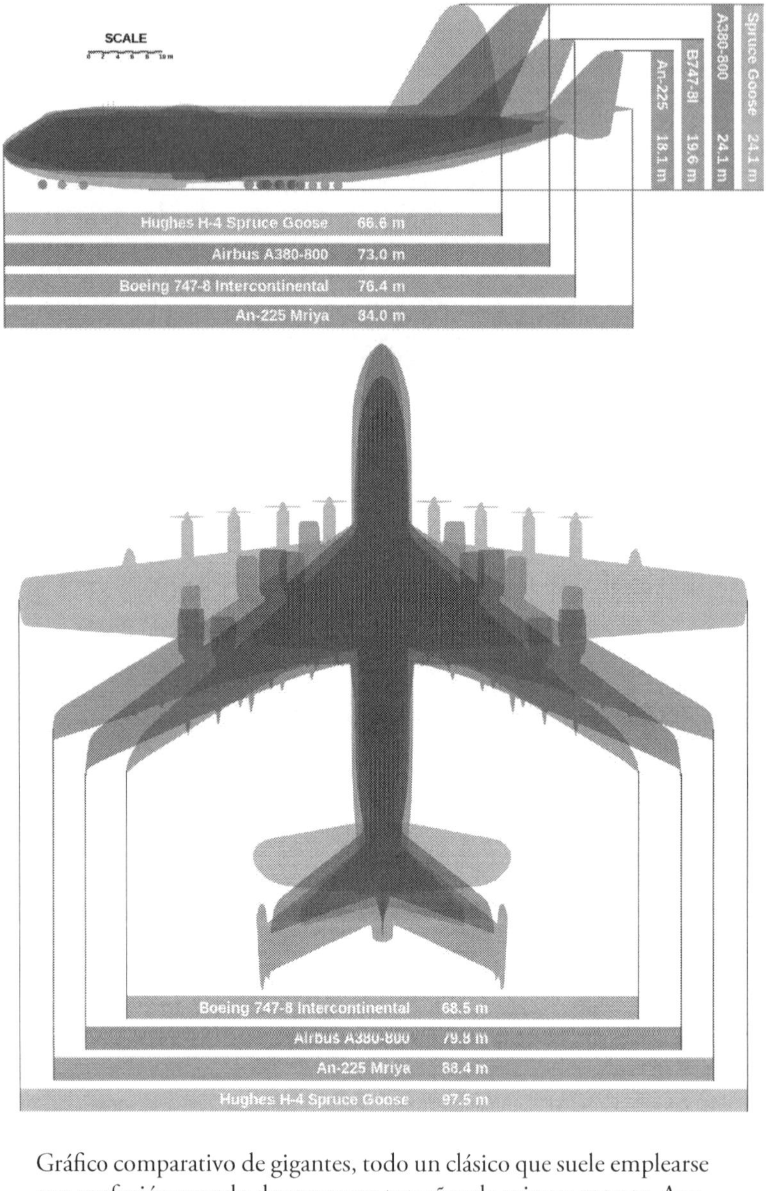

Gráfico comparativo de gigantes, todo un clásico que suele emplearse con profusión cuando de comparar tamaños de aviones se trata. Aparecen el *Hughes H-4 Spruce Goose,* el avión con mayor envergadura, el Antonov *An-225 Mriya*, el de mayor longitud, el *Boeing 747-8 Intercontinental,* el mayor de los clásicos 747, y el *Airbus A380-800*, el mayor avión de pasajeros del mundo.

En el caso del triunfo del Airbus A380 de doble cubierta no ha sido sino la última batalla en una guerra por desarrollar el avión comercial de pasajeros más capaz de todos los tiempos. En el camino se han quedado proyectos asombrosos que pretendían conseguir lo mismo.

He ahí, por ejemplo, el proyecto de McDonnell Douglas conocido como MD-12. Hubiera sido más pequeño que el A380, con el tamaño aproximado de un 747 pero con doble cubierta (Boeing también planeó un Jumbo con la cubierta superior completa), pensado para transportar 430 pasajeros en configuración de tres clases o 511 en configuración de alta densidad, esto es, unos 40 menos que el 380 en configuración de tres clases. Estaba proyectado en varias versiones, la base, la alargada, largo alcance y bimotor. El proyecto fue cancelado, como también lo fue otro anterior de la misma compañía, ideado en los años sesenta, el McDonnell Douglas DC-10 de doble cubierta.

El mencionar tal o cual aparato como el más grande tiene sus riesgos, entre ellos y, sobre todo, el que dicha mención se convierta en una lista sin mucho sentido en poco tiempo. Sucede como con los rascacielos. Tiene interés mencionar cuál es el edificio más alto del planeta, pero siempre como algo efímero, pues en el mismo momento de escribir sobre ese mastodonte, ya habrá en algún lugar del planeta otro más alto en construcción. Esta carrera bien puede terminar algún día, pero de momento parece que lleva cuerda para rato. Lo mismo sucede con los aviones de gran tamaño, no tiene mucho sentido hacer clasificaciones en tiempos presentes, pues quedarán obsoletas no tardando demasiado. Como aquí de lo que se trata es de recordar aviones descollantes, no sólo por cuestión de tamaño, sino por lo extraño, vamos a abandonar toda pretensión de clasificar a estos grandes pájaros, sobre todo porque lo que en un tiempo parecía gigantesco, no lo fue tanto en años posteriores.

TRANSPORTES MUY ESPECIALES

Acabamos de mencionar el grandioso Airbus A380 pero, ¿cómo se transportan las enormes piezas que lo componen? Para trabajos como ese, y otros similares, existe un tipo de avión muy especial. El Airbus A300-600 *Super Transporter* o *Beluga* es un aparato destinado al transporte de cargas de gran volumen (será reemplazado por el *Superbeluga*, un 330 modificado). Es uno de los cargueros más singulares del mundo, junto con el Boeing *Dreamlifter*, un avión de mayor tamaño pero equivalente en cuanto a su utilización.

Airbus Beluga.

Boeing 747 LCF (Large Cargo Freighter), *Dreamlifter*.

Aero Spacelines *Super Guppy*, antecesor de los actuales cargueros de gran volumen.

Ya nos han visitado en las páginas de este libro algunos aviones que fueron considerados gigantes en su época, como por ejemplo el Messerschmitt Me 323 Gigant, el que fuera carguero alemán de la Segunda Guerra Mundial, o el sorprendente Caproni Ca.60 *Capronissimo*.

Mirando un poco más atrás en el tiempo descubriremos máquinas olvidadas que alcanzaron tamaños considerables incluso desde nuestro punto de vista actual. En Rusia encontramos el Le-Grand, ideado por Sikorsky. Sí, ese nombre es conocido como fabricante de helicópteros estadounidenses, pero el fundador de la compañía era originalmente ruso, aunque posteriormente se estableció en los Estados Unidos. El Russky Vityaz, Caballero Ruso, o Le Grand, fue concebido por Igor Sikorsky en la Rusia zarista, no mucho después del primer vuelo de los Hermanos Wright, si estos estrenaron en 1903 el siglo de la aviación con un avión diseñado y construido por ellos, con un motor de gasolina que movía dos hélices contrarrotatorias, Sikorsky hizo volar apenas 10 años después el primer avión cuatrimotor gigante.

Voló en mayo de 1913, originalmente como bimotor. Durante ese año fue rediseñado en varias ocasiones, pasando a ser un cuatrimotor y, de tener los motores en paralelo, pasó a tenerlos en tándem. También fueron rediseñadas sus hélices para conseguir una mayor eficiencia. Su función no era otra que demostrar que podían diseñarse y fabricarse aviones grandes. Cuando se empezó a trabajar en él, no existía ningún avión capaz de levantar 600 kilogramos de carga útil, de hecho, fue llamado por algunos periódicos fuera de Rusia como Pato de San Petersburgo. Otros consideraron que era un bulo, debido a que un aparato tan grande no podría despegar. Su final fue desafortunado, durante un festival aéreo… ¡le cayó encima el motor de un avión que pasaba por allí! Ya había realizado por entonces 53 vuelos, en uno de los cuales batió una marca de permanencia en el aire, con casi dos horas de viaje y con cuatro pasajeros a bordo, además de los dos pilotos que iban sentados en la cabina de doble mando. Se puede considerar este pájaro como el pionero de los aviones de pasajeros, con su gran cabina, que fue visitada incluso por el Zar Nicolás, pensado para para alojar a muchas personas, o bien se puede considerar como un demostrador tecnológico que permitió el desarrollo de los primeros grandes bombarderos. Eso sí, los aviones de hoy en día no tienen balcón para el pasaje, con una puerta para pasar a la cabina de pilotaje, dos habitáculos separados, sofá, cuarto para los repuestos y muchas más comodidades poco usuales.

Karl Karlovich Bulla.

El curioso Russian Vityaz con su característico "balcón" frontal. Imagen de 1915.

Si hablamos de gigantes rusos, y siguiendo con el tema de aviones de gran tamaño que se suponía no podían volar, nada mejor que conocer al increíble Kalinin K-7. Se trató de un proyecto de la época soviética, de los años treinta, en manos del diseñador Kalinin. Se considera el ala elíptica más grande jamás construida, con una superficie alar superior a la del B-52, con doble botalón, y un ala de tal espesor que podía acoger a los pasajeros, en versión civil, o armamento en la versión de bombardero.

Sandglass Patrol.

Estas fotografías de época nos darán una idea de lo que se pretendía realizar con el K-7. Una imagen es frontal y muestra el tamaño del avión. La otra nos permite ver la sección del ala casi a la altura del encastre, con una costilla en la que se aprecia el tamaño del túnel que atraviesa el ala y da acceso, entre otras cosas, a los motores. Sólo se fabricó un aparato, que se estrelló tras sufrir un fallo estructural en vuelo debido a que uno de sus botalones de cola falló por problemas aeroelásticos.

Aleksei Maksimovich Peshkov, conocido como Máximo Gorki, fue un escritor soviético de principios del siglo XX que tuvo gran predicamento entre los mandatarios de la Revolución Rusa. El Tupolev ANT-20 Máximo Gorki, bautizado de ese modo en honor al literato mencionado, puede considerarse como la máquina voladora publicitaria más imponente de la historia. Para resaltar la relevancia de la tecnología, organización e industria soviéticas, lo mejor era hacer volar el avión más grande que fuera posible.

Ciertamente, como aparato propagandístico fue único. El rugido de sus ocho motores rompiendo el cielo a buen seguro que animó enormemente a Stalin. Diseñado por Andrei Tupolev, el ANT-20 fue completado en abril de 1934, convirtiéndose en una monstruosa máquina de propaganda que transportaba un potente sistema de radio capaz de emitir mensajes aleccionadores desde el cielo, además de contar con imprenta para crear proclamas, cine, laboratorio fotográfico, biblioteca... En fin, cualquier invento aplicable a la propaganda habitaba en las entrañas de la bestia. Desde el punto de vista tecnológico este avión contaba con adelantos dignos de mención. Fue el primero en utilizar para su sistema eléctrico corriente alterna de 120 voltios, era un aparato desmontable que podía transportarse por ferrocarril y su interior era tan espacioso que se dividía en varios niveles conectados por escaleras. El 18 de mayo de 1935 el Máximo Gorki, escoltado por otros aviones más pequeños (cazas Polikarpov I-5), cruzó el cielo sobre Moscú en vuelo propagandístico. Lamentablemente, fue la última vez que levantó el vuelo, porque a raíz de una maniobra acrobática de uno de los aviones de escolta, se produjo un choque fatal en el aire que hizo caer al gran pájaro sobre un barrio residencial, lo que causó numerosas víctimas. Con sus más de treinta metros de longitud, más de sesenta de distancia alar y una altura de casi trece metros, la visión del Máximo Gorki con sus treinta toneladas de peso en vacío surcando los cielos a 220 kilómetros por hora emitiendo mensajes políticos desde el cielo tuvo que ser algo realmente sobrecogedor.

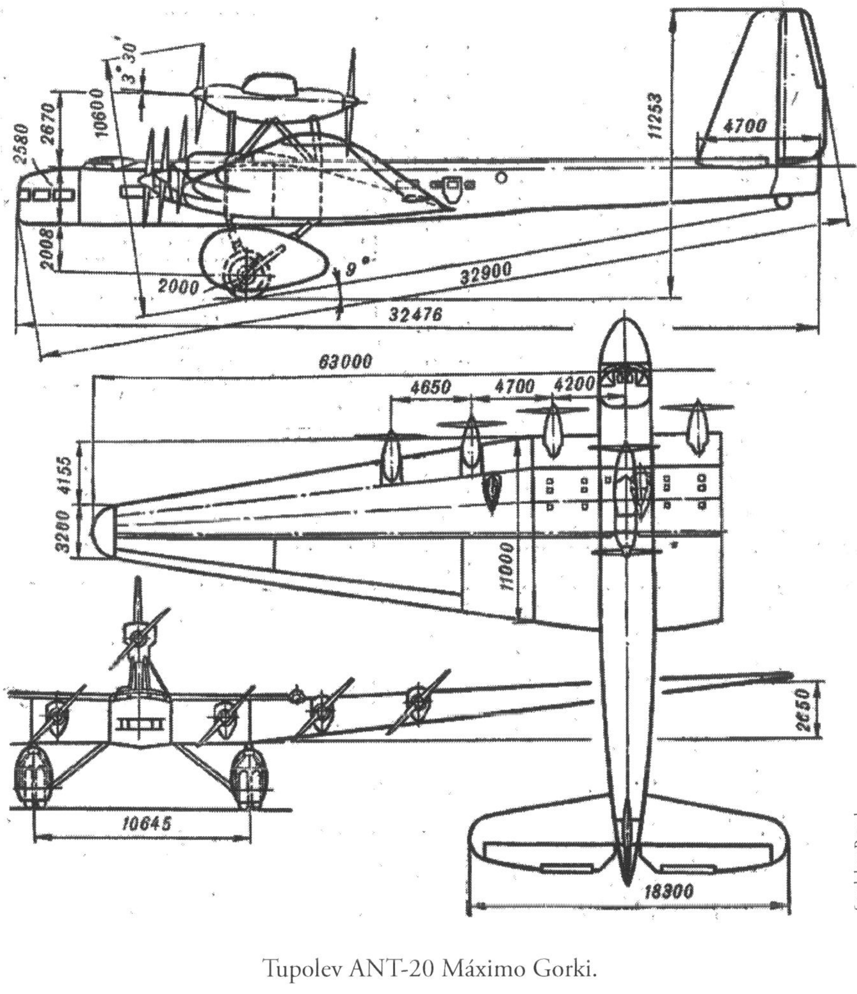

Sandglass Patrol.

Tupolev ANT-20 Máximo Gorki.

Abandonamos la Rusia soviética para viajar hacia el Oeste. En 1928 se presentó el escocés Beardmore Inflexible, o Ro VI, un bombardero trimotor monoplano construido íntegramente en metal. Bien, eso puede no sonar raro hoy día, pero en su tiempo llamó mucho la atención, pues la mayoría de los aviones atendían al requerimiento de reducir su peso para mejorar el rendimiento acudiendo a materiales ligeros como la tela o la madera. Sólo se construyó un prototipo, que terminó desmantelado dos años más tarde al no lograr acceder a un contrato para su fabricación en serie. Debe tenerse en cuenta que se ideó a finales de la década de los años veinte y que tanto su diseño como su tamaño, pues era casi tan grande como un Boeing B-29 de la Segunda Guerra Mundial, hicieron que se adelantara su tiempo.

Sandglass Patrol.

Dos imágenes del Beardmore Inflexible tomadas en 1928.

Ese mismo año de 1928 fue retirado en los Estados Unidos el bombardero de largo alcance Wittemann-Lewis XNBL-1, conocido como Barling Bomber (Lo de XNBL viene del acrónimo inglés para *Experimental Night Bomber, Long Range*). Como en el caso anterior, sólo se construyó un avión de pruebas en 1923. Diseñado por Walter Barling y construido por la compañía Wittemann-Lewis, este avión que contaba con una tripulación de dos pilotos y cinco artilleros, tenía una envergadura alar de 36 metros y una longitud de casi 20 metros, lo que le convertía en un gigante para su tiempo. Este fue un primer intento de "bombardero estratégico" que, falto de potencia, no entró nunca en producción.

National Museum of the U.S. Air Force.

Wittemann-Lewis XNBL-1 "Barling Bomber".

Curiosamente, no fue el XNBL-1 el primer intento de Walter Barling por construir un bombardero avanzado a su época. En 1919 vio la luz en Inglaterra su anterior diseño, del que igualmente se construyó sólo un aparato. Se trató del Tarrant Tabor, construido por la casa W.G Tarrant Ltd. Este bombardero triplano, que por desgracia se estrelló en su primer vuelo, fue durante corto tiempo el avión más grande de su época, con una distancia alar de 40 metros.

Imperial War Museum.

El *Tarrant Tabor* en una imagen de 1919.

Más éxito tuvo el concepto de *Riesenflugzeug*, o "avión gigante", ideado por el genial constructor de dirigibles alemán Ferdinand von Zeppelin. De la idea al avión, no medió mucho tiempo. Fue algo asombroso por entonces, todo un bombardero pesado en plena Primera Guerra Mundial. El Zeppelin Staaken R.VI, diseñado entre otros por Alexander Baumann, voló por primera vez en 1916, entrando en combate al año siguiente. Se hicieron diversas variantes, incluso una tipo hidroavión, llegándose a fabricar hasta 18 unidades de este gran pájaro hasta 1919.

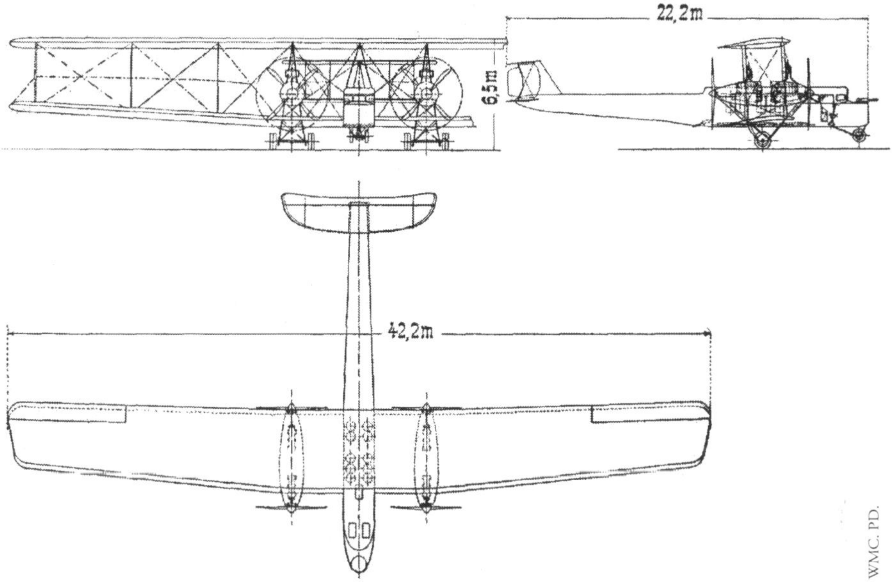

Esquemas del Zeppelin Staaken R.VI.

Finalizada la Gran Guerra, el turno para construir los aviones más grandes pasó al mercado del transporte de pasajeros y mercancías. Hacia finales de la década de los veinte brillaban por el gran lujo en el que viajaban sus ocupantes las naves de origen inglés Handley Page H.P.42 y H.P.45, grandes cuatrimotores de tipo biplano que volaron sin grandes contratiempos durante más de una década. El H.P.42 fue algo muy novedoso. Era una época en la que las pistas de asfalto escaseaban y los problemas mecánicos se solucionaban en vuelo, con el mecánico haciendo a veces acrobacias cual *wingwalker*. De hecho, dada la escasez de buenas pistas, este avión fue dotado de ruedas sobredimensionadas, para poder aterrizar casi en cualquier pista o campo. Gigantes de su tiempo, con casi 40 metros de envergadura, eran biplanos con el ala inferior más pequeña que la superior, con puntales entre ambos planos tipo Warren, en forma de "W". El empenaje era también de tipo biplano, con tres timones verticales. Tanto la configuración alar como la de este empenaje creaban resistencia aerodinámica y, por ello, no era especialmente rápido. Nada que ver con su casi coetáneo Boeing 247. La célula era metálica, a excepción del revestimiento alar y alguna parte del fuselaje. Handley Page los denominó H.P.42 y H.P.45, aunque fueron conocidos como H.P.42E y H.P.42W respectivamente. La E y la W hacen referencia a los puntos cardinales, Este y Oeste en inglés, en función de las rutas que cubría cada uno dentro del Imperio Británico. La principal diferencia entre ambos eran los motores: cuatro Jupiter XIFs de 490 CV (365 kW) para el "E" y cuatro Jupiter XFBM sobrealimentados para el "W". Además el modelo 42 era capaz de mayor alcance que el 45, aunque este último podía cargar más pasajeros.

Library of Congress.

Handley Page H.P.42 de la Imperial Airways en 1931.

Contemporáneo de los anteriores fue el Junkers G-38 *Goliath*, desarrollado a finales de los años veinte por el pionero alemán de los aviones enteramente metálicos, Junkers. Es considerado el avión terrestre más grande de aquella década. Estaba ideado para no transportar toda la carga sobre el fuselaje, sino que también era compartida con las alas. Estas grandes alas le daban una baja carga alar y gran maniobrabilidad, y su espesor permitía alojar en ella pasaje, incluso con ventanas en el borde de ataque, además de carga y de los motores, a los que se podía acceder en vuelo para su reparación.

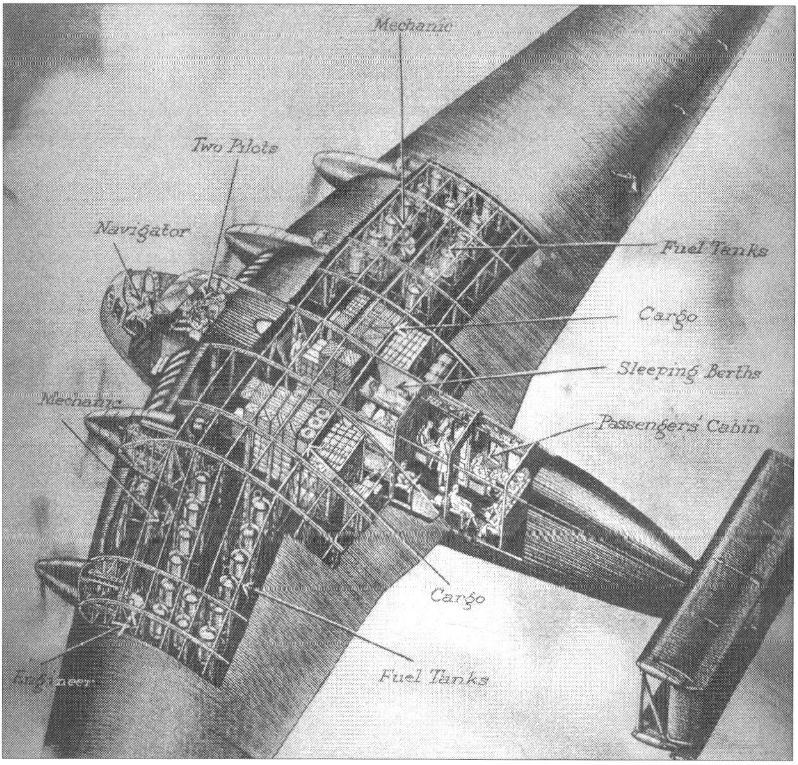

John Prak.

El Junkers G-38 *Goliath* según el *Illustrated London News*, 1930.

Este avión estableció varias marcas mundiales de velocidad, alcance y autonomía de vuelo, mientras transportaba una carga de cinco toneladas en cada vuelo. Hoy se habla mucho de lo novedoso que es el Airbus A-380, con los pasajeros acomodados a lo largo de dos pisos, pero este aparato ya podía transportar a más de treinta personas así, con seis de ellas en las alas y visión directa a través del borde de ataque de éstas. Entró en servicio en el año 1931 y hasta el 39 voló en transporte de pasajeros, hasta que llegada la Segunda Guerra Mundial, sirvió en la Luftwaffe como avión de transporte pesado, siendo destruido por la RAF en Grecia, en 1941 (Japón fabricó en los años treinta una variante de bombardeo, el Mitsubishi Ki-20).

Tras el segundo conflicto mundial, en pleno desarrollo de la Guerra Fría, todo comenzó a acelerarse todavía más, sobre todo en el mundo de la aviación militar. El desarrollo de los grandes bombarderos estratégicos, como el célebre Boeing B-52 *Stratofortress* introducido en 1955 reemplazando a otro gigante, el Convair B-36 *Peacemaker*, hizo que los grandes aviones invadieran los cielos, dejando pequeños a todos los grandes aviones anteriores, haciendo que cayeran en el olvido. Hoy vuelan por nuestros cielos diversos modelos de avión de línea y de transporte, sobre todo militares, que dejarían asombrados a aquellos pioneros.

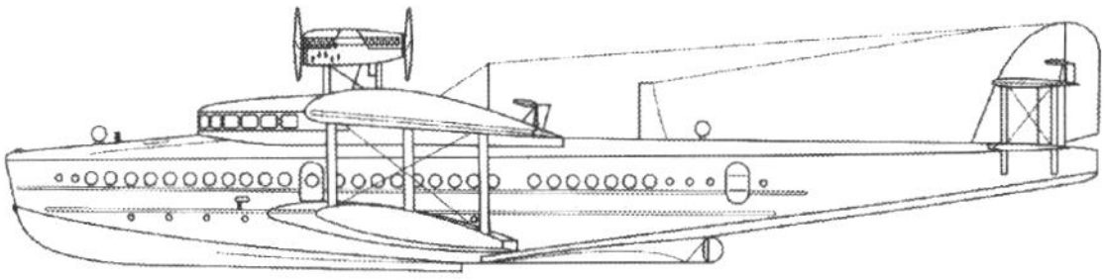

Monstruos acuáticos

En torno a la Segunda Guerra Mundial y a lo largo de poco más de una década, se construyeron verdaderos titanes volantes que tuvieron una característica común, más allá del tamaño. Todos ellos eran hidroaviones. El más efímero y, a la vez, más sorprendente de todos ellos fue, sin duda alguna, el Hughes H-4 Hercules, *Spruce Goose*, proyecto concebido por el excéntrico magnate estadounidense Howard Hughes y cancelado tras su primer y corto vuelo. Todo en el H-4 era grande, desde el coste de tan magno pájaro hasta su complejo mantenimiento.

El único aparato de este tipo que se construyó se convirtió en el mayor hidroavión de la historia y en el avión con más envergadura jamás visto hasta la fecha: casi 98 metros. Este monstruo fue concebido inicialmente como posible solución al problema del envío de suministros a Gran Bretaña durante el conflicto mundial. Atravesar el Atlántico con un gran avión, por encima del peligro de las manadas de lobos de submarinos alemanes parecía una gran idea. En su interior podrían acomodarse hasta 750 soldados o bien dos tanques Sherman. Construido en madera, ante la carestía de metales a causa de la guerra, el hidroavión capaz de transportar hasta 60 toneladas de carga fue criticado desde el primer momento. El propio Hughes pilotó su hidroavión gigante el 2 de noviembre de 1947, en lo que fue su único vuelo de pruebas que apenas se extendió unos dos kilómetros. Hoy este singular aparato se ha convertido en pieza de museo.

W.M.C. P.D.

El imponente H-4 Hercules *Spruce Goose.*

El construir hidroaviones de gran tamaño ya tenía cierta tradición en la industria aeronáutica. En Francia se había intentado crear una red comercial de vuelos a través del Atlántico gracias al hidroavión gigante, de 57 metros de envergadura, Latécoère 631.

W.M.C. P.D.

Latécoère 631

Unos años antes, en Alemania, fueron célebres las tres unidades del Dornier Do X, un hidroavión que voló por primera vez en 1929 y que fue concebido para ser sinónimo de vuelo placentero y lujoso, aunque no logró extenderse por líneas comerciales a gran escala. Todo en su interior era lujo y comodidad, con cabinas individuales para los pasajeros, sala de fumadores, cuarto de baño y hasta salón con cocina. Era como un hotel de lujo volante.

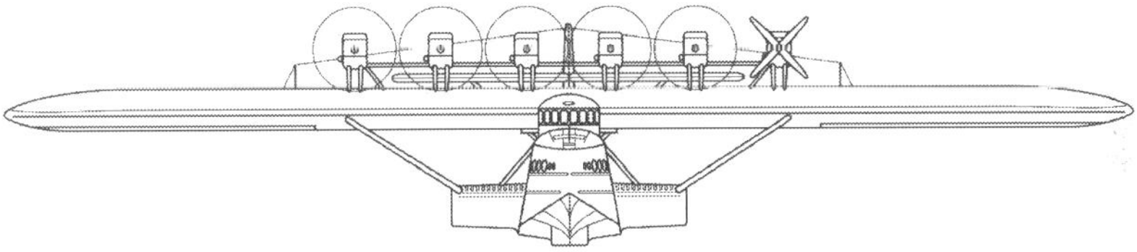

U.S. Navy Naval History and Heritage Command.

El Dornier Do X hacia 1931.

También en Alemania, pero ya en la Segunda Guerra Mundial, se alumbró la posibilidad de construir un hidroavión militar de tamaño gigantesco. Se trató del Blohm & Voss BV 238, cuyo único prototipo fue derribado en combate en 1944. Hasta la construcción del hidroavión de Hughes, este avión alemán fue el más grande del mundo, contando con 60 metros de envergadura. Cabe mencionar que este aparato contaba con un pariente de menor tamaño, con 46 metros de envergadura, el Blohm & Voss BV 222, del que se llegaron a construir trece unidades.

Arriba, hidroavión Blohm & Voss BV 238 fotografiado en 1944.
Abajo, un Blohm & Voss BV 222 en vuelo.

Al otro lado del Atlántico el rey de los hidroaviones era el Martin JRM Mars, un robusto aparato que voló por primera vez en 1942. Con sus 60 metros de envergadura, rivalizaba con el BV 238 como avión más grande del mundo. Concebido originalmente como patrullero y bombardero, se construyeron siete unidades de las que, asombrosamente, sobreviven dos como aviones contra incendios en Canadá.

U.S. Navy Naval Aviation News.

El Martin Mars mostrando su tamaño, con 125 hombres sobre sus alas. Imagen tomada en mayo de 1954.

U.S. Navy National Museum of Naval Aviation.

Prototipo de Martin Mars fotografiado en 1943.

Terminada la Segunda Guerra Mundial, el tiempo de los grandes hidroaviones pareció haber finalizado igualmente, pero todavía pudo verse en acción algún pájaro de este tipo y de gran tamaño. En Gran Bretaña y con 66 metros de envergadura, voló el hidroavión de pasajeros Saunders-Roe *Princess*. Fue ensayado entre 1952 y 1954, pero el que fuera el mayor hidroavión completamente metálico jamás construido no logró entrar en el circuito comercial.

SDASM.

Saunders-Roe *Princess*.

LOS "HIDROS" MÁS RÁPIDOS

Tras la Segunda Guerra Mundial todavía quedó cierto espacio para la construcción de hidroaviones militares veloces, es más, aunque su tiempo había llegado a su fin, se dio vida a los dos más rápidos jamás vistos.

El Convair F2Y *Sea Dart* era realmente descollante, ¿quién puede imaginar un hidroavión supersónico? De hecho, no ha existido ninguno más que lo haya conseguido, ni siquiera intentado. Realizó sus vuelos de prueba en 1953, cuando se comprobó que era muy problemático tanto de mantener como de alcanzar el rendimiento previsto. El proyecto fue cancelado.

U.S. Navy.

Convair XF2Y-1 *Sea Dart* en una de sus pruebas.
Imagen de 1954.

No era tan rápido, pero no por ello fue menos impresionante el hidroavión experimental británico Saunders-Roe SR.A/1. Construido en 1947, e inspirado inicialmente en el hidroavión japonés Nakajima A6M2-N, dotado con turborreactores, era capaz de alcanzar una velocidad máxima de 820 km/h.

Imperial War Museums.

Saunders-Roe SR.A/1 en julio de 1947.

Merece igualmente un veloz recuerdo el hidroavión italiano Savoia-Marchetti S.55 que fue retirado, precisamente, en 1945, al terminar la Segunda Guerra Mundial. Este asombroso aparato de pasajeros llevaba superando marcas de todo tipo, desde velocidad a capacidad de carga, desde que fuera introducido en... ¡1926!

WMC. PD.

Savoia-Marchetti S.55 fotografiado en 1933.

Los pequeños de la familia

Aviones de tamaño minúsculo han sido construidos desde los primeros tiempos de la aviación y, como siempre cuando se bordean los límites de lo posible, en algunos casos esos intentos han sido exitosos y, cómo no, en muchos otros no se llegó a levantar el vuelo. Consideremos aquí como aviones pequeños, o más bien enanos, aquellos con la capacidad para transportar al menos a un piloto humano y que cuenten con un tamaño asombrosamente reducido. Naturalmente, se han fabricado drones experimentales que apenas si tienen el tamaño de un insecto grande, pero de lo que aquí trataremos será de las máquinas volantes más pequeñas con capacidad para contener a un osado piloto. Lo de osado no es ninguna broma. Como se podrá ver a continuación, en muchas ocasiones estos ingenios minúsculos constituyen un verdadero reto, tanto para la ingeniería como para el pilotaje.

Comercialmente no hay, muy posiblemente, avión minúsculo más conocido que el célebre Cri-Cri, del que como ya se comentó en páginas anteriores, se han visto incluso versiones de propulsión eléctrica. El Colomban MC-15 o Cri-Cri (grillo) es un curioso bimotor de tamaño asombrosamente pequeño. Desarrollado en los años setenta por el ingeniero francés Michel Colomban, está propulsado por todo tipo de motores. Hoy día, y tras más de cuarenta años en el mercado, sigue siendo uno de los aviones acrobáticos más sorprendentes dada su increíble capacidad para realizar maniobras espectaculares. Como se comercializa en forma de kit para montaje "casero", cada comprador puede ir añadiendo modificaciones, lo que ha hecho que prácticamente cada Cri-Cri sea una máquina única. Se han visto incluso kits de este tipo a los que se les ha adaptado un juego de doble turbina, eso sí, de muy pequeño tamaño... ¡del tipo empleado en modelos de radiocontrol!

El minúsculo Colomban MC-15 Cri-Cri.

Un caso sobresaliente de avión minúsculo, aunque más grande que el resto de compañeros de este capítulo, lo constituye el McDonnell XF-85 *Goblin*, avión militar que se aleja mucho de los kits de montaje tipo Cri-Cri. El *Goblin*, al que llamaron "huevo volante" por su curiosa forma, fue un tipo de avión parásito, esto es, una nave que es transportada por otro avión nodriza, que lo lanza desde el aire. El encargo de las Fuerzas Aéreas de los Estados Unidos a finales de la Segunda Guerra Mundial era claro y sencillo: querían un caza de escolta capaz de ser albergado en la bahía de carga de un bombardero. La idea es simple, pero ejecutar algo así no fue nada sencillo y, en poco tiempo, se demostró que no era tan buena idea como se había pensado originalmente, sobre todo cuando la tecnología fue permitiendo la construcción de nuevos cazas con mayores capacidades. Pensado para ser transportado en las entrañas de una bestia como fue el bombardero Convair B-36 *Peacemaker*, vio la luz a finales de los cuarenta a través de dos prototipos.

U.S. Air Force.

El caza-parásito experimental estadounidense McDonnell XF-85 *Goblin*.

U.S. Air Force.

Modelo de McDonnell XF-85 con sus alas plegadas,
unido a su sistema de lanzamiento para aviones nodriza.

El minúsculo *Goblin*, dotado de alas plegables en flecha de menos de siete metros de envergadura, estaba propulsado por un turborreactor y carecía de tren de aterrizaje, salvo por una especie de sistema de patines de emergencia. ¿Qué razón había para ello? La causa de la ausencia de tren de aterrizaje se encontraba en que… ¡no estaba pensado para aterrizar! Según sus diseñadores, el *Goblin* debía ser lanzando desde el B-36, haciendo las veces de avión nodriza con capacidad para transportar a tres *Goblins*. Se suponía que, tras ser lanzado y después de haber realizado tareas de protección de una flota de bombarderos, debía volver a su bahía en el B-36, siendo amarrado con una especie de gancho retráctil, del mismo modo a como se planteó mucho tiempo antes con ciertos aviones en los dirigibles.

Reduzcamos todavía más los tamaños con algo tan audaz como el *SkyFlash*, ¿lo podemos considerar el avión a reacción más pequeño del mundo, o más bien un jet-pack con ruedas? Sea como fuere, la propuesta no es totalmente nueva. Como antecedente cabe mencionar al intrépido *Jet Man*, esto es, el piloto e ingeniero suizo Yves Rossy, que fue el primero en volar con unas alas unidas a su espalda… ¡propulsado por un pequeño reactor! Quien ha visto la película *The Rocketeer*, de 1991, con estética dieselpunk, entenderá a la perfección a qué nos referimos. Bien, el caso de Rossy vendría a ser parecido, sólo que con un reactor en lugar del clásico, y peligroso, cohete. El proyecto de *SkyFlash* emplea igualmente motores a reacción listos para llevar a la espalda, como si se tratara de una mochila. Además, le han añadido un tren de aterrizaje de cuatro ruedas de 25,4 centímetros de diámetro. Por eso, podemos considerarlo el avión a reacción más pequeño del mundo. Las alas de 3,5 metros de envergadura del *SkyFlash* están basadas en las de un cóndor, según comentan sus creadores. Están divididas en tres secciones: la central, donde van alojados dos motores a reacción y el combustible, que va unida a la espalda del piloto. También va alojado en esta sección el paracaídas de seguridad y el ordenador que permite controlar los motores. Una sección intermedia, un ala rectangular convencional y, la más externa, formada por tres pequeñas alas en tándem, similar a las puntas de ala de las rapaces. El control del *SkyFlash* se realiza cambiando la posición del centro de gravedad, desplazando el cuerpo del piloto. Y, también, con ayuda de los pies, que se introducen en el chorro de gases de los motores a reacción, por lo que el piloto va equipado con botas protegidas contra el calor. El mando de gases se sitúa en la mano derecha del piloto, quien también cuenta con una pantalla digital de ocho pulgadas. Este prototipo ha sido construido con contrachapado, estando revestido en plástico, aunque la idea, si al final tiene éxito en su empeño de volar con algo tan arriesgado, es fabricarlo con materiales compuestos. Lleva instalados dos motores diésel a reacción de aeromodelismo y tiene un MTOW de 161 kg. El peso conjunto de las alas, sin combustible, es de 25kg. En caso de fabricarlo con fibra de vidrio, SkyFlash cree que podría doblar sus prestaciones.

Ahora bien, no sólo se han construido aviones minúsculos. ¿Qué sucede con los clásicos inventos relacionados con helicópteros personales? En estos casos, cabe recordar el asombroso Kamov plegable, la propuesta de helicóptero tripulado más pequeño del mundo. Básicamente, se trata de un minúsculo helicóptero dotado con dos rotores contrarrotatorios coaxiales. Además de ser compacto, es plegable, y puede ser transportado en un contenedor del tipo que se lanza en paracaídas desde un avión, por ejemplo, con suministros. Su destino sería el servir de nave de "autorescate" para pilotos de combate caídos tras las líneas enemigas o su uso en operaciones de de comandos secretos.

Aviastar.

Kamov KA-56.

El tema de los aviones plegables ha dado mucho que pensar a ingenieros e inventores desde hace décadas. Un caso extremo llegó a tomar forma como avión plegable que podía caber en una maleta no demasiado grande. Cualquiera podría llevar este artilugio de viaje, nunca se sabe cuándo le va apetecer a uno volar un rato. Nos referimos a los diversos prototipos de pequeños aviones plegables que a lo largo de los años veinte del siglo pasado presentó en Francia el ruso M. Pischof. Su modelo de avón plegable de 1929 tenía una envergadura de unos cuatro metros y pesaba en vacío unos 91 kg. Con un motor de 4 CV y con un larguero del ala inferior que hacía también las veces de eje del tren de aterrizaje, tenía capacidad para transportar una sola persona y un alcance de cerca de 30 kilómetros. Podía ser desmontado y plegado hasta el tamaño de una maleta grande. No fue el único avión de este tipo que desarrolló Pischof. Años atrás, en 1921, había presentado un aparato con un concepto de diseño similar pero más grande y con más potencia, hasta 16 CV. El "Pischof Avionette", tal y como fue conocido, es considerado como la primera *aero-scooter* práctica. En las pruebas alcanzó 4000 pies en casi una hora, aunque los cálculos indicaban un techo práctico de 6000 o 6500 pies. El rango de velocidades a las que podía volar comprendía desde las 36 MPH de velocidad mínima, a las 60 mph de máxima, con una autonomía de dos horas. El fuselaje era de una construcción convencional para la época, con tubos metálicos, alguna parte en madera y revestimiento, básicamente en las alas, de tela. De hecho, lo más innovador era el método de montaje y desmontaje rápido: Ambas alas estaban unidas por un puntal inter-alar abisagrado. Esto facilitaba conectar las alas al fuselaje y estirar después el puntal hasta llevar el ala a su posición de vuelo. Esto tensaba también los tirantes, que no eran desconectados nunca. El ala superior se conectaba a la parte delantera del fuselaje y el ala inferior al eje del tren de aterrizaje, que hacía a su vez de larguero alar en la zona central del ala. ¡No tenía nada que envidiar a muchos diseños de ultraligero en tubo y tela de hoy en día!

Sandglass Patrol.

El avión desmontable Pischof Avionette.

Muchos de estos intentos por conseguir pequeños aviones de fácil transporte fueron muy comunes en los años veinte, época en la que la aviación se estaba desarrollando a una velocidad asombrosa. El caso de éxito más conocido de ese tiempo para un "utilitario" del aire, fue el de la pulga volante creada por el francés Henri Mignet, quien comercializó desde 1920 y hasta bien entrada la década de los treinta, kits e instrucciones para constuir diversos tipos de monoplano ultraligero, dede su primer modelo, el HM.1 hasta versiones posteriores como el HM.14. Versiones de este aparato han visto la luz hasta años recientes.

Sandglass Patrol.

Beecraft Wee Bee.

Como se puede ver, los años veinte y, en menor medida los treinta, vivieron una verdadera fiebre por la construcción de aviones de pequeño tamaño. El objetivo era lograr una especie de Ford Modelo "T" del aire, que pudiera se comercializado para el común de los mortales. No se expandió ese presunto mercado, pero la obsesión por la miniaturización de los aviones nunca se abandonó. Tras la Segunda Guerra Mundial se fueron viendo de tanto en tanto nuevos intentos en este camino. Ahí quedó, por ejemplo, el Beecraft Wee Bee, de 1948, considerado en su época como el avión más pequeño del mundo y del que sólo se construyó una unidad.

Más extraño, si cabe, fue el también único avión producido del Stits SA-2A Sky Baby, producido en 1952 y publicitado igualmente como el más pequeño del planeta, con tres metros de longitud y 2,18 de envergadura. Su vida fue efímera, pues antes de terminar en un museo, apenas voló en escasas ocasiones como reclamo publicitario. En 1984 voló una versión todavía más pequeña, el Stits DS-1 Baby Bird, aunque era un poco más largo, con 3,4 metros de longitud, su envergadura alcanzaba sólo los 1,91 metros.

Stits SA-2A.

Stits Baby Bird.

Con una longitud de menos de tres metros y medio, y una envergadura de 2,29 metros, el monoplano Staib LB-2, del que se vieron diversos prototipos mejorados, fue un curioso avión en miniatura construido por el diseñador Wilbur Staib a principios de los años cincuenta.

Para terminar con los pequeños de la familia, nada mejor que acudir al biplano Bumble Bee (abejorro), cuyo segundo modelo, el Starr Bumble Bee II, diseñado por Robert H. Starr y presentado en 1988, es considerado actualmente como el avión tripulado más pequeño del mundo, o al menos eso aparece en el famoso Libro Guinness. Con una longitud de 2,7 metros y una envergadura de 1,68 metros, parece imposible que algo así pueda volar con un ser humano en su interior. Por desgracia, un fallo en su motor Continental C85 hizo que se estrellara durante su vuelo de pruebas. El piloto, que era el propio Starr, logró salvar la vida, aunque resultó gravemente herido.

Starr Bumble Bee II expuesto en el Pima Air Museum de Tucson.

ACORDEONES VOLANTES

Hubo quien llevó el concepto de avión plegable hasta límites un tanto exagerados. He aquí, por ejemplo, una muestra procedente de una patente de los años veinte, en la que el plegado de las alas se realiza en forma de acordeón.

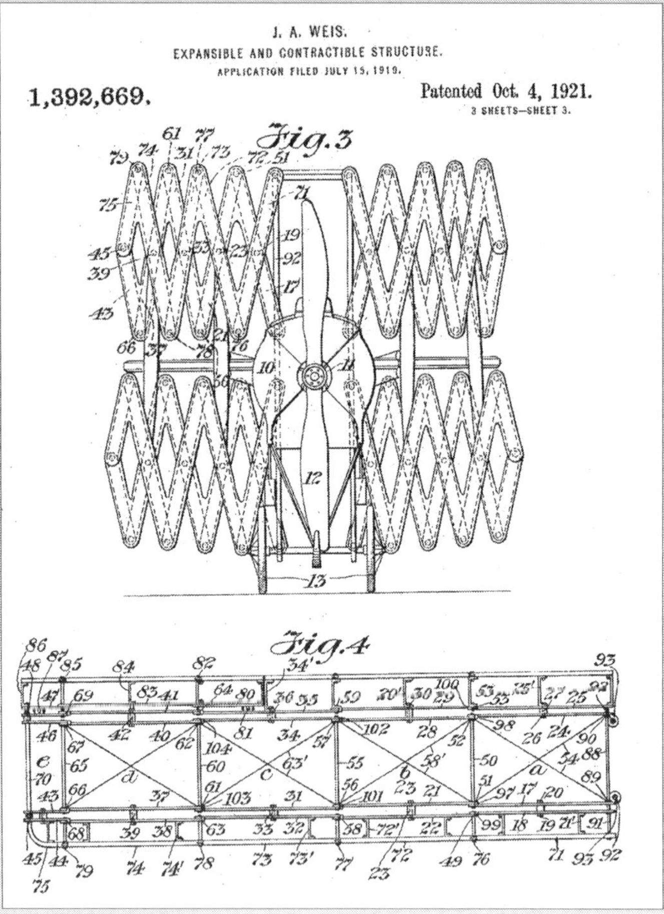

USPTO.

POCO CONVENCIONALES

Aviones inflables

Hay veces que el cine va por detrás del mundo real en cuanto a invenciones tecnológicas se refiere. He ahí, por ejemplo, el caso de los aviones inflables como el Goodyear XAO-3G1 Inflatoplane que, como su propio nombre indica, es un aparato volador que es necesario hinchar para ser utilizado y que, a la hora de ser almacenado, ocuparía un espacio muy reducido. La idea nació allá por los años cincuenta del siglo pasado y se desarrolló pensando en las tropas de asalto o rescate paracaidista pues, contando con un vehículo de escape aéreo, podrían golpear tras las líneas enemigas y escapar sin problemas. Como puede pensarse, la idea no fue mucho más allá, no parece muy práctico cargar con el avioncito, desmembrado en piezas y con el compresor necesario para inflarlo.

Hoy día lo más parecido al Inflatoplane, al menos desde el punto de vista comercial, lo podemos encontrar

U.S. National Archives.

Goodyear XAO-3G1 Inflatoplane.

en el Woopy Fly, un ultraligero que en vez de tener un ala delta al modo de diversos ultraligeros pendulares, lleva un ala inflable de tela. Esta curiosa configuración se anuncia como una solución al problema del transporte de los ultraligeros. Al menos en teoría, un aparato como este se puede transportar en cualquier automóvil de tamaño medio, siendo inflado en el lugar donde vaya a ser utilizado. Aunque este concepto, el de ala inflable, pueda parecer muy poco práctico, recientemente ha habido ciertos intentos para que salga del olvido.

Ya hacia el año 2001 la NASA mostró interés por ello en algunos proyectos que implicaban su empleo en UAVs. En 2015 la compañía Northrop planteó su uso más allá de nuestro mundo. Teniendo en cuenta que Northrop es una de las compañías pioneras en la construcción de aviones del tipo ala volante, no debería ser algo extraño que pensaran en llevar la idea al límite, creando un ala volante inflable. Lo peculiar en este caso sería su destino: explorar Venus. Han llamado a su concepto como VAMP (*Venus Atmospheric Maneuverable Platform*). Este avión parece extraído de las revistas de ciencia ficción de los años cuarenta y cincuenta. Sería, de llevarse a cabo, inflable e impulsado por hélices. Estudiaría la atmósfera del planeta y su superficie desde 31 millas sobre la superficie venusina.

La tecnología deriva de un proyecto de DARPA cancelado en 2010, el Rapid Eye, un UAV inflable diseñado para ser desplegado de forma rápida en cualquier parte del mundo en el interior de la cofia de un misil balístico. El VAMP tendría que soportar la atmósfera sulfurosa de Venus y estaría fabricado en materiales compuestos. (Por su parte la NASA presentó recientemente su proyecto de ala volante para Marte, el *Prandtl-m*).

SISTEMA FULTON DE RECUPERACIÓN TIERRA-AIRE

(Fulton surface-to-air recovery system - STARS)

Dicho así no es muy sencillo entender de qué se trata, por lo que habrá que recurrir al cine. La idea es sencilla, consiste en recuperar personas en tierra desde un avión en vuelo, nada más y nada menos que como Batman en *The Dark Knight.* Desarrollado para la CIA en los cincuenta por el inventor Robert Edison Fulton, consistía en recuperar personas situadas en tierra desde un avión del tipo MC-130E *Combat Talon I*, entre otros, a través de un sistema de cables, globos y marcas de guiado con los que se podía recoger en vuelo a una o dos personas.

Instrucciones para el uso del "Skyhook".

Central intelligence Agency (CIA).

LA RUEDA DEL XB-36: POSIBLEMENTE EL MAYOR NEUMÁTICO FABRICADO Y MONTADO EN UN AVIÓN

El Convair B-36 entró en servicio como bombardero estratégico, reemplazando a los bombarderos heredados de la Segunda Guerra Mundial. Se fabricaron unos 400, y fueron sustituidos poco después por los B-47 y B-52. El gran tamaño del bombardero ocasionó algunos problemas que se debían solucionar. Uno de ellos fue el de su escolta, no había caza que diera protección a un avión con tal alcance. Se intentaron soluciones con cazas parásitos como el *Goblin*. Una vez desarrollado el repostaje en vuelo, ésto dejó de ser un contratiempo.

Sandglass Patrol.

Otro de los problemas, más obvio, fue el tren de aterrizaje. Inicialmente las patas del tren principal montaban un sólo neumático, que es posiblemente el más grande que ha montado nunca un avión. La rueda tenía un diámetro de 2,8 metros, un ancho de 90 cm y un peso de 600 kg. El peso del avión distribuido en dos grandes ruedas del tren principal, más el tren de morro, ejercía tal presión sobre el suelo que el avión estaba limitado a operar en el aeródromo próximo a la factoría (base aérea de Fort Worth) y otras dos bases aéreas más. Sí, en todo Estados Unidos sólo podía usar ¡tres pistas! En el modelo de producción se optó por un carretón de cuatro ruedas en cada pata del tren principal.

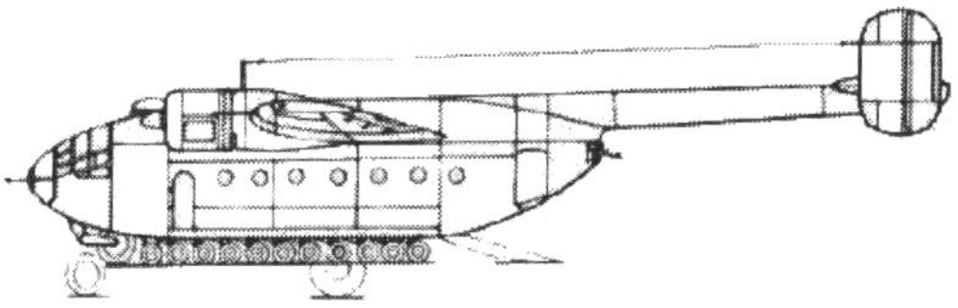

Trenes de aterrizaje extraños

La imagen clásica del avión, sea cual fuere su tipo o destino, siempre incluye varios elementos omnipresentes. Uno de ellos es el tren de aterrizaje pero, aunque todo el mundo reconoce su forma y función, se han propuesto a lo largo de la historia de la aviación variantes que llaman mucho la atención.

Comencemos el repaso a la fauna de trenes de aterrizaje extraños con los sistemas oruga, empleados en diversas ocasiones a lo largo del tiempo. Pero la cosa tiene sus problemas, porque puede pensarse que cambiar las ruedas convencionales por una oruga del tipo cadena, por ejemplo, podría permitir operar desde terrenos complicados, como en pistas blandas, nieve, tierra, pistas embarradas y, sin embargo, la complejidad del sistema y el peso del conjunto no son asuntos a desdeñar.

Las orugas de los tanques les permiten avanzar por terrenos blandos sin hundirse, a pesar de su gran peso. Con los aviones se intentó lo mismo, ¡en muchos más aviones de los que se pueda imaginar! No solo el Li-2, el Po-2 o el B-36 lo montaron. También el B-50, el A-20 Havoc, el C-82, el P-40, Cessna...

La idea, como en los tanques, era conseguir un tren de aterrizaje que fuera apto para cualquier tipo de superficie, desde arena, hasta hielo y pistas poco preparadas. Sin embargo, los problemas de estos trenes de aterrizaje con viento cruzado, su peso, el precio del mantenimiento y el rendimiento que han demostrado los neumáticos de baja presión tanto en los aviones más pequeños (con los neumáticos de tundra) como en los más grandes (trenes de aterrizaje con múltiples ruedas, como en el Galaxy o el A400M) al final han llevado a que caigan en el olvido.

Sandglass Patrol.

Un Polikarpov Po-2 montando orugas.

Sandglass Patrol.

Curtiss P-40 con un tren de aterrizaje experimental, encargado por la USAF a *Firestone Tire and Rubber Co.* para aterrizar en campos no preparados.

Sandglass Patrol.

Un A-20 fue utilizado para diversos experimentos, como el despegue asistido por cohetes. También se modificó con un tren de aterrizaje con cadenas de oruga para aterrizar en terrenos blandos. Fue probado sobre nieve, hielo, arena y barro. El resultado de las pruebas fue desfavorable, no aportaba demasiadas ventajas y, además, no se podía retraer porque era muy voluminoso.

Sandglass Patrol.

EC-82A. S/N 45-57746, con el tren de aterrizaje inventado por el ingeniero de *Fairchild* Alfred A. Gassner en 1947. Voló en 1948. Durante 1949 se inició la conversión de 11 C-82A, pero ésta fue cancelada finalmente debido a los problemas que daban las "cadenas" de goma de las orugas en los aterrizajes con viento cruzado y las obstrucciones que sufrían mientras hacían taxi por terrenos embarrados. La idea era reducir la presión sobre el suelo de 60 a 20 psi, permitiéndole aterrizar en cualquier lugar.

Sandglass Patrol.

El B-50B S/N 47-118, fue retenido por Boeing para realizar ensayos, y recibió la designación EB-50B. Uno de los ensayos llevados a cabo fue la instalación de un tren de aterrizaje tipo oruga. Aunque facilitaba aterrizar en pistas no preparadas y blandas, el tren se demostró poco eficiente, caro de mantener y problemático con viento cruzado. El EB-50B recibió tras estos ensayos un tren de aterrizaje convencional y siguió usandose como banco de ensayos. El B-50 era un desarrollo del B-29 con motores más potentes, cambio de materiales (uso del aluminio serie 7XXX en lugar de 2XXX) y más rápido. A partir del B-50 desarrolló un avión de transporte, el C-97.

Fieseler Fi 156 E-0, la famosa Storch, capaz de aterrizar y despegar en unos 65 metros. Una E-0 (variante de enlace) fue modificada con este tren. Una D-0 se modificó con un tren de aterrizaje doble (similar pero sin cadena que uniera ambas ruedas). Suponemos que con las prestaciones STOL que tenía el avión de serie, estas modificaciones fueron consideradas no necesarias (mejorarían el comportamiento en terrenos blandos, pero añadían peso y resistencia).

Sandglass Patrol.

A la izquierda, Dornier Do-27 con oruga de goma maciza. A la derecha, Piper con sistema de orugas de Bonmartini. Este sistema no estaba pensado sólo para aviones, y fue aplicado en otros vehículos. La idea era usar una cadena inflable. En sí era un neumático en forma de cinta.

Sandglass Patrol.

Sistema de oruga experimental montado en el bombardero B-36.

Complicado todo ello, sin duda. Ahora bien, ¿por qué no aterrizar sobre un colchón de aire al modo de un hovercraft? Hubo una época en la que los vehículos de cojín de aire parecían la panacea. Eran los auténticos todoterreno. Podían desplazarse con la misma facilidad sobre el agua que sobre la tierra, aunque no hubiera ningún tipo de carretera. Sólo fue cuestión de tiempo para que a alguien se le ocurriera unir este invento a un avión. El avión de transporte definitivo, capaz de aterrizar en todo tipo de pistas, pavimentadas o no, y operar también como un avión marítimo. El mejor avión anfibio que uno se podía imaginar a la hora de realizar transportes tácticos. Las desventajas, las de todo aerodeslizador o hovercraft: alto consumo, complejidad técnica y altos costes. Al final, y como sucedió con los trenes de aterrizaje de oruga y con los anfibios, el desarrollo de aviones STOL con tren convencional capaces de aterrizar en pistas no preparadas y mucho más económicos de operar y mantener que éstos, mataron el desarrollo de este tipo de trenes de aterrizaje no convencionales.

Canadian Armed Forces.

De Havilland Canada DHC-5A XC-8A *Buffalo* (115451 c/n 5).

Sandglass Patrol.

El piloto de pruebas David W. Howe ensayó el colchón de aire en el Aeropuerto Internacional de Niagara Falls. Además, fue probado en hielo, nieve, hierba y agua. La bolsa de aire estaba fabricada con nylon y goma. Para los despegues y aterrizajes, la bolsa se inflaba con los ventiladores que el avión, un LA-4, llevaba en la panza. Una vez en vuelo, el cojín de aire colgaba desinflado bajo el avión, añadiendo resistencia aerodinámica. Para desarrollos posteriores la idea era hacer un cojín retráctil.

Sandglass Patrol.

Maqueta del avión NPP AeroRIK "Dingo", con colchón de aire, que se presentó en el *MosAeroShow* de 1992. La producción del primer lote de seis aviones tenía que comenzar en 1997 en la fábrica Nizhnij Novgorod 'Sokol'. Estimaban un mercado de unos 600 aviones. En MAKS-97 se volvió a presentar otro avión similar y, en mayo de 1999, se anunció que el primer avión estaría listo en dos meses. No hay noticias posteriores al año 2000.

Sandglass Patrol.

A la izquierda, MiG TA 4, diseñado para operar desde todo tipo de superficies, en especial en zonas sin aeródromos, una de sus principales ventajas en su versión medicalizada. En 1990 se construyó un demostrador tecnológico monoplaza. Realizó más de cien despegues y aterrizajes en diversos tipos de superficie. En 1991 fue presentdo en el SLA-91 *Ultra Light Aviation Show,* en Chernigov. El éxito obtenido inspiró al equipo para continuar, pero el proyecto quedó congelado en 1994, cuando se quedó sin fondos.

Los ingenieros soviéticos habían realizado ensayos con dispositivos inflables desde 1939, cuando ensayaron el VT-2 (Po-2). Abajo, Antonov An-14SH.

Sandglass Patrol.

En la siguiente página: Antonov probó este tren de aterrizaje en su An-714, un An-14 modificado. El cojín de aire consistía en tres dispositivos de algo menos de 14 kg cada uno, amarrados a las patas del tren de aterrizaje. Cada dispositivo inflable contaba con un motor, que accionaba una bomba centrífuga para inflarlos. Voló por primera vez el 20 de octubre de 1970. Durante los ensayos descubrieron que la presión de inflado de 850 kg/m^2 era demasiado alta y que las partículas de polvo y arena que "volaban" dentro del cojín, erosionaban el dispositivo. Problemas similares fueron descubiertos durante los ensayos del XC-8A. Incluso a 400 kg/m^2 existía ese problema. Cuando Antonov comenzó el diseño del An-14 SH en 1971 lo primero que hizo fue pensar en reducir la presión.

»

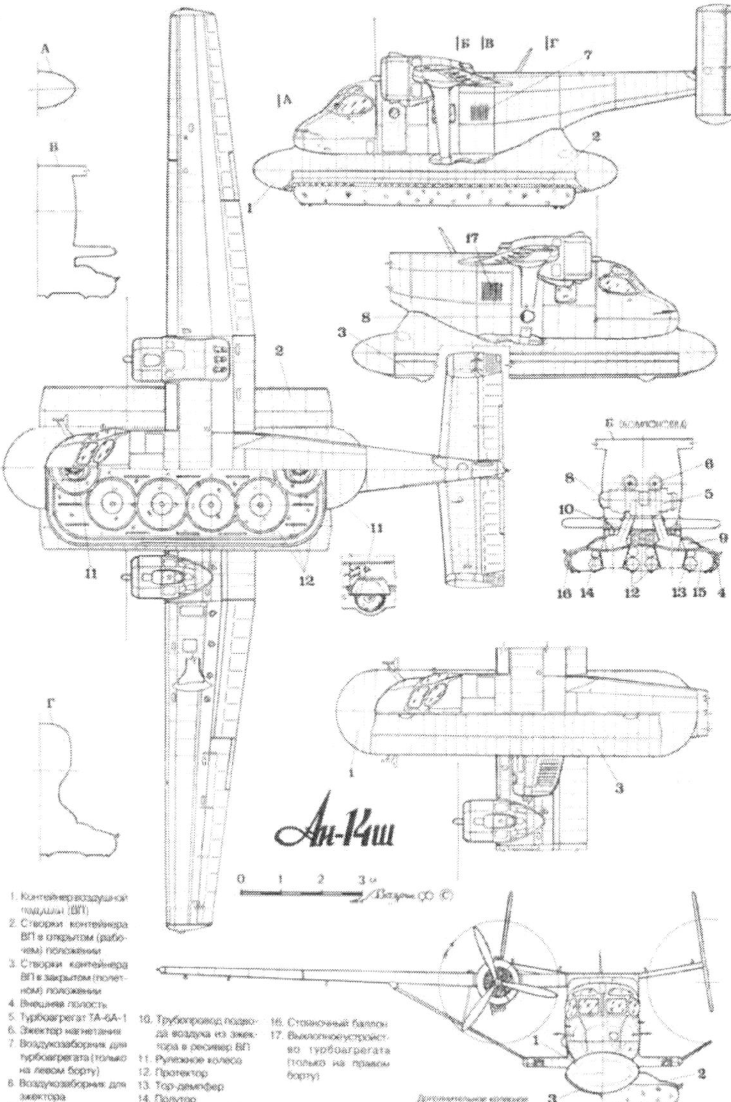

Sandglass Patrol.

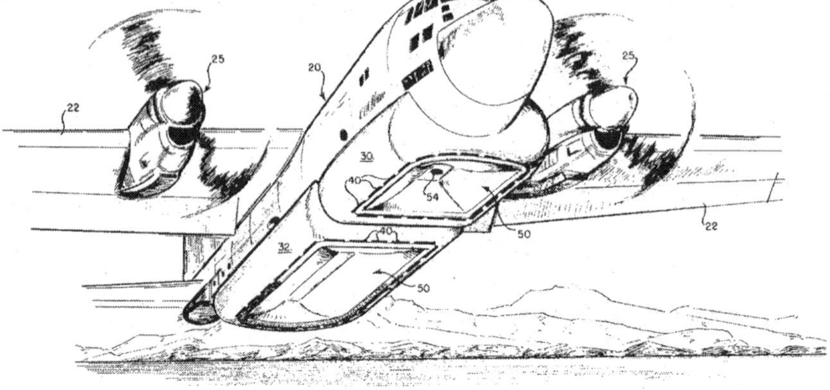

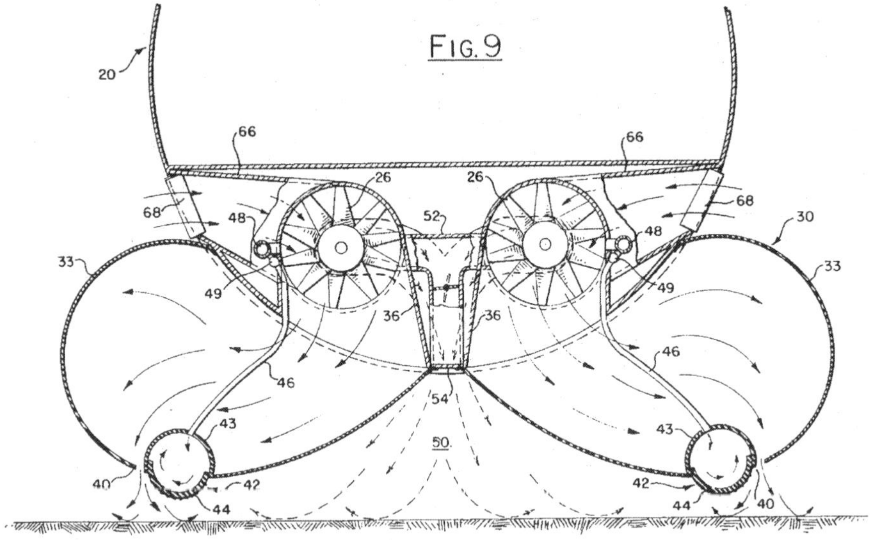

USPTO.

No nos consta que Lockheed realizara ningún desarrollo del C-130 *Hércules* con este tren de aterrizaje, pero sí fue contemplado por T. Desmond Earl y Wilfred J. Eggington en su patente de 1966 titulada *Aircraft with ground effect type landing gear*.

Mucho lío, demasiadas complicaciones... ¡pero había una solución definitiva! Es más, con esta idea ya ni siquiera sería necesario transportar un complejo tren de aterrizaje. Son muy conocidos los ingeniosos sistemas, tanto para facilitar el despegue como para lograr aterrizar con éxito, que están presentes en los portaaviones. Desde las cubiertas elevadas con rampas tipo *ski jump*, como la que tenía el *Príncipe de Asturias* de la Armada Española, hasta los complejos y sofisticados sistemas de catapultas a vapor y métodos de frenado por medio de cables de los grandes portaaviones estadounidenses. Aterrizar en la cubierta de uno de estos monstruos del océano es una cosa muy complicada y bastante peligrosa, por lo que cualquier ayuda que facilite la maniobra sería bienvenida.

Ahora bien, forcemos un poco la idea del aterrizaje en lugares "imposibles", exportemos la situación, por ejemplo, a un valle que en nada se parezca a un aeropuerto, o a un pedregal sobre el que ningún avión podría posarse salvo estrellándose. ¿Habrá alguna forma de utilizar tales terrenos como si fueran "aeropuertos"? En efecto, parece que la idea podría ser realizable o, al menos, tal cosa llegó al mundo de las patentes. El visionario protagonista de esta historia fue el Capitán James H. Brodie, de los Estados Unidos que, desde la Segunda Guerra Mundial, ideó una serie de sistemas que, en teoría, serían capaces de servir para montar un aeropuerto prácticamente en cualquier lugar. La cosa no parece muy complicada, se levantan una serie de torres metálicas muy resistentes, se teje una maraña de cables sustentadores y se dota al avión con un sistema de enganche especial. Así, tenemos un método para hacer despegar y aterrizar una aeronave sin que tenga que tocar suelo, suspendida de su arnés metálico como si de un teleférico se tratara. Brodie realizó algunas pruebas y, con entusiasmo, desarrolló patentes para adaptar su sistema a barcos de diverso tipo. El paso del tiempo no ha contemplado la aparición de aeropuertos móviles como el militar soñaba, pero su idea vive todavía en los sistemas de captación y frenado presentes en las cubiertas de los portaaviones.

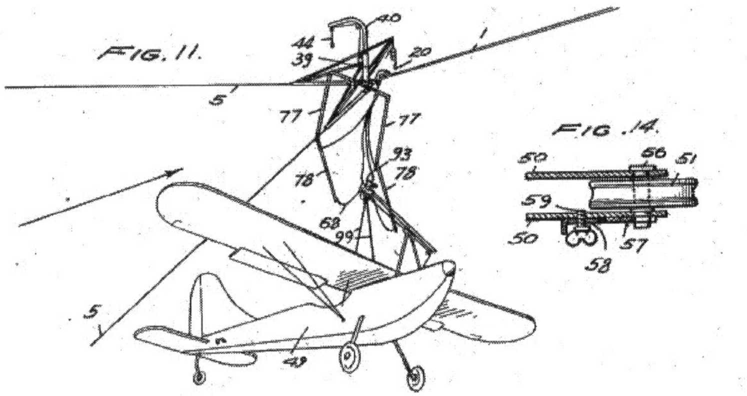

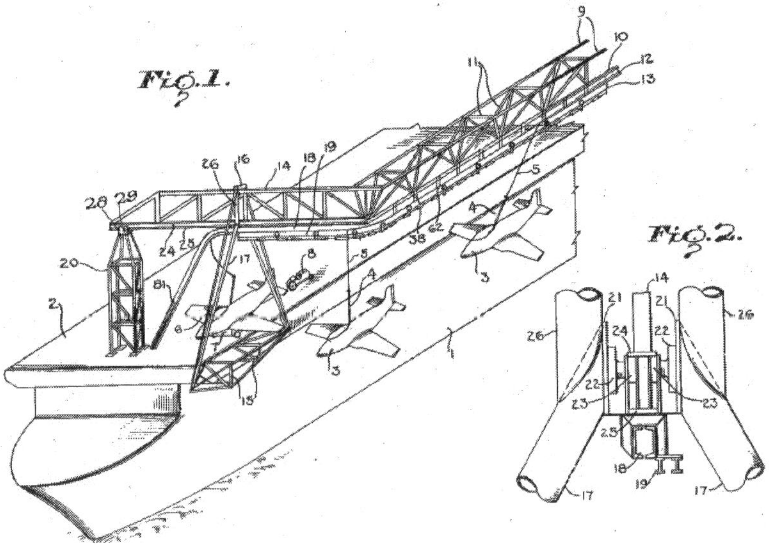

USPTO.

Gráficos procedentes de varias patentes del sistema de aterrizaje auxiliado por cables ideado por James H. Brodie.

El sistema Brodie tuvo un curioso antecesor, tres décadas más antiguo, algo así como un intento por despegar colgado de una cuerda de tender la ropa. Se trató del sistema naval Bleriot. Este célebre aviador, tras cruzar el Canal de la Mancha con su modelo XI, había desarrollado un sistema, seguro que por entonces secreto, para despegar desde barcos. La British War Office se interesó por el invento, pero al final éste cayó en el olvido por encontrar que era poco práctico, al fin y al cabo, Ely ya había demostrado que un avión se podía operar de una manera casi "normal" desde la cubierta de un navío.

El Sistema Naval Bleriot fue dado a conocer en un pequeño artículo aparecido en la edición del 2 de agosto de 1913 de Flight, el *newsletter* del Royal Aero Club. La demostración fue llevada a cabo para el War Office y para el Almirantazgo. Sorprendentemente, no fue una prueba en vuelo, sino el visionado de una película acompañado por una charla que dio el propio Bleriot. El artículo decía algo así como:

> *En un pase cinematrográfico privado llevado a cabo el lunes, al cual asistieron representantes de la Oficina de Guerra y del Almirantazgo, fueron presentadas imágenes de ensayos en los que un avión era lanzado desde un dispositivo inventado por Mr. Bleriot. En la primera serie de imágenes, Pegaud era visto usando el original dispositivo en el que el avión colgaba de un gancho y un trapecio, que le permitía despegar deslizándose por el cable.*

El primer sistema mostrado en la película había sido ya reemplazado por una versión mejorada, también mostrado en la película. El artículo en *Flight* seguía así:

Esta idea ha sido ahora sustituida por una doble garra montada sobre el cable. El piloto conduce su máquina bajo el cable y entonces se eleva, siendo el cable guiado hacia abajo por la garra y un par de cuernos curvados. Al comienzo, la máquina corre por el cable, hasta que la velocidad de vuelo es conseguida y las garras son soltadas, volando entonces la máquina de forma normal.

Aunque tal vez el término *volando de forma normal* no sea muy preciso: El cable estaba montado entre dos torres, separadas ochenta metros. Una vez el piloto se había desenganchado del cable, tenía que virar rápidamente para evitar el impacto con la segunda torre. Aunque con algunos inconvenientes, los aviadores franceses habían desarrollado un sistema que parecía razonable para uso naval. El artículo en *Flight* continuaba con una breve descripción del potencial uso embarcado:

El artilugio está pensado para uso embarcado, en cuyo caso el cable sería suspendido del lateral del navío mediante botalones. Las autoridades francesas están mostrando mucho interés en el invento y se desarrollarán experimentos en breve, desde un acorazado francés.

Sandglass Patrol.

En realidad la idea de utilizar botalones extendidos desde el lateral del barco solucionaba los problemas mostrados con los dos postes verticales, al no haber ningún elemento vertical que esquivar tras soltar el gancho del cable, permitiendo despegues y recuperaciones más sencillos. Aunque el sistema podría haber funcionado, no fue adoptado por ninguna Armada. Los barcos equipados con hidroaviones y grúas para desplegarlos en el agua o los equipados con cubiertas planas para proporcionar una superficie de despegue y aterrizaje para los aviones mostraron ser más eficaces y sencillos que el sistema Bleriot. No obstante, este sistema sería recuperado en la Segunda Guerra Mundial por Brodie, tal y como hemos referido antes.

Volvamos a poner los pies en tierra, bajemos de los cables y, ¡utilicemos esferas de goma! Eso fue lo que, literalmente, se probó con cierto prototipo en 1934, dotado de dos esferas de goma pensadas para sustituir a los neumáticos, tanto para despegue en pista convencional como desde el agua.

Sandglass Patrol.

Esto se nos va de las manos, así que mejor será cerrar este repaso con la culminación de los trenes de aterrizaje más extraños que puedan imaginarse. Se trata del caso del alemán Arado 232, el avión "ciempiés". Es, posiblemente, el primer avión de transporte táctico moderno de la historia. Se diseñó con un fuselaje tipo cajón y ala de empenaje altos. El fuselaje de tipo cajón permite dar cabida a la carga con facilidad. El ala alta mantiene el fuselaje lo más cerca del suelo que sea posible, para facilitar la carga y descarga, y si se montan los motores sobre ella los mantiene lo más lejos posible del suelo. Además, al estar soplando las hélices de forma constante el ala, favorece las prestaciones STOL de este tipo de aeronaves (¡despegaba en 200 metros incluso en MTOW!). La cola alta permitía la instalación de una compuerta/rampa de operación hidráulica en la parte trasera del fuselaje, lo que permitía una rápida carga y descarga del avión, e incluso la entrada de vehículos. Nada que ver con los aviones de transporte utilizados de manera masiva hasta entonces, como el Ju-52/3m o el DC-7/C-47.

Todas estas características se pueden encontrar hoy día en cualquier avión similar. Lo que no podemos encontrar es su peculiar tren de aterrizaje.

Sandglass Patrol

Arado 232 *Tausendfüßler*.

El 232 tenía un tren de aterrizaje triciclo retráctil, en la época donde lo estándar era el patín de cola, más una serie de ruedas no retráctiles en la panza del avión. Las ruedas del tren principal eran totalmente retráctiles, la rueda de morro solo se retraía hacia atrás parcialmente. ¿Para qué necesitaba toda esa panoplia de ruedas en la panza, además de para añadir resistencia aerodinámica? Las ruedas del tren principal, así como la de morro, tenían unas articulaciones que permitían arrodillarse al avión, haciendo descansar todo el peso del mismo entre las ruedas del tren principal, la de morro, y todas las de la panza. Esto hacía que el ángulo de la rampa de carga fuera menor, facilitando el trabajo de carga y descarga a mano, a la hora de empujar las cargas por la rampa. Además, hacía que el suelo del avión sufriera menos durante el proceso, al pasar todas las fuerzas directamente al suelo a través de las ruedas del ciempiés. Pero además, esto le permitía carretear por pistas no preparadas, embarradas, y cruzar trincheras de hasta 1,5 metros de ancho. Y quien dice trincheras, dice cráteres de bombas. La gran ventaja de este tren consistía en poder operar en cualquier aeródromo, por maltratado que estuviera, siempre y cuando la pista estuviera lista.

EL PRIMER APONTAJE

El uso de navíos como plataformas desde las que enviar a los cielos aparatos volantes tiene ya más de siglo y medio de recorrido. Fue el 12 de julio de 1849 cuando desde el navío de guerra austríaco *Vulcano* se envió un globo tripulado de aire caliente para bombardear Venecia. La cosa no salió bien, para fortuna de los venecianos, porque el viento se empeñó en mandar al belicoso globo en dirección contraria a la ciudad. Muchas experiencias similares tuvieron lugar con el paso de los años, como los famosos globos de observación unidos a barcos ideados por Thaddeus S. C. Lowe durante la Guerra Civil en los Estados Unidos.

Ahora bien, si de vehículos voladores hablamos, más allá de los globos, habrá que retroceder al año 1910 para tener ante nosotros algo que pueda parecerse a un verdadero portaaviones. El mérito de ser el primero en despegar y aterrizar sobre un barco lo tiene una persona: el osado piloto Eugene Burton Ely.

Decir que era un tipo osado se queda muy corto. ¡Vivía para el riesgo! El audaz Eugene murió como había vivido, en plena acción, pues en octubre de 1911 encontró su final en una exhibición aérea, pocos meses después de convertirse en todo un héroe.

Cuando el siglo XX apenas había comenzado, Ely se encontraba ya centrado en la competición con vehículos motorizados. Lo que más le gustaba era participar en carreras de automóviles pero pronto tuvo la oportunidad de participar en una competición muy diferente. La historia de cómo se convirtió en piloto de aviones tiene su miga. A comienzos del año 1910 Ely, que vivía con su mujer en Portland, trabajaba como vendedor para un empresario llamado E. Henry Wemme. La pasión por las máquinas del jefe de Ely era tanta como la suya propia, pero la maña no era algo que pudieran compartir. Wemme compró la licencia para vender aviones biplano Curtiss en parte de la costa oeste de los Estados Unidos pero, para su desgracia, no era capaz de hacer volar el avión para demostraciones que había comprado. Y ahí es donde entra Eugene Burton Ely en acción, pues con atrevimiento sin límites apostó con su jefe a que él sería capaz de pilotarlo pues, tal y como pensaba, debía ser tan sencillo como conducir un coche. Dicho y hecho, leyó el manual, despegó y... se pegó un golpe de los que hacen historia. El Curtiss no quedó del todo mal, pero ante una metedura de pata como aquella el bueno de Ely decidió comprar los restos del avión a Wemme.

U.S. Naval Historical Center

Eugene Burton Ely, junto a su mujer, y el capitán del *USS Pennsylvania,* después de la histórica aventura vivida el 18 de enero de 1911.

¿Qué podía hacer con un avión casi convertido en chatarra? Lo único en lo que pensaba era en volar. Aunque se había estrellado, los pocos segundos en que pudo sentir el poder de la máquina bajo su mando fueron suficientes como para que el veneno de la aviación empezara a correr por sus venas. Con el paso de las semanas fue arreglando la nave, aprendió a volar en solitario y, pocos meses después, su atrevimiento ya había dado sus frutos: contaba con un avión propio modificado y adaptado a su gusto partiendo del original, había encontrado un nuevo trabajo en la empresa del mismísimo Curtiss y, además, logró una licencia oficial de piloto. ¿Se puede pedir algo más?

U.S. Naval Historical Center.

Eugene Burton Ely se aproxima al *USS Pennsylvania* para realizar el primer aterriaje sobre un navío de la historia.

Pues sí, mucho más, porque los siguientes meses de su vida fueron asombrosos. Llegamos al mes de octubre de 1910 y, recordemos, hacía menos de un año que Ely se encontró con un avión por primera vez en su vida. Ahora ya era piloto, y de los buenos, una carrera impresionante. Ely, Curtiss y el capitán Washington Chambers, de la Marina de los Estados Unidos, tuvieron una reunión muy especial. De ese encuentro surgió la idea de realizar un experimento capaz de responder a esta pregunta: ¿se podrán embarcar aviones en buques de guerra? La idea no era sólo transportarlos, ni tan siquiera llevar a bordo hidroaviones, nada de eso, lo que les rondaba por la cabeza era despegar desde un barco. Muchos decían que eso era de locos, y puede que lo estuvieran, pero cuando a Ely se le ocurría algo arriesgado no paraba hasta convertirlo en realidad.

U.S. Naval Historical Center.

El 14 de noviembre de 1910, sobre una cubierta temporal construida en el crucero *USS Birmingham*, un avión Curtiss tomó carrera y cayó hacia el mar. A bordo, como no podía ser de otro modo, un piloto muy especial, Eugene Burton Ely, intentaba por todos los medios no darse un buen golpe contra el océano. Las ruedas del aparato rozaron las aguas pero su habilidad hizo que el aparato remontara el vuelo. No fue muy elegante, terminó por aterrizar en una playa y no en la base de Norfolk como estaba previsto, pero para ser la primera vez que un avión despegaba de un portaaviones, aunque fuera un simple barco con la pista improvisada, tuvo un mérito tremendo.

Sí, ya era un héroe, pero para la Marina no dejó de ser un pequeño juego. Buscaban crear verdaderos portaaviones y no era tolerable eso de besar el agua antes de volar de verdad. Por eso, el 18 de enero de 1911, un avión Curtiss pilotado nuevamente por Ely, se preparó para hacer historia con mayúsculas.

El crucero *USS Pennsylvania*, dotado de una cubierta de vuelo mejorada y anclado en la Bahía de San Francisco, fue el testigo de un nuevo experimento. En las semanas anteriores se había perfeccionado el sistema de despegue. Ya se pensaba en el uso de catapultas pero, había algo que no se atrevían a probar. Tuvo que ser Ely, nuevamente, quien actuara como piloto de pruebas.

La pista sobre el crucero estaba desierta y todos a bordo miraban al cielo. Allá, a lo lejos, apareció la sombra volante de un avión Curtiss que había partido de un aeródromo cercano. Parecía algo insignificante, una mosca en medio del océano. Poco a poco se fue aproximando y, otra vez, se repitió la historia. La mayoría de los presentes pensaba que el piloto terminaría muy mal, era una locura, lo repetían una y otra vez, pero la osadía tuvo su premio.

Al igual que hoy día sucede en decenas de portaaviones, cuando aterrizan los modernos cazas a toda velocidad y son frenados por un sistema de gancho y cable, el famoso *tailhook*, el genial Ely se aproximó al *USS Pennsylvania* y, a la primera, engarzó su gancho a los cables en cubierta y aterrizó sin problemas en una maniobra perfecta. El asombro fue general, un piloto de 24 años acababa de hacer historia abriendo la era de los portaaviones pero, como si nada de eso fuera con él, al cabo de menos de una hora de haber aterrizado, después de las fotos, el aperitivo y los halagos, Ely volvió a tomar los mandos de su Curtiss para despegar impecablemente desde el improvisado portaaviones, rumbo a tierra.

U.S. Naval Historical Center.

AIRBUS Y BOEING REDESCUBREN LAS CABINAS DESMONTABLES

Airbus presentó recientemente un avión con un fuselaje convencional y una cabina de carga desmontable. Eso sí, a diferencia de otras patentes similares, en lugar de ir suspendida bajo el fuselaje, en esta ocasión la cabina va montada sobre él. Boeing anunció también un avión con fuselaje rectangular, en el que puede acomodar diversos contenedores. La idea es simple: del barco al camión, o de éstos al avión, en un proceso de carga rápido que mantiene al avión parado en tierra el tiempo mínimo necesario: Aterrizar, soltar el/los contenedores, dejar que los operarios de tierra se encarguen de ellos y recoger los nuevos contenedores en otro punto.

La idea no es nueva, Christie ya la presentó en 1932. En 1950 ya se pudo ver volar al Fairchild XC-120 Packplane (imagen inferior), nacido como avión de transporte y cuyo fuselaje desmontable y modulare podía configurarse bien para transporte de mercancías o pasajeros, bien como transporte de tropas, material militar, o incluso convertir el módulo completo en un barracón o un hospital de campaña y permitir así despliegues rápidos no solo de material y tropa, sino también de alojamiento y apoyo médico.

Sandglass Patrol.

Veloces

La revolución del motor a reacción, desarrollado con éxito a la par en Reino Unido y Alemania durante los años treinta y cuarenta, iba a cambiar para siempre el transporte aéreo. Aviones cada vez más rápidos, presurizados y capaces de volar a más alta cota. Y en aviación el eterno reto siempre está presente: más rápido, más lejos, más alto y durante más tiempo. La eliminación de las hélices y el uso del motor a reacción trajeron la posibilidad de alcanzar velocidades nunca antes soñadas. Ya varios aviones durante la Segunda Guerra Mundial habían arañado la velocidad del sonido. En 1947 Chuck Yeager había roto la barrera del sonido, y pronto los cazas y bombarderos militares tendrían la posibilidad de volar por encima de Mach 1 durante cortos periodos de tiempo.

A comienzos de los sesenta el avión de aerolínea de bandera estadounidense era el Boeing 707, el francés el Caravelle y el inglés el Comet. El primer vuelo de los tres había sido en los años cincuenta. Hasta poco antes todos los aviones de aerolínea llevaban motor de pistón y hélices, y sus velocidades de crucero llegaban con suerte a los 400 km/h. ¿Por qué no desarrollar *airliners* supersónicos? El problema era algo distinto al del avión militar: éste mantenía la velocidad supersónica durante un corto periodo de tiempo (despegue, combate...) y el avión de pasajeros debía mantenerla durante un largo periodo de tiempo. Recordemos que los aviones con capacidad de volar a la velocidad del sonido sin utilizar postquemadores no existieron hasta la aparición del F-22 y el Eurofigther. El avión en vuelo supersónico consumiría mucho combustible, algo casi prohibitivo, ¿sería rentable? Se estimó que al reducir el tiempo en cubrir la misma distancia en, pongamos, un tercio, también se podría reducir en un tercio la flota, y ello llevaría a una reducción de costes.

Estados Unidos comenzó dos desarrollos: el Boeing 2707 y el Lockheed L-2000. La URSS el Tupolev 144, también conocido más tarde como *Concordeski*. A su vez Francia y Reino Unido comenzaron sus propios desarrollos. El diseño francés comenzó en los años sesenta. El Super Caravelle fue presentado en Le Bourget en 1961, como el avión que reemplazaría en el mercado al Caravelle. La apariencia externa es la de un Concorde a una escala más pequeña, cuatrimotor y con un morro convencional no abatible. Podría transportar setenta pasajeros a dos o tres mil kilómetros a una velocidad de Mach 2. Tras unir los esfuerzos Sud Aviation y BAC para desarrollar el Concorde, el nombre Super Caravelle quedó para una versión alargada del Caravelle.

En Reino Unido se comenzó a pensar en un transporte supersónico (SST) casi al mismo tiempo que empezó a fallar el Comet por fatiga. Ya en 1956 se creó un comité para evaluar la posibilidad de crear un avión de pasajeros supersónico, el STAC (Supersonic Transport Aircraft Committee). El 9 de marzo de 1959 se publicó un informe que aconsejaba el desarrollo de una versión para cien pasajeros, con un crucero de Mach 1.2 y un

U.S. Navy.

Concorde de Air France en 1977.

Christian Volpati.

Tupolev Tu-144.

alcance de 1500 millas y otra de 150 pasajeros con un crucero de Mach 1.8 y un alcance de 3000 millas. Otra de las conclusiones fue que utilizando aleaciones de aluminio nunca se podrían superar velocidades de Mach 2.2. Para velocidades superiores se estudió el uso de acero inoxidable, aunque se concluyó que el resultado sería demasiado pesado, demasiado caro y, por tanto, no viable.

En 1960 muchas compañías aeronáuticas británicas se fusionaron en una sola: BAC (British Aircraft Corporation). Aunque algunas de las compañías habían trabajado en la STAC en los estudios para el SST, se decidió que el mejor diseño era el que había desarrollado Bristol: el Bristol 223. Tenía un morro abatible, como el Concorde y seis motores montados en dos grupos de tres.

Un continuo incremento de los costes de desarrollo de ambos proyectos, el francés y el británico, llevó a un acuerdo poco común en la industria aeroespacial por aquél entonces: ambas compañías colaborarían en el desarrollo del avión. Las dos empresas habían llegado a desarrollos similares, y en un principio BAC se encargó de realizar el estudio de un avión transatlántico, para unos 110 pasajeros, muy parecido al Bristol Type 223, mientras que Sud Aviation desarrollaría un avión de corto alcance similar al Super Caravelle. Tras diversos estudios, incluido el de mercado, se concluyó que sólo la versión de largo alcance era viable, y fue por la que se optó. Y a partir de aquí podríamos decir que comienza el auténtico desarrollo del Concorde, por todos conocido.

Como era de esperar, Estados Unidos también entró en la competición para tener su propio avión de pasajeros supersónico. Cuando al comienzo de los 60 Reino Unido y Francia ya es-

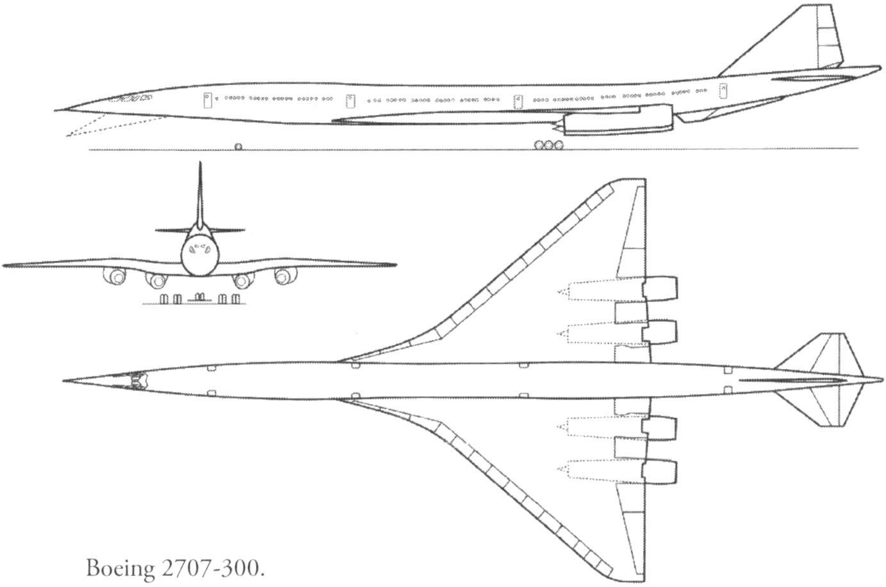

Boeing 2707-300.

San Diego Air and Space Museum.

Maqueta a tamaño real del Lockheed L-2000 (1966).

taban desarrollando el Concorde y la URSS su Tupolev Tu 144, la FAA lanzó un concurso para dotar a Estados Unidos de un transporte supersónico (SST).

Tres compañías fabricantes de aviones y tres compañías productoras de motores se presentaron al concurso: Boeing, Lockheed, North American, Curtiss Wright, General Electric y Pratt & Whitney. El diseño de North American fue eliminado rápidamente, quedando Boeing con su 2707 y Lockheed con el L-2000 como finalistas. Ambos desarrollarían maquetas a escala real de sus respectivos aviones, que serían evaluadas junto con numerosos informes técnicos y de viabilidad. Aunque el L-2000 se consideraba menos arriesgado, tenía peores características a baja velocidad y en crucero que el más complicado Boeing, así que fue éste seleccionado finalmente. La idea no era competir directamente contra el Concorde, sino superarlo: el SST estadounidense tendría que tener alcance transatlántico, llevar a 250 pasajeros a velocidades de Mach 2.5-3.0, lo que hubiera requerido el uso de células de acero como en el XB-70 Valkyrie o titanio como en el A-12 Blackbird.

Sin embargo, y a pesar de que ambas compañías habían realizado estudios previos antes siquiera del concurso (como habían hecho Bristol o Sud Aviation), entraban en la carrera por el airliner supersónico con casi cinco años de retraso. Cuando el Concorde ya había volado, Lockheed y Boeing tan sólo tenían maquetas del avión. Finalmente los retrasos, costes, dudas sobre la viabilidad económica del proyecto y cuestiones medio ambientales (recordemos que el Concorde sólo podía volar en supersónico sobre el mar, nunca sobre zonas continentales) llevaron a la cancelación del proyecto.

DOUGLAS X-3 STILETTO

Entre 1952 y 1956 voló este increíble pájaro metálico que, además de ser el primero en contar con el titanio entre sus elementos constructivos, estaba destinado a investigar el vuelo supersónico de cara a las naves futuras. El X-3 *Stiletto*, nombrado por su ahusada forma, comenzó a concebirse al final de la Segunda Guerra Mundial para experimentar con los problemas a superar a la hora de lograr altas velocidades. Su diseño fue tan complejo, que se tardó casi una década en tener listo el único prototipo que se llevó a cabo. A pesar de su aparentemente limpia figura, estaba dotado de cientos de tomas de datos a lo largo de su estructura, para monitorizar diversos parámetros físicos relacionados con el vuelo supersónico aunque, en realidad, fue un fracaso al no lograr alcanzar las velocidades pensadas.

NASA.

NORTH AMERICAN XB-70 *VALKYRIE*

He aquí una de las máquinas más bellas y complejas jamás construidas. Se trata del bombardero nuclear North American XB-70 *Valkyrie*, gigante indomable hijo de su tiempo, esto es, la Guerra Fría. Este bello pájaro de acero inoxidable y titanio se convirtió en un pozo económico sin fondo, pero sirvió para, andado el tiempo, mostrar el camino a muchas nuevas tecnologías aeronáuticas y espaciales. Sólo se construyeron dos prototipos. El segundo de ellos pereció en un estúpido accidente durante una exhibición publicitaria. Tras renegar de él los militares, pasó a manos de la NASA, sirviendo para realizar experimentos diversos de vuelo supersónico. Un adecuado final para una nave ideada como arma que, finalmente, se utilizó para fines científicos. El prototipo número uno duerme ahora, orgulloso, en un museo militar de Estados Unidos.

NASA.

Lockheed y Boeing sabían que el vuelo supersónico tenía un problema principal que resolver: el despegue y el aterrizaje se realizan a baja velocidad. Y lo que funciona para un avión subsónico no lo hace para uno supersónico, y al revés. Lockheed planteó solucionar los problemas de sustentación a baja velocidad y de desplazamiento del centro de presiones, que cambia cuando se vuela en subsónico o en supersónico, afectando la estabilidad del aparato, con un ala de flecha variable.

Boeing presentó un avión con geometría variable. Paradójicamente, después de haber sido seleccionado el diseño de Boeing por ser un diseño más innovador y tener mejor comportamiento tanto a bajas como a altas velocidades que el L-2000, finalmente Boeing cambió su diseño a un ala delta fija. La geometría variable hacía que fuera una aeronave muy complicada y pesada, por lo que finalmente optaron por un ala fija en delta, y la misma solución que el Concorde para controlar el centro de gravedad del avión: utilizar el propio combustible como lastre, bombeándolo entre depósitos para controlar la posición del centro de gravedad dentro de los límites deseados.

A pesar de que Boeing había comenzado a construir dos prototipos, se canceló el programa del SST en 1971. El Concorde hizo su primer vuelo el 2 de marzo de 1969, y entró en servicio entre Londres, Paris, Bahrain y Río/Dakar. A Nueva York no pudo volar al principio por motivos políticos: no querían que un SST no estadounidense aterrizara allí. El Tupolev Tu 144 entró en servicio en 1975, después de que el segundo aparato de pre-producción se estrellase en 1973 en el festival aéreo de París. Su producción se detuvo en 1978.

EL PADRE DEL PÁJARO NEGRO

Clarence Leonard Johnson, uno de los más prolíficos diseñadores aeronáuticos, más conocido como Kelly Johnson, es uno de esos casos en los que la pasión por la tecnología originó tal cantidad de resultados sobresalientes que son dignos de asombro. Nacido en 1910, revolucionó el arte de volar. Entre los ingenieros aeronáuticos es considerado el más prolífico y exitoso hasta la actualidad. Durante más de cuarenta años trabajó para la Lockheed y nunca perdió el interés por inventar algo nuevo. Incluso cuando falleció, en 1990, estaba pensando en el futuro. Además ideó aquello de K.I.S.S., son las siglas de *Keep it simple and stupid* (haz que sea sencillo y estúpido). A menudo es mal interpretado como *Keep it simple, stupid!* (hazlo simple, ¡estúpido!), Es decir, que en el diseño la simplicidad debe ser un fin, y toda complejidad superflua e innecesaria debe evitarse. Esa era su constante, ir más allá, más rápido, más alto y, cuando se podía, dando la más bella forma a los prototipos, sin olvidar la funcionalidad. Decenas de aviones famosos llevan su firma, son inconfundibles y, sin ellos, la historia de la aeronáutica sería mucho más pobre. Durante todos esos años, ideó todo tipo de mejoras para diversos tipos de vuelo. Desde técnicas de planeo a gran altura para aviones espía, hasta estudios sobre la cuestión de volar muy por encima de la velocidad del sonido, con los problemas de estabilidad y calentamiento de estructuras que eso supone. Puede decirse que empezó a trabajar en la Lockheed casi como "pinche" y, en poco tiempo, logró hacerse un hueco entre los más afamados diseñadores. Los ingredientes principales de sus proyectos fueron la imaginación y la adaptabilidad, cada problema era diferente, no es por ello extraño que sus aviones fueran muy diversos pero todos compartan una característica común, a saber, desempeñaron su función a la perfección y, a veces, muy por encima de lo originalmente pensado. Es para sorprenderse la cantidad y calidad de sus "hijos", entre los que destacan los siguientes: Lockheed 12 *Electra Junior* y el Lockheed *Ventura*, el P-38 *Lightning*, los Lockheed *Constellation* y *SuperConstellation*, P-80 Shooting Star, T-33 Shooting Star, Lockheed XF-90, F-104 *Starfighter*, C-130 Hercules, el avión espía Lockheed U-2 y el SR-71 *Blackbird*, el más excelso miembro de los supersónicos pájaros negros y predecesor de la familia de los *stealth*.

Dos SR-71A y un SR-71B de entrenamiento para astronautas de la NASA.

NASA/DFRC/Jim Ross.

Tripulación del SR-71B con sus característicos trajes presurizados.

En aviación siempre se intenta ir más rápido, más lejos, más alto y, últimamente, más ecológico. Parecía que aquello de más rápido había quedado olvidado, hasta que en 2011 EADS anunció en Le Bourget los planes para su avión hipersónico. El avión presentado por EADS en Le Bourget podría viajar de París a Tokio en tan sólo dos horas y media, transportando de 50 a 100 pasajeros. Este aparato, llamado Zero Emission Hypersonic Transportation (ZEHST - transporte hipersónico con cero emisiones), debería ocupar el nicho de mercado que dejó libre el Concorde.

La tecnología que hará posible el Zehst todavía no es viable y llevará algún tiempo que alcance la madurez. EADS espera que los primeros vuelos comerciales regulares con este avión se lleven a cabo hacia el 2040. Zehst usará tres motores distintos. Por un lado dos *turbofan*, para sus fases de vuelo subsónicas: despegue y aterrizaje. Una vez en el aire, cuando hubiera alcanzado Mach 0.8 con sus motores *turbofan*, dos motores cohete lo harán acelerar hasta Mach 2.5, momento en el que empezarían a funcionar los estatorreactores que lleva bajo sus alas para alcanzar una velocidad de hasta Mach 4. El crucero sería en las capas más altas de la atmósfera. En la última fase, en el descenso final hasta el aterrizaje utilizaría de nuevo los turbofanes. Los pasajeros estarían sometidos a una aceleración máxima de 1,2 G. Los motores usarían como combustible hidrógeno, de ahí lo de "cero emisiones".

Superar la barrera del sonido requiere soluciones aerodinámicas distintas a las que se usan en vuelo subsónico. Además, está el problema del calor, lo que exige nuevos materiales. Y, finalmente, a la hora de lograr un avión supersónico que sea viable comercialmente tenemos la barrera del consumo. Jean Botti, de EADS afirmó que, a pesar de usar tres motores y volar a Mach 4, no sería una aeronave con un consumo desorbitado, y que el sistema de los tres motores sería sencillo. Por otro lado, el problema que redujo al Concorde a volar sólo en supersónico sobre los océanos, el ruido generado por el estampido sónico, quedaría resuelto minimizando la firma sónica a nivel del suelo, de nuevo según Botti.

Por supuesto, no son sólo los ingenieros de EADS los que buscan el avión hipersónico. Lockheed Martin tiene en proyecto su propio avión hipersónico, con aplicaciones militares esta vez, para reconocimiento, ataque y capacidad de volar a Mach 6. En esta ocasión cuenta con una solución de propulsión similar a la propuesta por EADS, pero algo más compleja, el TriJet, motor de Aerojet. El TriJet también opta por distintos motores para cada fase de vuelo. Lo novedoso es la forma de combinarlos. En el avión anterior podemos ver que los tres motores, *turbofan*, cohete y estatorreactor, están montados de forma independiente unos de otros. En el Trijet están integrados de forma conjunta, combinándose el empuje que dan los motores en algunas fases del vuelo, en concreto en la transición de una a otra. Compuertas internas distribuirán el flujo de aire, abriéndose o cerrándose, al motor o motores que estén en funcionamiento, según fase de vuelo.

Y, por supuesto, no podían faltar propuestas para aviones de negocios hipersónicos. Y es que, a pesar de que todavía no ha habido empresa alguna capaz de presentar un avión de negocios supersónico, Hypermach promete revolucionar este mercado con su modelo Hyperbole. Este aparato volaría a una velocidad de Mach 4, más rápido de lo que vuela el SR-71, lo que permitiría viajar de París a Nueva York en 1 hora y 45 minutos, o dar la vuelta al mundo en tan sólo 5 horas.

ALAS TELESCÓPICAS

En los UAV (vehículos aéreos controlados a distancia), se prueban soluciones radicales que quedaron rechazadas para aviones grandes o tripulados. Son soluciones radicales y atrevidas. Los diseños de UAVs "morphing" y articulados dan forma a algunas de las últimas patentes aprobadas por la oficina Estadounidense de Patentes. Una de ellas es una patente de Boeing para un UAV de cuerpo sustentador con alas telescópicas. Las secciones de ala concéntricas se extienden para la configuración de alta sustentación y baja velocidad y se retraen hacia el fuselaje para alta velocidad y baja sustentación.

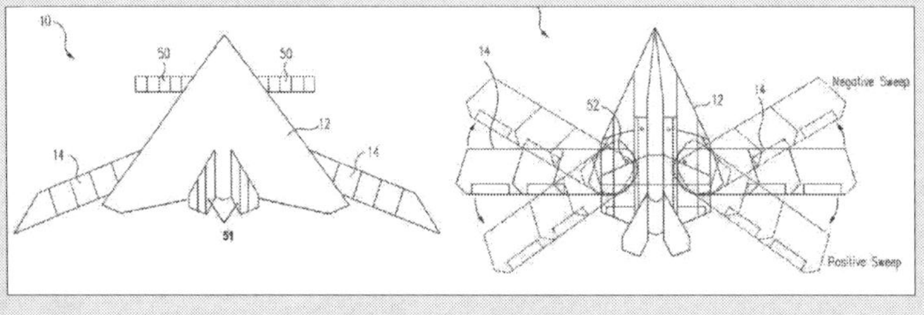

USPTO.

Es algo llamativo, pero ni mucho menos nuevo. Por ejemplo, el diseñador aeronáutico ruso Ivan Makhonine voló el ala telescópica MAK-10 en 1931.

Sandelass Patrol.

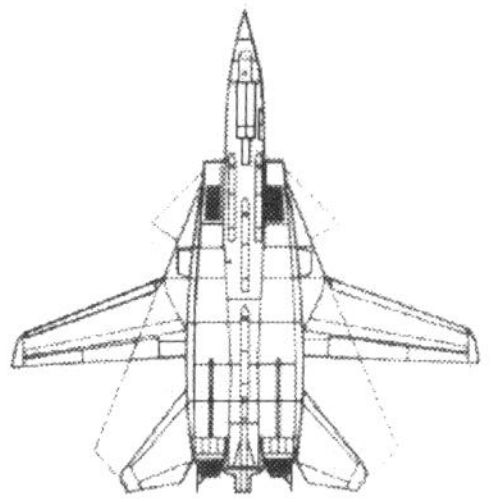

Geometría variable

Posiblemente sea el F-14 *Tomcat* el caso más conocido por el gran público de aviones que "cambian de forma" en vuelo pero, ni mucho menos es el único ni el más sorprendente.

¿Quiénes son los reyes del vuelo? Los pájaros, cuyos cuerpos no son rígidos, como los de nuestros aviones, que adaptan la posición y forma del ala, el cuerpo o la distribución del peso en función de las necesidades de cada momento del vuelo para obtener unas actuaciones (*performances* para los que gustan de anglicismos innecesarios) con un rendimiento óptimo. Además, esto les permite ser muy flexibles y adaptarse a muchas situaciones. Con nuestros pájaros metálicos (últimamente de fibra de carbono también) de cuerpos rígidos, estamos muy limitados, y hay que diseñarlos para un rango de actuaciones muy concreto. ¿Qué ocurriría si pudiéramos adaptar el avión con más flexibilidad al vuelo, a las características que realmente necesitamos?

Ahí es donde aparece el concepto de *Morphing Aircrafts*. Se trata de conseguir un aparato que, mediante mecanismos o materiales que puedan modificar sus propiedades, cambie su geometría. Y, en definitiva, un gran paso, la siguiente generación. Primero pasamos de los aparatos de madera, tela y cables, a los metálicos. Después llegó la revolución de los aviones metálicos. La siguiente fue la revolución del cambio de motor: de pistones al reactor. Ahora toca una nueva revolución: la de la geometría del avión. Nada de aviones rígidos, hay que conseguir que su geometría se adapte a cada momento del vuelo. Imaginamos que se hará en dos pasos, primero con articulaciones y mecanismos. ¿Necesitamos un perfil alar dado? Pues se bajan los slats y los flaps el ángulo que se necesite y ya lo tenemos. Ya sabemos que así funciona ahora el ala del F-18. La gracia está en conseguir que cada ala funcione independientemente. ¿Y si lo conseguimos combinar con la variación de la flecha? ¿Y si las alas del F-14 tuvieran control independiente de la flecha en función de la actitud del avión y las características necesarias en ese momento? El siguiente paso sería un cambio en los materiales, el conseguir materiales "inteligentes" con los que modificar la geometría del avión. El objetivo sería volar realmente como un pájaro, no porque el avión bata las alas, sino porque adaptará su cuerpo a las condiciones de vuelo, para lograr un control mejorado y más efectivo. Imaginemos un caza con la capacidad de maniobra que daría combinar estas características y las toberas vectoriales.

Dejemos por un momento la imaginación y lo más arriesgado del diseño aeronáutico actual para contemplar un caso de geometría variable con muchos años a sus espaldas. He aquí un avión que podía cambiar su configuración de monoplano a biplano. Se trata del ruso Nikitin-Shevchenko IS-1 e IS2. Para despegue y aterrizaje volaba en configuración de biplano, así como en *dogfight*, mientras que para bombardero, ataques de alta velocidad y de tipo *boom & zoom* o *hit'n'run*, y crucero, se configuraba como monoplano.

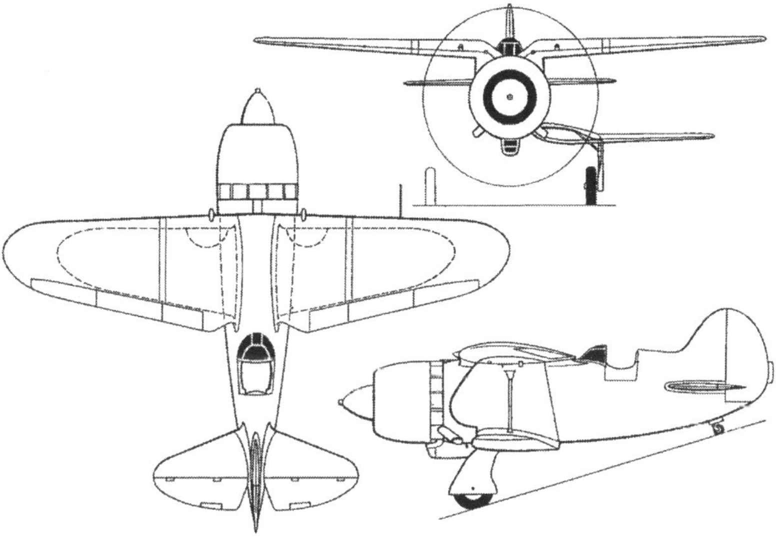

Nikitin-Shevchenko IS-1 e IS2.

Aviastar / Sandglass Patrol.

Dentro de los aviones de geometría variable podríamos incluir ciertos tipos de alas oblicuas. Nuevamente, cuando hablamos de alas de geometría variable todos pensamos en el F-14 Tomcat, y ya si somos un poco más aerotrastornados metemos en el lote al Tornado, al Sukhoi 24 e incluso el *Mirage* de geometría variable. Sin embargo, nunca se nos ocurre que hay otras formas de geometría alar variable, como en los mencionados Nikitin-Shevchenko IS-1 e IS2, cuya geometría variable consistía en pasar de biplano a monoplano. Tampoco solemos acordarnos del F-18 o del F-16. ¿Su ala no varía en geometría? Se puede decir que son de "cuerda variable". Y tampoco solemos caer en la otra posibilidad, en que el movimiento no sea simétrico, con un ala que vaya hacia adelante y hacia atrás.

Los más antiguos ejemplos de este tipo serían el Blohm & Voss P.202 y el Messerschmitt Me P.1009-01. Algo más modernos son el Handley Page "Sycamore", el Mach 2 Slewed Wing SST y el NASA "Ames". No son, ni mucho menos, locuras de los años setenta, y aún ahora hay algunos proyectos al respecto, como el NASA AD-1.

Sandglass Patrol.

El alemán Blohm & Voss P.202, proyecto de ala oblicua de la Segunda Guerra Mundial.

NASA.

Avión de ala oblicua NASA AD-1 en 1980.

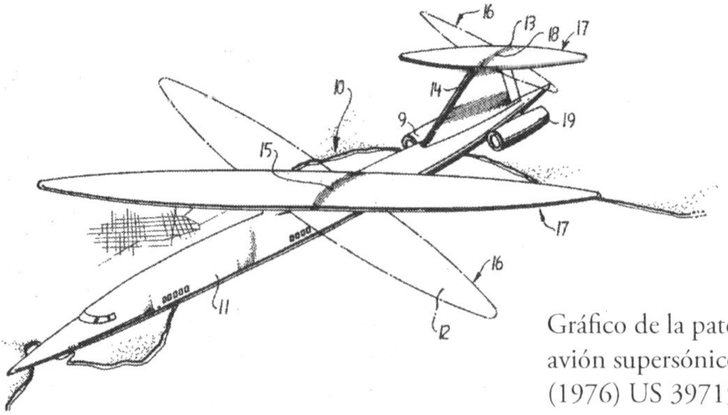

NASA.

Gráfico de la patente para un avión supersónico de ala oblicua (1976) US 3971535 A.

¿EL AVIÓN MÁS ASIMÉTRICO DEL MUNDO?

Blohm und Voss Bv141.

La forma de un objeto, sea un avion, un coche, o una taza, viene determinada en parte por el uso que se le va a dar. No es lo mismo un automóvil de carreras que un utilitario. Ni un avión de caza es igual que uno acrobático o de pasajeros. El Blohm und Voss Bv141 era un avión de reconocimiento, soporte cercano y, por tanto, necesitaba mucha visibilidad. ¿Cómo conseguir su objetivo? Pues, ni más ni menos que con una cabina totalmente acristalada... ¡en el ala en vez de en el fuselaje!

A pesar de lo extraño de su forma, era un buen aparato, e incluso superaba a su competidor, el Focke Wulf FW198, de diseño más convencional, lo que le hizo precisamente ser elegido para la Luftwaffe. Ya se sabe, además de lo buena que sea una máquina, está el factor psicológico de quien se sube a ella, y si esa máquina es la mejor pero no se parece a un avión, uno desconfía.

Este particular diseño le hacía contrarrestar el efecto del par motor. Como el motor gira en un sentido, el fuselaje tiende a girar en el contrario, y eso hace que haya que compensar con pedales. Y cuanto más par tiene el motor, más problemas hay. Con un número par de motores contrarrotatorios solucionas este problema. Con la cabina desplazada de tal forma que su peso y su resistencia aerodinámica compensan otros pares, también.

EL PRIMER AVIÓN FABRICADO CON UNA IMPRESORA 3D

Viajemos al verano de 2011. Ya entonces las impresoras que producen objetos tridimensionales no eran objetos de ciencia ficción. Sin embargo, sí fue la primera vez que un avión (aunque no tripulado) fue enteramente producido por este método, ¡y además se se trató de un modelo que volaba bien!

El avión fue el resultado logrado por varios ingenieros de la Universidad de Southampton. Se conoce como SULSA *(Southampton University Laser Sintered Aircraft)*. Su estructura completa es impresa: alas, superficies de control, puertas de acceso... todo creado en una impresora de sinterizado de nylon EOS EOSINT P730.

No se utilizaron remaches ni tornillos en su construcción, todas las piezas fueron diseñadas para que el avión se pudiera montar en poco tiempo y sin herramientas. Su ala tiene dos metros de envergadura. El modelo cuenta con una velocidad de unos 160 km/h (100 MPH) y, al ser eléctrico, es muy silencioso. El piloto automático fue desarrollado por uno de los miembros del equipo, el Doctor Ingeniero Matt Bennett.

El sinterizado por láser permite a los diseñadores crear estructuras con formas que, normalmente, implicarían costosas técnicas de fabricación. Esta tecnología permite desarrollar en pocos días modelos de aviones a la carta, desde el programa de CAD al prototipo real, mientras que recurriendo a otras tecnologías, incluso con los modernos plásticos reforzados con fibras, el proceso llevaría meses.

La flexibilidad de la impresora permite volver a utilizar técnicas que habían caído en desuso por ser prohibitivamente caras, como el uso de estructuras geodésicas, como las desarrolladas por Barnes Wallis y utilizadas en el famoso bombardero Vickers Wellington, muy resistente y muy ligero, pero caras y complicadas de fabricar, por tener que producir multitud de pequeñas piezas que han de ser remachadas después. También ha sido recuperada de esta forma el ala elíptica, como en el Spitfire, excelente desde el punto de vista aerodinámico, pero complicada de fabricar.

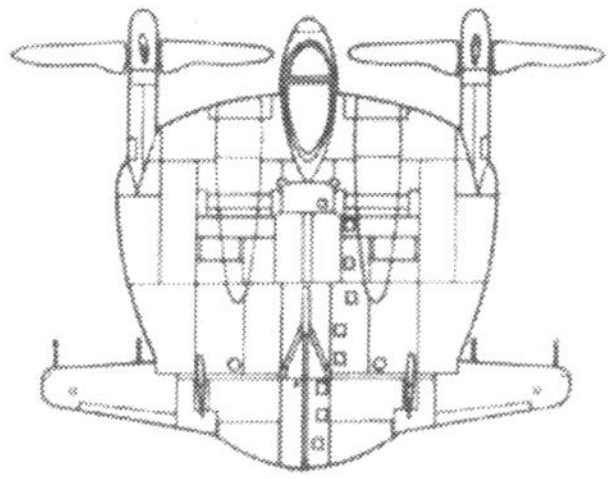

Alas raras

Que las alas son los elementos más característicos de lo que es un avión, no cabe ponerlo en duda, ahora bien, con los extraños aparatos que nos visitarán a continuación seguramente comencemos a poner en duda lo que es un ala "normal". Pasen y vean esta colección de asombros volantes dotados de alas poco comunes. Comencemos con algo bastante complejo de definir, el Vought XF5U "Flying Flapjack". ¿Es un disco volante o un ala con forma discoidal? Esta veloz nave a hélice experimental de la U.S. Navy, construida tras la Segunda Guerra Mundial, en 1947, llegó tarde para ser una revolución, pues ya por entonces todas las miradas estaban puestas en los futuros desarrollos de los reactores.

En este mundo de las alas raras, el concepto de ala volante es en sí mismo todo un mundo aparte y muchas veces con fronteras difusas entre los que son aparados sin cola y las verdaderas alas volantes. Maestros en este tipo de alas fueron, sin duda, los pioneros como Northrop en los Estados Unidos (compañía que ha mantenido la misma idea desde los años cuarenta y ha alumbrado bombarderos como el B-2), o los hermanos Horten en la Alemania de la Segunda Guerra Mundial.

SDASM.

SDASM.

Dos vistas del disco volante de 1947 Vought XF5U.

Restos de un Horten IX V2 recupedados al final de la Segunda Guerra Mundial por los Estados Unidos. Sin duda, se trataba de un avión adelantado a su tiempo.

El genial aviador y constructor de aviones ruso Konstantin Alekseevich Kalinin fue ejecutado en una purga estalinista en 1938, sin poder ver hecho realidad su sueño de una flota de bombarderos sin cola basados en su increíble modelo con camuflaje a modo de un gran pájaro, el Kalinin Ka-12.

Uno de los primeros intentos prácticos por construir aviones sin cola, acercándose al concepto de ala volante, fue el que insistentemente llevó a cabo con diversos aparatos el ingeniero irlandés John William Dunne entre 1907 y la Gran Guerra.

Hargrave / Dr. Russell Naughton.

Uno de los aviones sin cola de Dunne volando en 1914.

Curiosamente, fue el propio Dunne quien asesoró a Geoffrey Hill en los años veinte para animarle a diseñar el asombroso Westland Pterodactyl.

Desde que a finales del siglo XVIII fuera descrito el primer fósil de pterodáctilo, la popularidad de ese tipo de dinosaurio volador no dejó de crecer. Puede que fuera por eso que, buscando inspiración a la hora de encontrar un nuevo tipo de avión más seguro que los convencionales, se terminara bautizando así a este avión que, además, recuerda a lo lejos uno de esos animales prehistóricos. El Westland-Hill Pterodactyl fue un tipo de ala volante que cobró vida a lo largo de diversos modelos en los años veinte y treinta del pasado siglo. Algunos de los modelos más perfeccionados fueron construidos por la empresa británica Westland Aircraft, pero todos ellos fueron diseñados por el ingeniero Geoffrey Terence Roland Hill.

Llegaron a desarrollarse hasta ocho variantes diferentes. El diseño original estaba inspirado en la forma de las gaviotas y el objetivo de esta curiosa forma se centraba en la seguridad, sobre todo en evitar la entrada en pérdida en caso de parada del motor. Este avión sin cola y con alerones en los extremos de las alas voló inicialmente como planeador en 1926, siendo equipado con un motor de pequeña potencia en su siguiente versión. A partir de esos primitivos ensayos la Westland tomó el timón del proyecto. El modelo de 1931 ya permitía transportar a tres personas y, en 1932, se presentó una ágil versión militar que, a pesar de mostrar algunas cualidades interesantes, no prosperó.

Flight, 1928.

Una de las versiones del asombroso Westland-Hill Pterodactyl.

En las primeras décadas del pasado siglo XX se vieron volar en los cielos aviones de lo más extraño. Alas volantes, aparatos sin cola y… los curiosos "dirigiplanos" de Cloyd Snyder, de profesión podólogo, que vivía en South Bend, en el estadounidense estado de Indiana.

Cierto día de 1926 el inquieto podólogo tuvo una iluminación que ocupó su mente durante años. Al observar la forma de una plantilla acolchada, de esas que se colocan en el talón, pensó si se podrían fabricar aviones con una forma similar. Y, así, nació una especie de ala volante, o plantilla para zapatos voladora, conocida como Arup S-1, en el marco de varias experiencias con planeadores fabricados con madera.

El Arup S-1, del que sólo se construyó un aparato, era un curioso planeador de madera que llevaba a la práctica la idea de la "plantilla voladora". Alrededor de una estructura central de listones se disponían dos amplias áreas a modo de alas con estabilizadores verticales de pequeño tamaño. Esta especie de vela volante, muchas de cuyas piezas estaban unidas con cordones de zapatos, guardaba un espacio interior muy amplio que se pensó en utilizar como almacén de gas, como por ejemplo helio, para mejorar la sustentación, de ahí que fuera llamadao "dirigiplano". Nunca se llevó a la práctica esa idea, pero la nave voló como planeador en casi cincuenta ocasiones. Al principio remolcado y, posteriormente como motovelero, este aparato vio nacer la casa Arup, algo así como Air-Up o, Aire y "para arriba".

NASA.

El Arup S-2 en 1934.

Visto el éxito del Arup S-1, en 1933 vio la luz un auténtico avión, o ala volante, con la curiosa forma heredada del primer modelo Arup, de perfil bajo y pretensiones comerciales conocido con el nombre de Arup S-2, al que siguieron el S-3 y el S-4. Del S-2 no se construyó más que un aparato, cuya forma le dotaba de capacidades STOL (despegue y aterrizaje cortos). Se utilizó en todo tipo de demostraciones aéreas y sirvió para inspirar otros aparatos que llevaron a la vida algunos de los ingenieros que diseñaron los Arup a partir de las indicaciones de Cloyd Snyder. Tanto el S-3, de 1934, como el S-4, que voló en 1935, a pesar de mostrarse estables y ser espectaculares, tampoco llegaron muy lejos. Sólo se construyeron aparatos de demostración y nunca entraron en producción como aviones comerciales.

No mucho después encontramos otro ejemplo sorprendente de avión con una extraña forma en sus alas. El imaginativo ingeniero estadounidense Willard Custer desarrolló y construyó durante los años cuarenta y cincuenta diversos aviones que aprovecharon una serie de ideas muy novedosas, pero casi olvidadas hoy día, en lo que denominó como *channelwing*.

A Custer se le ocurrió la idea del *channelwing* durante un huracán. En los años veinte, para protegerse de los peligrosos vientos de una gran tormenta, el jovencito Willard se guareció en un granero. Se creía a salvo, pero sucedió algo sorprendente. El techo del granero salió volando en cuestión de segundos, perdiéndose en el cielo, a causa de los vientos que habían penetrado entre la armadura del edificio y las placas que formaban el tejado. Seguramente estaba asustado, pero su inventivo espíritu no se detuvo a pensar en el peligro, como si de una idea en forma de chispa hubiera alimentado su cerebro, pensó en los aviones. Veamos, se dijo, ¿cómo es que el tejado ha volado y se ha alejado del granero en cuestión

Mid-Atlantic Air Museum.

Avión dotado de alas tipo *channelwing*.

de segundos y a un avión le cuesta tanto trecho de recorrido en pista elevarse pesadamente del suelo? Las placas que formaban el tejado no eran aerodinámicas, como sí lo son las alas de los aviones, y sin embargo volaron veloces por los cielos. Descubrió que no es lo mismo la velocidad del aire sobre el ala, que la velocidad del fuselaje respecto al aire. Conceptos similares son aprovechados por el Antonov An 70 sin necesidad de *chanel wing*, simplemente acelera todo el aire sobre el ala con el flujo que sale del motor. Lo que hace el motor es soplar el aire y forzar la circulación, como en el WingFan pero sin ser tan extremo. Sus aviones aprovecharon la idea para despegar con carreras muy cortas (V/STOL) gracias a los canales de aire instalados en las alas. El flujo de aire inducido por el motor sobre los canales moldeados en las alas hacía que la ascensión fuera mucho más rápida.

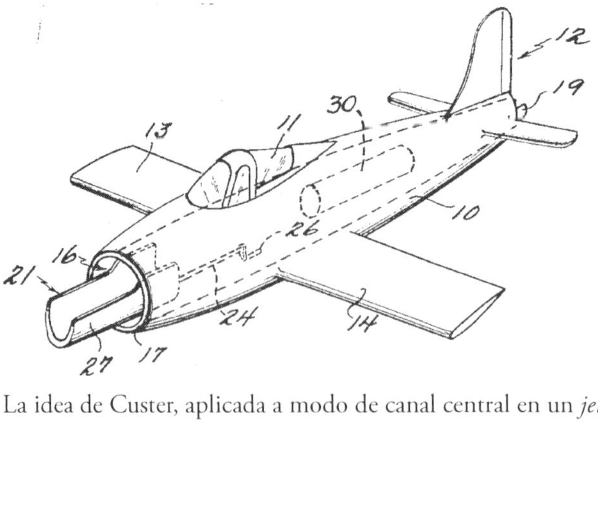

USPTO.

La idea de Custer, aplicada a modo de canal central en un *jet*.

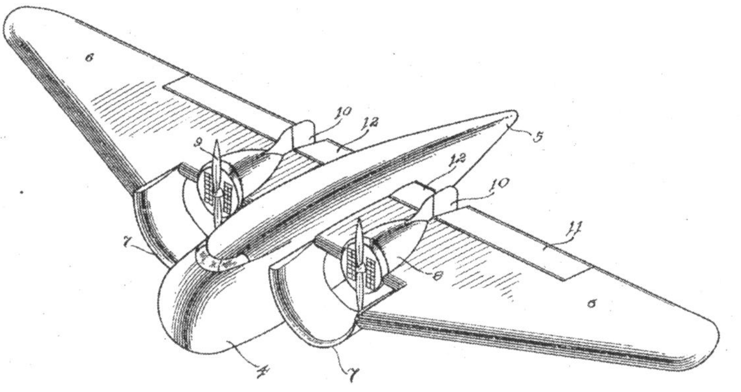

Fig. 2.

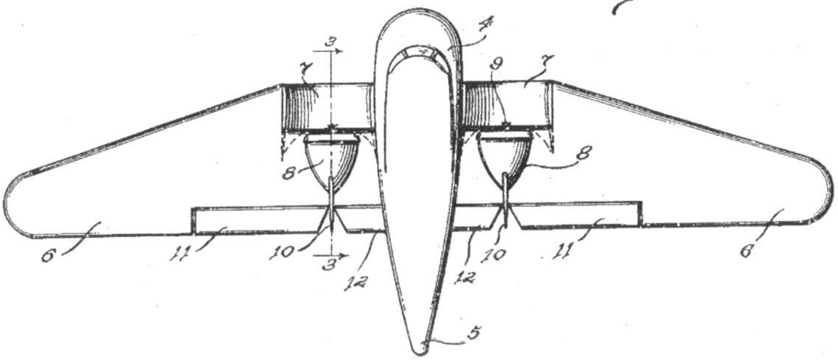

Fig. 3.

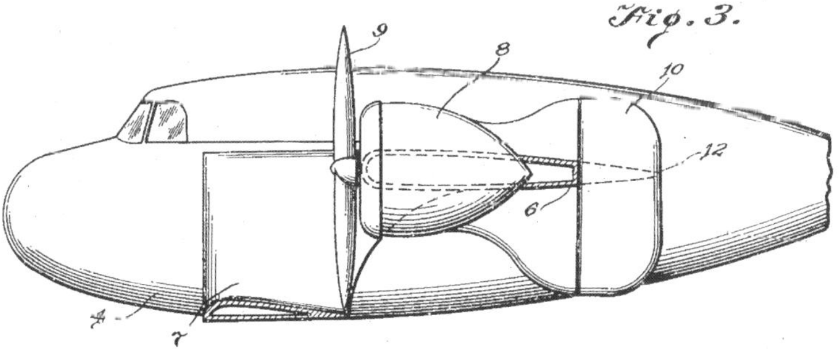

USPTO.

Gráficos de algunas de las patentes de Willard Custer.

Cuando se estudia aerodinámica, una de las primeras cosas que se explican son las bondades de las alas elípticas. Se hace la demostración matemática para comprobar que la distribución de sustentación elíptica es la que da una resistencia inducida menor, y que esta distribución se consigue con un ala que tenga una forma en planta (es decir, vista desde arriba) elíptica.

Por supuesto no todo son bondades. Por ejemplo, industrialmente hablando, es difícil de fabricar. Aun así podemos encontrar algunos famosos aparatos con este ala, como el Heinkel 112, el Spitfire o el Kalinin K-7 (el ala elíptica más grande del mundo, con una superficie alar superior a la del B-52).

Sandglass Patrol

Pero hay veces en las que un concepto es dado la vuelta, en este caso literalmente. Se trata de un ala elíptica, pero vista en alzado, es decir, mirando el avión de frente.

Sí, es un biplano. Pero han unido las puntas de las alas de tal forma que, visto el avión de frente, tiene forma elíptica. Mucho se ha escrito acerca del efecto suelo y la forma de evitar torbellinos en las puntas de las alas. Se pueden instalar *wingtips*, por ejemplo. A este pájaro, procedente de Bielorrusia, no le hacen falta. Además, por la forma del ala no necesita riostras (cables) entre las alas, ni complicados montantes. La idea de cerrar los extremos de un biplano no es, ni mucho menos, nueva. Se ha ensayado en diversos aparatos a lo largo de la historia, como por ejemplo, y de forma temprana, en el Blériot modelos III y IV de principios del siglo XX.

WMC. PD.

Blériot, modelo III de 1906.

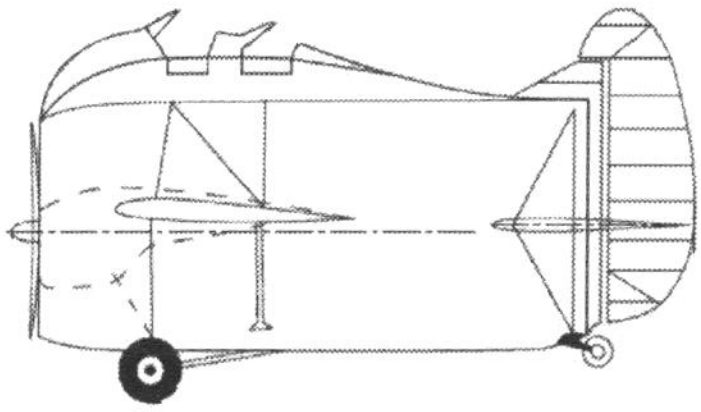

Miscelánea inclasificable

Estamos llegando al final del camino, pero todavía queda un sabroso postre en esta colección de aparatos volantes extraños. ¿Dónde colocar a estos nada convencionales e inclasificables ingenios? Es complicado clasificarlos pero, hay algo sobre lo que no tenemos duda alguna: son los más raros entre los raros.

Qué pensar, por ejemplo, del Transavia PL-12 *Airtruk*: ¿se encontrará su belleza en el interior? Eso debió pensar quien diseñó este pájaro. PL-12 es un avión agrícola, para fumigación, aunque también fue desarrollado como transporte de pasajeros y ambulancia aérea, e incluso fue armado para misiones COIN (Contra Insurgencia, antiguerrillas). Sea como fuere, es algo difícil de describir.

Transavia PL-12 *Airtruk*, fotografiado en 1983.

El 14 de julio de 1948 tuvo lugar un vuelo muy especial. Cierto pájaro de metal, que para muchos fue uno de los aviones más feos de la historia pero que tenía un encanto singular, surcó los cielos por primera vez llevando en su interior un automóvil. La idea de negocio era clara, a saber, ayudar a acaudalados británicos a pasar las vacaciones en Francia, facilitando el salto del Canal de la Mancha con coche, y todo gracias a un excepcional avión carguero. Fueron muchos los que, prácticamente sin bajar de su vehículo, viajaron de Gran Bretaña a Francia a bordo de un Bristol Freighter, eso sí, antes de la llegada de los transbordadores baratos que acabaron con el negocio.

Bristol 170 Freighter 32 de Silver City Airways cargando automóviles en Southampton, septiembre de 1954.

Cierto día, a finales de la Segunda Guerra Mundial, se le ocurrió la idea de convertir viejos Bristol 170 en cargueros para llevar al menos dos automóviles hacia Francia al osado pionero del aire Griffith James "Taffy" Powell, quien andando el tiempo comenzó las operaciones comerciales con la compañía Silver City Airways. Y, de esa forma, lo que inicialmente no era más que una loca apuesta, terminó por convertirse en un negocio redondo, tanto es así que a principios de los años cincuenta tuvo que pensar en rediseñar el modelo para poder embarcar tres automóviles, naciendo así el Freighter 32.

Muchas compañías del mundo operaron estos duros y extraños cargueros y, todavía hoy, puede contemplarse alguno perdido por remotos rincones.

Ícaro, noviembre de 1930.

Focke-Wulf F19.

Decir que un avión es feo o que no tiene una figura muy atractiva, es algo completamente subjetivo. Ahora bien, hay casos en los que es muy difícil mostrar indulgencia ante la fealdad. El caso del Focke-Wulf F19 *Ente*, el avión "pato" (llamado así posiblemente por su plano tipo *Canard*, pato en francés), sería uno de los más claros de ese tipo. Realizó su primer vuelo el 2 de septiembre de 1927. Únicamente se fabricaron dos unidades experimentales. Se afirmaba que era casi imposible que entrara en barrena, lo que le convirtió en una especie de icono de la seguridad aérea. Claro que, su historial operativo no era muy prometedor, pues en una prueba de vuelo con un solo motor, el primer prototipo se estrelló. De hecho, Georg Wulf, cofundador de la compañía que lo construyó, iba a los mandos del aparato y falleció en el accidente. Más tarde se demostró que la rotura de una varilla para control de planos se había roto, impidiendo que el piloto pudiera hacer nada. Más tarde el segundo prototipo, mejorado, realizó varios vuelos de demostración con gran éxito en diversos lugares de Europa.

Salvo con ejemplos como el anterior, el asunto de la fealdad es algo muy cuestionable, como puede verse con nuestro siguiente ejemplo que, personalmente, nos encanta, pero que repele a muchos otros. Es el Handley Page Victor K2, un monstruo que no deja indiferente a nadie. Es una nave rara, fea para algunos, maravillosa para otros, con estilo futurista y, tristemente, casi olvidada.

Adrian Pingstone.

Un Handley Page Victor K2 fotografiado en los años sesenta.

Se trata de un bombardero con capacidad nuclear, desarrollado en Gran Bretaña por la compañía Handley Page, para formar parte de la élite de los bombarderos V, destinados a desplegar el poder nuclear británico por el mundo. Esta flota de bombarderos estratégicos, emulando a los estadounidenses, se nutrió de propuestas, todas ellas muy atractivas estéticamente, como los Vulcan o los Valiant. Nunca entró en combate, salvo durante el conflicto de Borneo que enfrentó a Indonesia y Malasia, entre el 62 y el 66, donde intervinieron los británicos, pero ha participado en muchas otras acciones militares y de entrenamiento cumpliendo diversas funciones. A pesar de su belleza intrínseca, este bombardero no vivió buenos días ni aventuras excepcionales, tuvo problemas estructurales y terminó sus días como vulgar avión cisterna, acabando muchos de ellos como simple chatarra amontonada en aeródromos militares desde mediados de los noventa.

En Francia se han alumbrado ejemplos tan extremos, o incluso más, que los anteriores. No hay más que recordar cierto "coleóptero" mencionado hace bastantes páginas. Uno de sus más insignes artilugios volantes inclasificables fue el Leduc. Hay aviones que dejan una huella especial en la memoria, y no precisamente por sus éxitos o su historia, sino por su propia estampa. Veamos, para empezar, el piloto debía acomodarse en las entrañas del aparato ocupando una postura bastante incómoda.

El piloto de pruebas era Yvan Littolff y el aparato un Leduc 0.21. Los Leduc fueron de los primeros, y escasos, aviones tipo estatorreactor en volar, gracias al ingenio de René Leduc.

Hay que ponerse en situación, volemos a Francia poco después de la Segunda Guerra Mundial, con pleno choque entre bloques en desarrollo, una Guerra Fría que se volvía demasiado caliente por momentos y una Francia que soñaba con los buenos tiempos de su *Grandeur* desarrollando todo tipo de tecnología capaz de poner nervioso a todo el mundo, bomba atómica, submarinos nucleares y aviones supersónicos entre otros. Y aquí es donde encontró el más favorable campo de batalla el ingeniero Leduc, antes de que todas esas máquinas vieran la luz, planteando la construcción de una flota de estatorreactores supersónicos.

La idea le venía de bastante lejos. Su obsesión por los estatorreactores nació en la mente de Leduc en los años treinta, cuanto trabajaba en los talleres de Louis Breguet. Su primer modelo data de 1938, pero tuvo que esperar a finales de los años cuarenta para poder explorar con grandes medios todo el potencial de esa tecnología. Ah pero, ¿qué es un estatorreactor? Se trata del motor a reacción más sencillo que pueda imaginarse, porque ni tiene compresor, ni turbina, simplemente funciona gracias a que el aire comprimido por la alta velocidad del aparato se consume en la cámara de combustión y sale por la tobera a gran velocidad. Ni partes móviles, ni líos mecánicos, claro que por desgracia el invento sólo empieza a funcionar cuando la nave alcanza velocidades considerables, así que hasta que llega a ese punto debe ser "animado" por otro motor, un cohete o bien cualquier otro medio que lo acelere, como un avión nodriza.

El estatorreactor Leduc 0.10, del que se construyeron tres prototipos, fue diseñado a finales de los años treinta pero tuvo que esperar escondido durante la ocupación alemana de Francia para ver la luz. En los vuelos de prueba hacia 1948, que debían iniciarse a lomos de otro avión nodriza para ganar la velocidad necesaria para activar el estatorreactor, logró alcanzar casi 800 kilómetros por hora de velocidad, cifra que puede parecer respetable pero que se alejaba de lo que el propio Leduc soñaba.

Más tarde, con todo lo aprendido con el modelo 0.10, el ingeniero francés diseñó el modelo 0.21, que todavía era subsónico y que en los vuelos de prueba durante la primera mitad de los años cincuenta logró alcanzar Mach 0.95.

Finalmente, los esfuerzos de Leduc por alumbrar un avión supersónico estatorreactor tuvieron como último hijo al modelo 0.22, el más extraño de todos, una sorprendente nave capaz de alcanzar 1.200 kilómetros por hora de velocidad. Claro, Leduc había soñado con una nave Mach 2, pero tuvo que conformarse con superar la velocidad del sonido y poco más, porque ya en 1957, cuando fue cancelado su proyecto, había aparecido en el horizonte una novísima nave capaz de alcanzar grandes velocidades sin salirse de la tecnología "convencional" francesa, el Dassault Mirage III. A pesar de no haber logrado sus ambiciosos objetivos, los modelos de estatorreactor de Leduc quedarán para siempre en la memoria de la aviación como algunos de los aviones más osados jamás construidos.

Prototipo de avión experimental Leduc 0.10
montado sobre su estructura de lanzamiento en vuelo.
Musée de l'air et de l'espace, Le Bourget, Francia.

Leduc 0.22. Musée de l'air et de l'espace, Le Bourget, Francia.

Algo que es más lento, pero a decir de muchos uno de los aparatos más raros jamás visto, fue el *Facetmobile*, que no era otra cosa que un fuselaje sustentador formado por planos. Para desarrollarlo se utilizaron tanto métodos analíticos como modelos de túnel de viento, así como aviones hechos a escala y radiocontrolados. Su construcción duró dos años y medio, y su primer vuelo se produjo el 22 de abril de 1993. Voló 130 horas, estuvo presente en Oshkosh y, el 13 de octubre de 1995, se estrelló, aunque no hubo que lamentar daños personales, el avión quedó inutilizado para poder volar.

Al ser un cuerpo sustentador formado por placas planas, es barato y fácil de fabricar, no requiere máquinas especializadas y, por tanto, la inversión en máquinas-herramienta es rápidamente amortizable.

NASA.

El Wainfan FMX-4 *Facetmobile*, diseñado por el ingeniero Barnaby Wainfan en 1993.

Puede que, a estas alturas, haya muchas personas que piensen que aquí ha faltado invitar a cierto cilindro volante que es considerado como uno de los aviones más raros, posiblemente el más extraño de todos los tiempos. ¡Cómo no mencionar al *Stipa*! En serio, ¿dónde clasificar semejante aparato?

Pues sí, se trata de un avión más feo que Picio, pero avión a fin de cuentas. Se trata del Caproni Stipa de 1932, un osado diseño volante con cinco metros y medio de fuselaje y más de catorce metros de envergadura alar, animado por un motor De Havilland Gipsy III capaz de hacer que esta especie de insecto gigante volara a más de 130 kilómetros por hora. Diseñado por Luigi Stipa y llevado al mundo real por la compañía italiana Caproni, sirvió como avión experimental para demostrar la capacidad de convertir el fuselaje al completo en un conducto para el flujo propulsor de la hélice. La idea no era mala, pero para que funcionara bien hacía falta algo que tardaría un poco en llegar, esto es, un reactor. Al contrario de lo que pueda pensarse, era bastante estable en vuelo, tanto que era complicado hacerlo cambiar de rumbo. Este aparato sirvió para acumular experiencia a la hora de desarrollar el Caproni Campini N1, uno de los primeros aviones a reacción del mundo.

Aeronautica Militare Italiana, 1932.

Dos vistas del Caproni Stipa tomadas a principios de los años treinta.

Vista del motor del Caproni Stipa en el interior de su fuselaje a modo de conducto integral para el flujo de aire de la hélice.

A todo esto cabe indicar que el Caproni Campini N1 tampoco se libra de su ración de rareza, y no sólo por su fuselaje anular, sino porque en su interior un motor de pistones alimentaba un compresor en el que, finalmente, se inyectaba combustible, convirtiendo al conjunto en un termorreactor. Esta curiosa combinación de medios de propulsión le convirtió en el segundo reactor práctico de la historia, por detrás del alemán Heinkel He 178. Ahora, que no se espere un rendimiento excepcional a este bicho de 1940. Sería un reactor, pero apenas pudo llegar a los 375 km/h de velocidad máxima.

WMC. PD. 1940.

SDASM.

Bell XFM-1 *Airacuda.*

Se esperaba que el N1 fuera rápido cual rayo, pero quedó reducido a un vehículo experimental de pésimo desempeño. Más o menos, salvando las distancias, le sucedió lo mismo a otro inclasificable avión de la época de la Segunda Guerra Mundial.

Voló por primera vez antes del conflicto, en 1937, pero ya en 1942 había sido retirado. Nos referimos al Bell YFM-1 *Airacuda*, el primer intento de la casa Bell Aircraft por introducirse en el mercado de los aviones. Se creó como caza, interceptor y "destructor de bombarderos". Un todo en uno que no llegó a ninguna parte. Se pretendió llegar tan lejos con sus innovaciones técnicas que terminó siendo lento e inestable, toda una pesadilla.

Las combinaciones experimentales de diversos modos de propulsión eran algo corriente en la época de transición entre el imperio de la hélice y el advenimiento de la época de los reactores. Por ejemplo, el prototipo del caza Ryan FR-1 *Fireball* de 1944 montaba una arriesgada mezcla de motor radial clásico de hélice en su frontal y un turborreactor en la trasera. Sirvió de base para un prototipo mejorado, el Ryan XF2R *Dark Shark*, que fue superado por su competidor, el Consolidated Vultee XP-81. Ninguno de ellos entró en producción. Suena raro hoy, pero en ese tiempo la combinación de motor clásico de hélice en el frontal y turborreactor trasero parecía una idea muy buena, algo que también se ensayó en el Curtiss XF15C.

U.S. Air Force.

Convair XF-81.

U.S. Navy.

FR-1 *Fireball* fotografiado en 1945.

SDASM.

Ryan Aeronautical, XF-2R, *Dark Shark*.

U.S. Navy.

Caza de propulsión mixta Curtiss XF15C.

Como se ha mencionado, todos estos vehículos experimentales respondían tanto a las necesidades bélicas surgidas en la Segunda Guerra Mundial, como a la desorientación producida por cualquier cambio de época y, también, porque los reactores de entonces aceleraban lentamente y no eran adecuados para portaaviones. ¿Era mejor un reactor puro o un avión de propulsión mixta?

Entre los engendros que se crearon en esa época, todavía en plena guerra, concretamente en 1943, podemos encontrar un caza de escolta conocido como Fisher P-75 *Eagle* que se encargó a la General Motors. El gigante del automóvil diseñó un caza con motor de pistón lo mejor que pudo, pero teniendo en cuenta que no es lo mismo diseñar coches que aviones, lo que apareció despertó el espanto de muchos. Donovan Berlin, un ingeniero aeronáutico en horas bajas, tuvo la ocurrencia de pensar en un método barato para construir el avión: ¡unir piezas de otros aviones! Un pedazo por aquí, otro por allá, todo piezas de aviones en servicio y, además, recurrió al sistema que conectaba un motor trasero con un largo eje bajo el piloto, al modo del Bell P-39 Airacobra, idea que se había demostrado poco eficaz.

El resultado de intentar crear un caza moderno con fragmentos de otros aviones, como si de un experimento del doctor Frankenstein se tratara, terminó como era de esperar. El General Motors/Fisher P-75 *Eagle* era inestable, peligroso, ineficiente y un desastre en todos los sentidos. No fue el único avión excesivamente arriesgado que terminó de esa forma. El avanzado interceptor McDonnell XP-67 *Bat* sufrió el mismo destino, siendo abandonado ante los numerosos problemas descubiertos en su desarrollo.

SDASM.

Uno de los prototipos del malogrado Fisher P-75 *Eagle*.

U.S. Air Force.

Interceptor experimental McDonnell XP-67 *Bat*, en 1944.

Ciertamente la era de los aviones de combate a hélice estaba llegando a su fin, pero todavía se pudo ver algún que otro ingenio sobresaliente de ese tipo como el XF-84H.

Ciertamente, después de que se concibiera este extraño aparato, se han construido diversos modelos de aviones militares dotados de hélices o turbohélices, pero no cabe duda de que el Republic XF-84H puso punto final a toda una época en la que la hélice fue la reina de los cielos en guerra. Lo atractivo de este avión se encuentra en su propio diseño, que llevaba al límite lo que una hélice podía ofrecer en un avión de combate. Nave singular, unía lo mejor de la tradición clásica de la aviación con el novísimo, por entonces, mundo de los *jets*.

De este avión sólo se construyeron dos aparatos, aunque realmente fue uno el que voló en corta fase de pruebas. Únicamente se conserva uno de ellos, en el Museo de la Fuerza Aérea de los Estados Unidos de Wright-Patterson. Entre las peculiaridades de este avión, se encuentra una consideración teórica pues, como siempre voló en fase de pruebas y no pasó de ahí, se desconoce si hubiera podido lograr alcanzar todo su potencial porque, al menos sobre el papel, se trató del avión de hélice más rápido jamás construido, capaz de alcanzar Mach 0,9. El XF-84H voló por primera vez el 22 de julio de 1955. Era un aparato extraño, a medio camino de dos mundos sin pertenercer realmente a ninguno de ellos. Puede adivinarse en su fuselaje la presencia de la célula sobre la que fue construido, propia de un reactor F-84F. Fue construido por Republic Aviation como posible candidato a poblar portaaviones, siendo un caza capaz de despegar de las pistas de esas gigantescas naves marinas sin necesidad de catapulta. La idea no llegó a ninguna parte, y no es para menos. El motor que movía la hélice era tan potente que, por mucho que los ingenieros lo intentaron, pilotar este monstruo se convertía en tarea imposible. Cuentan las crónicas de los ensayos que uno de los pilotos de prueba, después de un primer y único vuelo, se negó a volver a ponerse a los mandos de aquella cosa. ¿Alguien tuvo las narices de sentarse en cabina y volarlo? Sí, el piloto de pruebas Hank Baird llevó a cabo los demás vuelos, hasta la docena, pero ninguno fue tranquilo y todos terminaron en aterrizajes problemáticos. No extrañará, por tanto, que este avión se quedara en simple pesadilla para ingenieros y nada más.

U.S. Air Force.

El insoportablemente ruidoso XF-84F *Thunderscreech*.

Ahora bien, una máquina tan excepcional, aunque fuera una locura, debía tener algo para destacar por encima del resto. Además de ser considerado como el avión de hélice más veloz, aunque de forma teórica, es igualmente reconocido como el más ruidoso, puede que de ahí le venga su nombre de guerra: *Thunderscreech*. Cuentan los testigos que, al poner en marcha la turbina, el ruido era insoportable, todo un infierno. A cuarenta kilómetros de distancia podía distinguirse su tremebundo rumor y, para colmo, quienes se hallaban cerca sentían todo tipo de mareos y náuseas causadas por las vibraciones. La razón se hallaba en la hélice pues, sumado al estruendo del reactor, los extremos de las palas de la hélice rompían la barrera del sonido, creando una cadena de estallidos sónicos difíciles de soportar, capaces de romper ventanas a kilómetros de distancia.

Aviones excesivamente ruidosos ha habido muchos, recordemos los clásicos problemas del Concorde, pero si un aparato civil es recordado por su ruido, además de por su estampa, ese es sin duda el PZL M-15 *Belphegor*. Este avión agrícola de origen polaco que voló por primera vez en 1973 no sólo es incómodo a la vista, ¡es que hace un ruido de mil demonios! De ahí su apodo, *Belphegor*, en recuerdo del ruidoso diablejo que engañaba a sus víctimas a través de ingenios e inventos. ¿Cómo un aparentemente inofensivo avión para la agricultura puede ser tan ruidoso? Muy sencillo: se trata del único biplano turborreactor de la historia (cabe indicar que consumía una cantidad prohibitiva de combustible). ¿Alguien se lo imagina sobrevolando los campos en una mañana de domingo?

Un PZL M-15 *Belphegor*.

¡Hágase el silencio! Después de tan ruidosos antecedentes, invitemos a un silencioso planeador de extraño porte que voló en forma de maqueta de pruebas entre 1942 y 1943. Aunque nunca entró en producción, este prototipo militar de velero con forma de ala volante ha quedado en el recuerdo como una de las estampas más fascinantes de la historia de la aviación. El General Airborne Transport XCG-16 que, por cierto, era bastante incontrolable, estaba pensado para transportar todo tipo de pertrechos, o tropas, gracias a sus ingeniosas bodegas de apertura frontal.

United States Office of War Information.

Dos vistas del XCG-16. A la izquierda,
sistema de compuertas de acceso a las bodegas.

En el ámbito civil, poco antes de la Segunda Guerra Mundial destacó otro avión extraño que fue único en su campo de actividad: la cartografía. El Abrams P-1 Explorer, fue un curioso aparato diseñado por el pionero de la fotografía aérea Talbert Abrams en 1937. Su idea consistía en crear una verdadera plataforma aérea con la que cartografiar grandes espacios se convirtiera en algo práctico y hasta divertido. Aunque la guerra se ocupó de paralizar el proyecto, no cabe duda de que aquella plataforma volante para la toma de fotografías aéreas destinadas a la realización de mapas, fue todo un reto para su tiempo y una genial idea por parte de Abrams. Sin embargo, fue un fracaso. Era difícil

Abrams P-1 Explorer, el avión cartógrafo.

de volar, los despegues y las tomas eran casi imposibles debido a la posición de la hélice: su eje era demasiado bajo, con lo que aterrizaje y despegue debian realizarse casi en plano.

Mucho más actual, pero de mismo concepto que el anterior, con cabina acristalada para maxima visibilidad, doble botalón y doble deriva, es otra plataforma aérea fascinante, tanto que incluso ha sido utilizada en algunas películas de ciencia ficción. Se trata del británico Edgley EA-7 *Optica*. Apenas si se fabricaron una veintena de aparatos desde 1979. Se trata de un avión de observación, diseñado por John Edgley como alternativa de bajo coste a los helicópteros, cuya característica principal se encuentra en la cabina, en su capacidad STOL y, cómo no, en su original disposición del propulsor.

Edgley EA-7 *Optica*.

Es tiempo de terminar el repaso a los más raros entre los raros, y lo vamos a hacer retomando el tema de la fealdad. Hemos comentado antes que es algo subjetivo, pero en ciertos casos no parece haber dudas. Para una gran cantidad de aerotrastornados, éste sería la "cosa" volante más fea que jamás haya volado, aunque nosotros le encontramos cierta gracia.

Se trata de un avión con el que se ensayó la tecnología furtiva o *stealth*, que luego equipó aviones como el F117A.

Todo tiene un principio. Las actuales aeronaves "invisibles" diseñadas con la tecnología *stealth*, capaces de eludir el escrutinio de radares y otros sensores que intentan darles caza al vuelo, no nacieron como ahora las conocemos. Los famosos B-2 o el F-117A tuvieron un olvidado predecesor que sirvió como vehículo para demostrar las capacidades de los ángulos radicales en el fuselaje o los recubrimientos especiales, a la hora de dispersar las señales electromagnéticas de los radares, además de reducir su firma de calor por medio de sistemas de escape de gases especiales.

Precisamente, mucha gente opinaba que el F-117A es un avión feo, hay quien comentó que era la cosa volante más fea que habían visto nunca. Puede que, al ver al Northrop Tacit Blue, cambiaran de opinión. Cariñosamente apodado como la ballena, el Tacit Blue sirvió para probar todo tipo de tecnologías furtivas. Su existencia fue desvelada por la Fuerza Aérea de los Estados Unidos en 1996, aunque hacía muchos años que había nacido. Durante mucho tiempo, este demostrador se utilizó para ensayos de materiales, además de los sistemas de control de vuelo que, por ejemplo, permiten al F-117A surcar los cielos sin que el pilotaje se convierta en una pesadilla para el piloto, dado lo inestable que se muestra en el aire. Repleto de sensores y sistemas de registro de datos, realizó más de un centenar de vuelos de prueba desde febrero de 1982. Hoy, como no podía ser de otro modo, se ha convertido en pieza de museo.

U.S. Air Force.

El Tacit Blue, la "ballena volante".

FUENTES Y PUBLICACIONES

Publicaciones especializadas e históricas

Aircraft of the fighting powers. (Vol. I a VII). (1942-1946).
Aviastar. (www.aviastar.org.)
Electrical Experimenter. (1913-1920).
English Mechanic and World of Science. (1865-1926).
Flight Magazine. (www.flyingmag.com.)
Flight Global. (www.flightglobal.com)
Flying. (1927-).
Electrician and Mechanic y *Modern Mechanics.* (1914-1960).
Popular Mechanics. (1902-).
Popular Science. (1872-).
Science and Invention. (1920-1931).
The Aviationist (www.theaviationist.com).
The Illustrated London News. (1842-1971).
The journal of the early aeroplane. (1971-2014).

Archivos y fuentes documentales

Australian War Memorial.
Defense Visual Information Center (DVIC).
Deutsches Bundesarchiv.
Deutsche Fotothek.
Imperial War Museums.
Library of Congress (LOC).
NASA Dryden Flight Research Center Photo Collection.
Naval Historical Center.
Rochester Museum and Science Center (RSMC).
Royal Aeronautical Society.
Royal Air Force.
San Diego Air and Space Museum Archive (SDASM).
United States Patent and Trademark Office (USPTO).
U.S.A.F. Historical Research Agency.
U.S. Air Force Museum.
U.S. Navy Naval History and Heritage Command.

Desconocemos si fue el primer gato en volar en avión, pero en caso de que no fuera así, cerca estuvo de serlo. De lo que sí hay constancia es de que fue el primer gato en volar sobre el Canal de la Mancha. Tiene gracia la situación, porque el aviador estadounidense John Moisant realizó el primer vuelo de la historia con un pasajero, su mecánico que atendía al nombre de Albert Fileux, sobre las aguas que separan Francia de Gran Bretaña, el 23 de agosto de 1910. Lo normal sería que fuera recordado por eso precisamente, por la hazaña de cruzar el Canal de la Mancha con un pasajero a bordo, cosa que nadie había hecho antes, pero no, de eso nada, resulta que lo que más se recuerda es otro pequeño detalle. Acompañando a los osados aventureros viajaba un gato, que según los periódicos fanceses era una gata llamada Mademoiselle Fifi y, según los británicos, se llamaría Paree. Lo de menos es el nombre, lo gracioso es que, con el paso del tiempo, el logro de los dos aviadores quedó casi en el olvido, siendo el vuelo del gato lo que ha terminado por llamar la atención de la posteridad.

Library of Congress / George Grantham Bain Collection.